機械設計技術者のための
4大力学 ◀

[監修]
朝比奈奎一
Asahina Keiichi

[共著]
廣井徹麿＋**青木繁**＋**大髙敏男**＋**平野利幸**
Hiroi Tetsumaro　Aoki Shigeru　Otaka Toshio　Hirano Toshiyuki

機械力学 材料力学 流体力学 熱力学

Ohmsha

本書を発行するにあたって，内容に誤りのないようできる限りの注意を払いましたが，本書の内容を適用した結果生じたこと，また，適用できなかった結果について，著者，出版社とも一切の責任を負いませんのでご了承ください．

本書に掲載されている会社名・製品名は一般に各社の登録商標または商標です．

まえがき

　社会の成熟化が進む中で，新しい技術開発や製品開発が促進されている．その中で機械工学は，様々な変革をしてきた．特にコンピュータ利用技術としての制御や情報技術との融合化には目を見張るものがあり，大学や高専においての機械工学系学科でこの範疇の科目（たとえばメカトロニクス系や生産システム系）が増えてきている．そのために，従来機械工学科の中心となっていた工業力学（機械力学）・材料力学・流体力学・熱力学など，いわゆる4大力学といわれる分野を学ぶ時間が減少しているという話を耳にする．しかし，時代は変わっても機械工学において力学・仕事・エネルギに関わる学問は基盤であることには異論がないであろう．ただし，社会のニーズが変化する中で，学ぶべき技術領域が広がっていることも事実であるから，いかに効率的に基盤技術を修得するかが重要となる．このような目的のもとに本書が企画された．

　本書で学ぶ4大力学の内容は以下のとおりである．機械力学や工業力学で学ぶ力学は機械工学の基本となる分野であり，剛体である物体の作用する力やモーメントのつり合いや運動法則について学ぶ．材料力学は材料内部に生じる力や変形の状態を解明することで，機械装置・構造物の強度問題などを取り扱う．流体力学は流体の基本的特性や流れの運動について学ぶとともに，流体機械への利用を考える．熱力学は，物体が有する熱エネルギを中心としたエネルギに関する法則を学ぶとともに，これを活用したエンジンなどの熱機関を考える．

　次に効率的に4大力学を学ぶという観点から，具体的な本書の活用のイメージを記してみる．4大力学は様々な業種や業務に役立つが，最も使用頻度が高いのは設計分野であろう．機械製品の構造設計や機能設計には不可欠な知識となる．たとえば，機械設計者向けの資格として「機械設計技術者試験

（日本機械設計工業会主催）」があるが，この科目の中で4大力学にかかわる計算問題が多く出題されるものの，不得意とする受験者も多いようである．本書はここをサポートできるはずである．特に学生や企業の若手設計者が受験する3級，2級の基礎科目対策に最適であると思われる．また，機械工学系の学生は4大力学に関しては各分野ごとに1冊以上の専門書を使って学んでいるが，最終学年の集大成，総まとめが本書1冊で可能となる．たとえば，就職試験に臨むに当たって効率的な頭の整理に役立つことになる．その他，学習時や業務中に，不明な箇所を短時間で調べられるなど便覧的な利用も期待できる．

　本書の構成は，各力学分野共通で，初めに解説が述べられており，最後に演習問題が設定されている．各分野とも本来ボリュームがあるものを1冊にまとめている関係で，解説は要約されたものとなっている．そこで解説の理解を助けるために本文中には例題をなるべく入れるようにした．例題を見ることで（さらには演習問題を解くことで）解説中にある計算プロセスの意味を理解できるはずである．

　機械工学を学ぶ大学・高専・専門学校・工業高校の学生諸君や企業の若手機械技術者などに，本書を通じて4大力学のエッセンスを理解していただければ幸甚である．なお，本書を執筆するにあたり多くの著書，文献等を参考にさせていただいた．ここに関係諸氏に対して深く感謝を申し上げるとともに，原稿の整理や編集を丁寧に進めていただいた日本理工出版会の浜元貴徳氏にお礼を申し上げたい．

　2017年8月

朝比奈　奎一

本書で使う単位と記号

　工学ではある量を測定するために基準となる一定量（大きさ）が必要であり，これを単位という．本書における単位は，工学系の世界標準である国際単位系（SI 単位）を使用する．しかし，実際の工業界では，他の単位系が未だ使用されているのも事実であるので，計算の際に単位変換が必要な場合には，十分注意をしたい．

　SI 単位は基本量についての基本単位と基本量を組み立てた組立単位から構成されている．**表1**に基本量を示す．**表2**に本書で使用される組立単位を含む主な単位を示す．また，特に大きな数字や逆に小さくなる数字の場合には，$1\,000\,\mathrm{m} = 1 \times 10^3\,\mathrm{m} = 1\,\mathrm{km}$ のように，**表3**に示す接頭語をつけた単位で表示することができる．

　kg という単位は，重力単位系では力の単位として使っていたものであるが，SI 単位では質量の単位となり，力の単位は N（ニュートン）となった．重量，自重などは質量であり kg の単位となり，荷重といったときには力であり N の単位となる．1 N の力の大きさとは「1 kg の質量を持つ物体に 1 $\mathrm{m/s^2}$ の加速度を与える力」である．つまり，$1\,\mathrm{N} = 1\,\mathrm{kg} \times 1\,\mathrm{m/s} = 1\,\mathrm{kg\cdot m/s^2}$ となる．地上では物体には重力加速度が作用するので，質量 1 kg の物体に作用する力（重力）は，重力加速度 $g = 9.8\,\mathrm{m/s^2}$ とすれば，$1\,\mathrm{kg} \times 9.8\,\mathrm{m/s^2} = 9.8\,\mathrm{N}$ となる．

　応力や圧力の単位は SI では Pa（パスカル：$\mathrm{N/m^2}$）を使用する．ただし，数値が小さくなるので，接頭語を付加して MPa とか GPa と表示したほうが便利である．応力の単位は $\mathrm{N/mm^2}$ も認められているが，これは MPa に相当する．さらに重力単位系で使ってきた比重量は，SI では密度（$\mathrm{kg/m^3}$）を使う．絶対粘度は Pa·s（パスカル秒）を，動粘度は $\mathrm{m^2/s}$ を使用する．

　仕事は一定の力が物体に作用して，ある距離を動かすときのエネルギであ

り，単位は J（ジュール）で表す．1 秒間に行う仕事量が動力であり，単位は W（ワット：J/s）や接頭語をつけた kW を使う．熱量は仕事と同じ単位の J を使う．熱量の単位として実用上 cal（カロリー）が使われることがあるが，SI との換算は以下の式を利用する．

$$1\,\text{kcal} = 4.1868\,\text{kJ} \qquad 1\,\text{kJ} = 0.238845\,\text{kcal}$$

温度に関しては，水の三重点を基準温度として，その温度を 273.16 K，または 0.01℃として表している．前者が熱力学温度または絶対温度といい K（ケルビン）で表し，後者は℃（セルシウス度）である．両者の温度間隔は同一で，K 表示温度の数値から 273.15 を減じたものが℃で表される数値となる．

本書で使用する記号のうち，ギリシャ文字に関して**表 4** に示す．

表 1　基本単位

名　称	長　さ	質　量	時　間	電　流	熱力学温度	物質量	光　度
読　み	メートル	キログラム	秒	アンペア	ケルビン	モル	カンデラ
単　位	m	kg	s	A	K	mol	cd

表 2　主な単位

量	単位の名称	記号	量	単位の名称	記号
角　度	ラジアン	rad	力	ニュートン	N
面　積	平方メートル	m^2	トルク	ニュートンメートル	N·m
体　積	立方メートル	m^3	応　力	パスカル（ニュート	Pa
	リットル	L	圧　力	ン毎平方メートル）	(N/m^2)
振動数 周波数	ヘルツ	Hz	エネルギ 熱量，仕事 エンタルピ	ジュール（ニュートンメートル）	J (N·m)
		s^{-1}			
回転数	回毎秒 回毎分	min^{-1} (rpm)	動　力 仕事率	ワット（ジュール毎秒）	W (J/s)
角速度	ラジアン毎秒	rad/s	電　力		
角加速度	ラジアン毎秒毎秒	rad/s^2	粘　度	パスカル秒	Pa·s
速　度	メートル毎秒	m/s	動粘度	平方メートル毎秒	m^2/s
加速度	メートル毎秒毎秒	m/s^2			

表3　SI 接頭語

10^{18}	エクサ	E	10^{-1}	デシ	d
10^{15}	ペタ	P	10^{-2}	センチ	c
10^{12}	テラ	T	10^{-3}	ミリ	m
10^{9}	ギガ	G	10^{-6}	マイクロ	μ
10^{6}	メガ	M	10^{-9}	ナノ	n
10^{3}	キロ	k	10^{-12}	ピコ	p
10^{2}	ヘクト	h	10^{-15}	フェムト	f
10^{1}	デカ	da	10^{-18}	アト	a

表4　ギリシャ文字

大文字	小文字	読　み	大文字	小文字	読　み
A	α	アルファ	N	ν	ニュー
B	β	ベータ	Ξ	ξ	グザイ(クシー)
Γ	γ	ガンマ	O	o	オミクロン
Δ	δ	デルタ	Π	π	パイ(ピー)
E	ε	イプシロン(エプシロン)	P	ρ	ロー
Z	ζ	ゼータ	Σ	σ	シグマ
H	η	イータ(エータ)	T	τ	タウ
Θ	θ	シータ(テータ)	Υ	υ	ウプシロン
I	ι	イオタ	Φ	ϕ, φ	ファイ(フィー)
K	κ	カッパ	X	χ	カイ(キー)
Λ	λ	ラムダ	Ψ	ϕ, ψ	プサイ(プシー)
M	μ	ミュー	Ω	ω	オメガ

目　　次

第1章　機械力学

1.1　静力学 ……………………………………………………………………… 1

　1.1.1　力のつり合い ……………………………………………………… 1

　1.1.2　力のモーメント …………………………………………………… 7

　1.1.3　重心 …………………………………………………………………… 14

　1.1.4　摩擦 …………………………………………………………………… 19

1.2　動力学 ……………………………………………………………………… 24

　1.2.1　物体の運動と運動方程式 ………………………………………… 24

　1.2.2　速度と加速度 ……………………………………………………… 26

　1.2.3　回転運動の運動方程式と慣性モーメント …………………… 31

　1.2.4　運動量と力積 ……………………………………………………… 38

　1.2.5　角運動量とモーメントの力積 …………………………………… 40

　1.2.6　運動量保存の法則と衝突 ………………………………………… 40

　1.2.7　仕事，動力，エネルギ …………………………………………… 42

　1.2.8　振動 …………………………………………………………………… 48

1章章末問題 …………………………………………………………………… 62

第2章　材料力学

2.1　応力とひずみ ……………………………………………………………… 69

　2.1.1　引張り・圧縮の応力とひずみ …………………………………… 69

　2.1.2　せん断応力とせん断ひずみ ……………………………………… 74

　2.1.3　熱応力 ………………………………………………………………… 76

　2.1.4　許容応力と安全率および基準応力 ……………………………… 78

　2.1.5　応力集中 ……………………………………………………………… 82

2.2　ねじり ………………………………………………………………… 84

　2.2.1　トルクと動力の関係 …………………………………………… 84

　2.2.2　トルクによるせん断応力とせん断ひずみ ………………… 85

　2.2.3　各種断面形状の断面二次極モーメントと極断面係数 ……… 88

　2.2.4　コイルばね ………………………………………………………… 89

2.3　はりの内力 ……………………………………………………………… 91

　2.3.1　はりの支点 ……………………………………………………… 91

　2.3.2　外力の種類 ……………………………………………………… 92

　2.3.3　真直ばりの種類 ………………………………………………… 92

　2.3.4　外力としての支点反力と固定モーメントの求め方 ………… 93

　2.3.5　内力としてのせん断力と曲げモーメント ………………… 95

　2.3.6　SFD と BMD の描き方 ………………………………………… 97

　2.3.7　各種はりの SFD と BMD の簡単な描き方……………………… 102

2.4　真直ばりにおける応力 ……………………………………………… 108

　2.4.1　横断面の応力分布と最大曲げ応力 …………………………… 108

　2.4.2　各種断面形状の断面二次モーメントと断面係数 …………… 110

　2.4.3　せん断応力 ……………………………………………………… 113

　2.4.4　平等強さのはり ………………………………………………… 114

2.5　真直ばりのたわみ …………………………………………………… 116

　2.5.1　たわみの微分方程式 …………………………………………… 116

　2.5.2　代表的なはりのたわみとたわみ角 …………………………… 118

　2.5.3　面積モーメント法 ……………………………………………… 122

2.6　不静定ばり …………………………………………………………… 127

　2.6.1　集中荷重が作用する一端固定，他端回転移動支点の

　　　　　不静定ばり …………………………………………………… 127

　2.6.2　中央集中荷重が作用する両端固定の不静定ばり ………… 129

　2.6.3　不静定な連続ばり ……………………………………………… 131

2.7　柱の圧縮 ……………………………………………………………… 134

2.7.1　軸力が作用する短い柱 ………………………………… 134

2.7.2　軸力が作用する長い柱（座屈） ………………………… 137

2.8　円筒と球の応力とひずみ ……………………………………… 142

2.8.1　薄肉円筒 …………………………………………………… 142

2.8.2　薄肉球 ……………………………………………………… 144

2.8.3　厚肉円筒 …………………………………………………… 144

2.8.4　厚肉球 ……………………………………………………… 145

2.9　モールの応力円 ………………………………………………… 146

2.9.1　単軸引張のモールの応力円 ……………………………… 147

2.9.2　圧縮応力のモールの応力円 ……………………………… 151

2.9.3　ねじりが作用するときのモールの応力円 ……………… 152

2.9.4　ねじりモーメントと曲げモーメントが作用するときの
　　　　モールの応力円 ………………………………………… 154

2.9.5　相当曲げモーメントと相当ねじりモーメント ………… 157

2章章末問題 …………………………………………………………… 160

第3章　流体力学

3.1　流体の物理的性質 ……………………………………………… 167

3.1.1　密度，比重とボイル・シャルルの法則 ………………… 167

3.1.2　圧縮性 ……………………………………………………… 168

3.1.3　粘性 ………………………………………………………… 169

3.2　静水力学 ………………………………………………………… 171

3.2.1　圧力とその測定 …………………………………………… 171

3.2.2　マノメータ ………………………………………………… 173

3.2.3　平面板に作用する圧力 …………………………………… 174

3.2.4　浮力 ………………………………………………………… 177

3.2.5　相対的静止 ………………………………………………… 179

3.3　流体運動の基礎 ………………………………………………… 180

3.3.1　流れの状態 ……………………………………………… 180

3.3.2　連続の式 ………………………………………………… 180

3.3.3　ベルヌーイの定理 ……………………………………… 182

3.3.4　ベルヌーイの定理の応用 ……………………………… 183

3.3.5　運動量の法則 ……………………………………………… 186

3.4　流れとエネルギ損失 …………………………………………… 191

3.4.1　レイノルズ数，層流と乱流 …………………………… 191

3.4.2　円管内の層流 ……………………………………………… 192

3.4.3　円管内の乱流 ……………………………………………… 193

3.4.4　管摩擦 ……………………………………………………… 194

3.4.5　管路抵抗 …………………………………………………… 195

3.5　物体のまわりの流れ …………………………………………… 197

3.5.1　境界層 ……………………………………………………… 198

3.5.2　円柱まわりの流れ ………………………………………… 199

3.5.3　流れの中の物体の抵抗 …………………………………… 200

3.5.4　物体の揚力 ………………………………………………… 203

3.6　流体機械における相似則 ……………………………………… 206

3.7　ポンプ …………………………………………………………… 209

3.7.1　ポンプの全揚程と効率 …………………………………… 209

3.7.2　ポンプの種類 ……………………………………………… 212

3章章末問題 ………………………………………………………… 214

第4章　熱力学

4.1　温度と熱量 …………………………………………………… 219

4.1.1　温度と熱 …………………………………………………… 219

4.1.2　熱量と比熱 ………………………………………………… 221

4.2　熱力学の第1法則と第2法則 ………………………………… 223

4.2.1　熱力学の法則 ……………………………………………… 223

4.2.2　熱力学の第1法則 ……………………………………………… 223

4.2.3　エネルギ式 …………………………………………………… 225

4.2.4　熱力学の第2法則 ……………………………………………… 232

4.3　理想気体の状態変化 ………………………………………………… 233

4.3.1　理想気体 ………………………………………………………… 233

4.3.2　状態方程式 ……………………………………………………… 234

4.3.3　定容比熱と定圧比熱 …………………………………………… 235

4.3.4　状態変化 ………………………………………………………… 236

4.4　湿り空気 ……………………………………………………………… 243

4.4.1　空気の組成 ……………………………………………………… 244

4.4.2　絶対湿度と相対湿度 …………………………………………… 244

4.4.3　湿度の計測 ……………………………………………………… 247

4.5　カルノーサイクル …………………………………………………… 249

4.5.1　カルノーサイクルの熱効率 …………………………………… 249

4.5.2　エントロピの概要 ……………………………………………… 251

4.5.3　有効エネルギ …………………………………………………… 253

4.6　ガスサイクル ………………………………………………………… 255

4.6.1　原動機の分類 …………………………………………………… 255

4.6.2　ガソリン機関 …………………………………………………… 256

4.6.3　ディーゼル機関 ………………………………………………… 260

4.6.4　スターリングサイクルおよびエリクソンサイクル ………… 263

4.6.5　ガスタービンサイクル ………………………………………… 265

4.7　気液二相サイクル …………………………………………………… 269

4.7.1　蒸気 ……………………………………………………………… 269

4.7.2　ランキンサイクル ……………………………………………… 272

4.7.3　再熱サイクル …………………………………………………… 277

4.7.4　再生サイクル …………………………………………………… 277

4.7.5　再熱・再生サイクル …………………………………………… 278

4.7.6　複合サイクル ………………………………………… 278

4.7.7　冷凍サイクル ………………………………………… 279

4.8　伝熱の基礎 ………………………………………………… 281

4.8.1　フーリエの式 ………………………………………… 281

4.8.2　熱の移動 ……………………………………………… 282

4.8.3　熱伝導の基礎方程式 ………………………………… 287

4.8.4　無限平板内の温度分布と熱流束 …………………… 290

4 章章末問題 ……………………………………………………… 293

章末問題解答 ……………………………………………………… 297

参考文献 …………………………………………………………… 325

索引 ………………………………………………………………… 329

機械力学

機械は力学の法則に従って作動する．そのため，機械力学は機械工学の基本となる知識である．機械力学で扱う分野は，大きく静力学と動力学に分かれる．静力学では静止している物体に作用している力のつり合いなどを扱い，動力学では動いている（運動している）物体に関する運動法則を扱う．なお，機械力学では，物体は力を加えても変形しない剛体として取り扱う．

1.1 静力学

物体に力を加えても静止している場合がある．たとえば，机や棚に物を置けばその物の重さによって力が加わるが，机や棚は動かない．本節では，物体が静止している場合に働く力やモーメントのつり合いに関連する事項について述べる．

1.1.1 力のつり合い

（1） 力の大きさと方向

図 1.1.1 に示すように，力は大きさだけでなく，作用する方向を有する**ベクトル量**である．本書ではベクトル量を F のように太字で示す．また，ベクトル F の大きさを F で示す．図 1.1.1 に示すように力を表すベクトルの前後に伸ばした線を**力の作用線**とよぶ．力の作用線上で力を移動してもその効果は変わらない．

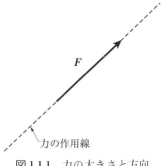

図 1.1.1 力の大きさと方向

(2)　力の合成

　2つ以上の力を合成して得られた力を**合力**とよぶ．2つの力を合成することは2つのベクトルの和を求めることと等しい．2つの力 F_1 および F_2 の合力を F とすると，F は図 1.1.2(a) のような平行四辺形の対角線または同図(b)のような三角形の一辺になる．同図(a)のように F_1 と F_2 のなす角を θ とすると，次式が成り立つ．

$$F^2 = F_1{}^2 + F_2{}^2 + 2F_1F_2\cos\theta$$

$$(1.1.1)$$

合力もベクトル量であるので，大きさと方向を持っている．

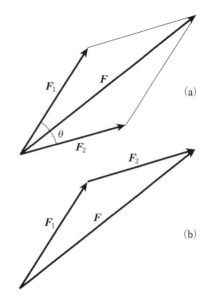

図 1.1.2　力の合成

■例題 1.1.1　図 1.1.3(a) に示す2つの力 F_1，F_2 の合力の大きさ F および F_1 からの角度を求めよ．ただし，$F_1 = 15$ N，$F_2 = 10$ N，$\theta = 50°$ である．

【解】────────────────────────

　式 (1.1.1) より，

$$F = \sqrt{15^2 + 10^2 + 2 \times 15 \times 10 \cos 50°} = 22.8 \text{ N}$$

図 1.1.3(b) のように，合力と F_1 のなす角を θ_1 とすると，

$$F \sin\theta_1 = F_2 \sin\theta$$

であるから，

$$22.8 \sin\theta_1 = 10 \sin 50°$$

より，

$$\sin\theta_1 = 0.336$$

　したがって，$\theta_1 = 19.6°$

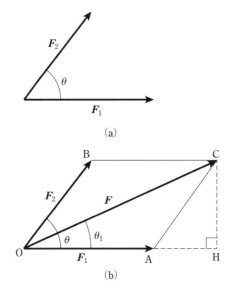

(a)

(b)

図 1.1.3　合力の大きさと方向

(3)　力の分解

　力は任意の方向に分解することがで
き る. 一般的に, **図 1.1.4** に示すよう
に直角な 2 方向に分解すると便利なこ
とが多い. 力 F と x 軸のなす角を θ
とすると, x 方向および y 方向成分は
それぞれ次のようになる.

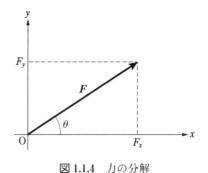

図 1.1.4　力の分解

$$F_x = F \cos \theta \qquad (1.1.2)$$

$$F_y = F \sin \theta \qquad (1.1.3)$$

　力を直角な方向に分解することによって, 1.1.1 (2) で述べた力の合力を
求めることができる. **図 1.1.5** のように 2 つの力 F_1 と F_2 の合力を求める場
合には, それぞれの力を次のように x 方向および y 方向に分解する.

$$\begin{cases} F_{1x} = F_1 \cos \theta_1 \\ F_{1y} = F_1 \sin \theta_1 \end{cases} \qquad (1.1.4)$$

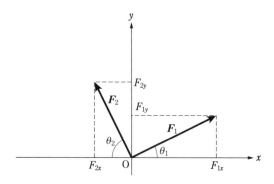

図 1.1.5　合力の求め方

$$\begin{cases} F_{2x} = -F_2 \cos \theta_2 \\ F_{2y} = F_2 \sin \theta_2 \end{cases} \tag{1.1.5}$$

（$\boldsymbol{F}_2$ の x 方向成分は θ_2 のとり方に注意）

したがって，$\boldsymbol{F}_1$ と $\boldsymbol{F}_2$ の合力の x 方向および y 方向成分 F_x，F_y は，

$$\begin{cases} F_x = F_{1x} + F_{2x} = F_1 \cos \theta_1 - F_2 \cos \theta_2 \\ F_y = F_{1y} + F_{2y} = F_1 \sin \theta_1 + F_2 \sin \theta_2 \end{cases} \tag{1.1.6}$$

式（1.1.6）から，合力の大きさ F は，

$$F = \sqrt{F_x{}^2 + F_y{}^2} \tag{1.1.7}$$

合力が x 軸となす角は，

$$\theta = \tan^{-1} \left(\frac{F_y}{F_x} \right) \tag{1.1.8}$$

■**例題 1.1.2**　図 1.1.6 に示す 3 つの力 $\boldsymbol{F}_1$，$\boldsymbol{F}_2$，$\boldsymbol{F}_3$ の大きさが $F_1 = 25\,\mathrm{N}$，$F_2 = 20\,\mathrm{N}$，$F_3 = 10\,\mathrm{N}$ であるときの合力の大きさ F と方向（x 軸との角度 θ）を求めよ．

【解】

合力の x 方向成分 F_x および y 方向成分 F_y は，

$$F_x = 25 - 20 \sin 30° - 10 \sin 60° = 6.34\,\mathrm{N}$$

$$F_y = 20 \cos 30° - 10 \cos 60° = 12.3\,\mathrm{N}$$

したがって，合力の大きさ F は式（1.1.7）から，

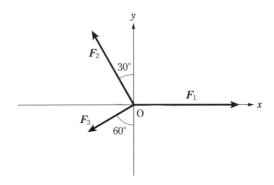

図1.1.6　合力を求める例題

$$F = \sqrt{F_x{}^2 + F_y{}^2} = \sqrt{6.34^2 + 12.3^2} = 13.8 \text{ N}$$

合力が x 軸となす角 θ は，式 (1.1.8) から，

$$\theta = \tan^{-1}\left(\frac{F_y}{F_x}\right) = \tan^{-1}\left(\frac{12.3}{6.34}\right) = 62.7°$$

（4）　一点に作用する力のつり合い

　図1.1.7(a) のように一点に2つの力が作用している場合には，同じ大きさで逆向きの力が作用していると合力は0となり，力がつり合う．図1.1.7(b) のように3つの力が作用している場合には，それぞれの力を x 方向

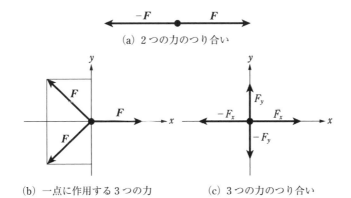

（a）2つの力のつり合い

（b）一点に作用する3つの力　　　（c）3つの力のつり合い

図1.1.7　一点に働く力のつり合い

および y 方向に分解することができるので，図 1.1.7(c) のように x 方向およ び y 方向にそれぞれ同じ大きさで逆向きの力が作用していれば，それぞれ の方向の合力は 0 となり，力がつり合う．すなわち，式 (1.1.6) で，次式を 満たせば，力はつり合うことになる．

$$\begin{cases} F_x = 0 \\ F_y = 0 \end{cases} \tag{1.1.9}$$

■例題 1. 1. 3　図 1.1.8(a) に示すように 2 本のロープに質量 $m = 20\,\mathrm{kg}$ の おもりをつるしたところ，図のような角度でつり合った．それぞれのロープ に作用する力を求めよ．

【解】

図 1.1.8(b) のように x 軸と y 軸をとり，ロープ AC および AB に作用す る力をそれぞれ F_{AC} および F_{BC} とすると，F_{AC}，F_{BC} とおもりに作用する重 力 mg [注)]がつり合っている．x 方向および y 方向の力の合力が 0 となること から，

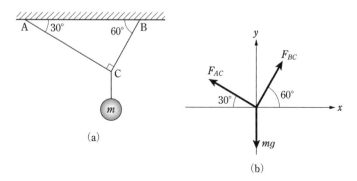

(a)　(b)

図 1.1.8　ロープにつるしたおもり

$$\begin{cases} F_x = F_{BC}\cos 60^\circ - F_{AC}\cos 30^\circ = 0 \\ F_y = F_{BC}\sin 60^\circ + F_{AC}\sin 30^\circ - 20 \times 9.8 = 0 \end{cases}$$

注）1. 2. 1 で述べるが，質量と加速度の積が力となる．地上付近の物体には鉛直下方に $g = 9.80\,\mathrm{m/s^2}$ の加速度がかかっている．質量が m である物体には鉛直下方に mg で表 される力が作用している．この力を重力という．

2つの式から，各ロープに作用する力は $F_{AC} = 98.0$ N, $F_{BC} = 170$ N とな
る．

［別解］

この問題は正弦定理を使って解くこともできる．**図 1.1.9**(a) に関して次
式が成り立つ．これを**ラミの定理**という．

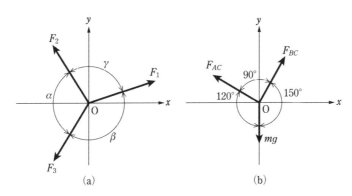

図 1.1.9 正弦定理

$$\frac{F_1}{\sin \alpha} = \frac{F_2}{\sin \beta} = \frac{F_3}{\sin \gamma} \qquad (1.1.10)$$

この問題では，力間の角度 α, β, γ は図 1.1.9(b) となる．式 (1.1.10) から，

$$\frac{F_{AC}}{\sin 150^\circ} = \frac{F_{BC}}{\sin 120^\circ} = \frac{20 \times 9.8}{\sin 90^\circ}$$

したがって，各ロープに作用する力は，

$$F_{AC} = 20 \times 9.8 \times \sin 150^\circ = 98.0 \text{ N}$$

$$F_{BC} = 20 \times 9.8 \times \sin 120^\circ = 170 \text{ N}$$

1.1.2 力のモーメント

(1) 力のモーメントの大きさと符号

図 1.1.10 に示すように，力が同時に2点に作用している場合には，物体に
回転運動が生じる．物体に回転運動を生じる効果をもたらすものを力のモー

メントまたは単に**モーメント**という．図 **1.1.11** に示すように，点 O からの距離が l である点に大きさが F の力が作用しているとき，O 点まわりの力のモーメント M_O は次式により定められる．

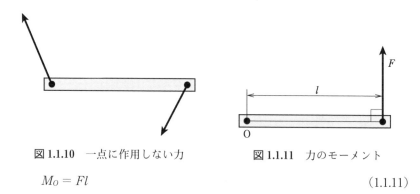

図 **1.1.10**　一点に作用しない力　　　図 **1.1.11**　力のモーメント

$$M_O = Fl \tag{1.1.11}$$

距離 l は，点 O から力 F の作用線に引いた垂線の長さとなる．図 **1.1.12** のような場合も同様である．

　力のモーメントの方向は反時計まわりのモーメントを正，時計まわりのモーメントを負とする．図 1.1.11 および図 1.1.12 では力 F は点 O を中心に反時計方向にまわすように作用するので，どちらのモーメントも正である．

　1.1.1(3) で示したように，力は x 方向と y 方向に分解することができる．したがって，図 **1.1.13** に示すように原点から x 方向に a，y 方向に b だけ離れた点に作用している力 F による原点 O まわりのモーメントは，それぞれ

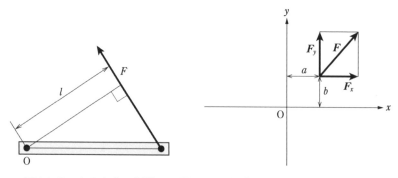

図 **1.1.12**　点 O と力の距離　　図 **1.1.13**　任意の方向に作用する力のモーメント

の方向に分解した力 F_x, F_y によるモーメントの和となる．それぞれの力が原点を中心にまわす方向を考慮して，

$$M_O = F_y a - F_x b$$

となる．2つ以上の力が作用している場合には，それぞれの力によるモーメントの和が全体のモーメントとなる．

■**例題 1.1.4** 図 1.1.14 に示すような力 F_1, F_2 がそれぞれの座標で示す位置に作用している．原点 O まわりの力のモーメント M_O を求めよ．ただし，$F_1 = 40\,\mathrm{N}$, $F_2 = 20\,\mathrm{N}$ で座標の単位は〔m〕である．

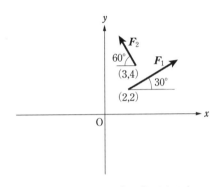

図 1.1.14 異なる点に作用する力

【**解**】

F_1 による原点まわりの力のモーメント M_1 は

$$M_1 = 40\sin 30° \times 2 - 40\cos 30° \times 2 = -29.3\,\mathrm{N\cdot m}$$

F_2 による原点まわりの力のモーメント M_2 は

$$M_2 = 20\sin 60° \times 3 + 20\cos 60° \times 4 = 92.0\,\mathrm{N\cdot m}$$

したがって，F_1 および F_2 による原点まわりの力のモーメント M_O は，

$$M_O = M_1 + M_2 = 62.7\,\mathrm{N\cdot m}$$

(2) 複数の位置に力が作用するときのつり合い

複数の力がそれぞれの位置に作用する場合，つり合うためには，力の合力が 0 となるとともに，任意の点まわりの力のモーメントが 0 とならなければ

ならない.

■**例題 1.1.5**　図 1.1.15 に示すように，棒に 2 つの力 F_1，F_2 が作用している．図のように水平方向の力に対して抵抗しない支持方法を単純支持という．両方の支点 A および B での反力 R_A および R_B を求めよ．（単純支持では，その支点には垂直方向の反力のみが生じる.）

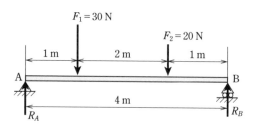

図 1.1.15　棒に作用する力

【**解**】

　力がつり合うためには A，B 両方の支点まわりの力のモーメントが 0 にならなければならない．A 点まわりの力のモーメント M_A は，

$$M_A = R_B \times 4 - 30 \times 1 - 20 \times 3 = 0$$

したがって，$R_B = 22.5$ N となる．B 点まわりの力のモーメント M_B は，

$$M_B = 30 \times 3 + 20 \times 1 - R_A \times 4 = 0$$

したがって，$R_A = 27.5$ N となる．

　この場合，垂直方向の力の合力は，

$$22.5 + 27.5 - 30 - 20 = 0 \text{ N}$$

となり，つり合っている.

■**例題 1.1.6**　図 1.1.16(a) に示すように，棒 AB の図に示す位置に質量 m = 10 kg のおもりがつるされ，ロープ AC によって水平になるように支持されている．棒 AB は点 B で回転支持[注]されている．ロープに生じる張力 T

注）回転が自由である支点を回転支持という．この支持方法では反力の方向が定まらない．

および支点 B における反力 R_B を求めよ．棒とロープの質量は無視するものとする．

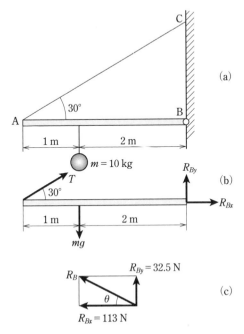

図 **1.1.16** ロープにより水平に支持されたおもりをつるした棒

【解】

図 1.1.16(b) に棒に作用する力を示す．この支持方法では，点 B における反力の方向がわからないので，図のように水平方向 R_{Bx} と垂直方向 R_{By} に分解する．

垂直方向の力のつり合いは，

$$T \sin 30° + R_{By} - mg = 0 \cdots\cdots①$$

水平方向の力のつり合いは，

$$T \cos 30° + R_{Bx} = 0 \cdots\cdots②$$

B 点まわりの力のモーメント M_B は，

$$M_B = mg \times 2 - T \sin 30° \times 3 = 0 \cdots\cdots③$$

式③から，

$$T = \frac{mg \times 2}{\sin 30° \times 3} = \frac{10 \times 9.8 \times 2}{0.5 \times 3} = 131 \text{ N}$$

式②から，

$$R_{Bx} = -131 \times \frac{\sqrt{3}}{2} = -113 \text{ N}$$

式①から，

$$R_{By} = 10 \times 9.8 - 131 \times 0.5 = 32.5 \text{ N}$$

R_{Bx} は負であるから，図 1.1.16(b) で仮定した方向と反対方向に作用しているので，R_{Bx} と R_{By} は図 1.1.16(c) のようになる．したがって，B 点での反力 R_B の大きさは，

$$R_B = \sqrt{R_{Bx}{}^2 + R_{By}{}^2} = \sqrt{(-113)^2 + (32.5)^2} = 118 \text{ N}$$

R_B の方向は角度 θ を図のようにとると，

$$\theta = \tan^{-1}\left(\frac{32.5}{113}\right) = 16.0°$$

---

(3) トラス

図 1.1.17 に示すように複数の部材が結合されたものを**トラス**とよぶ．部材が結合されているところを**節点**とよぶ．トラスでは荷重は節点に作用する．**図 1.1.18** に示すように，トラスの部材は節点から引張力と圧縮力を受ける．それとつり合うために部材

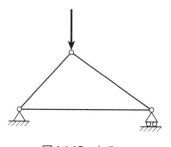

図 1.1.17 トラス

(a) 引張力

(b) 圧縮力

◄── 節点に作用する力 ◄----- 部材に作用する力

図 1.1.18 節点および部材に作用する力

には反対方向の力が作用する．このような力を**内力**とよぶ．

■**例題 1.1.7** 図 **1.1.19**(a) に示すトラスの C 点に $F = 200\,\text{N}$ の力が作用している．各支点 A，B に生じる反力 R_A，R_B を求めよ．さらに，部材に生じる力を求め，引張か圧縮かを答えよ．

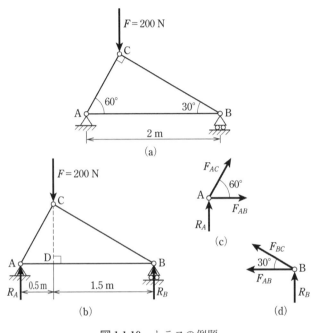

図 1.1.19　トラスの例題

【解】

図 1.1.19(b) のように節点 C から部材 AB におろした垂線の足を D とすると，AD = 0.5 m，BD = 1.5 m となる．A 点まわりの力のモーメント M_A は，

$$M_A = R_B \times 2 - 200 \times 0.5 = 0$$

であるから，$R_B = 50\,\text{N}$ となる．また，B 点まわりの力のモーメント M_B は，

$$M_B = 200 \times 1.5 - R_A \times 2 = 0$$

であるから，$R_A = 150\,\text{N}$ となる．

点 A に作用する力は図 1.1.19(c) のようになる．部材に作用する力は引張方向を仮定している．水平方向の力のつり合いから，

$$F_{AC} \cos 60° + F_{AB} = 0 \cdots\cdots①$$

垂直方向の力のつり合いから,

$$F_{AC} \sin 60° + R_A = 0 \cdots\cdots②$$

式②から,

$$F_{AC} = -\frac{R_A}{\sin 60°} = -\frac{150}{\sqrt{3}/2} = -173 \text{ N}$$

式①から,

$$F_{AB} = -F_{AC} \cos 60° = -(-173) \times 0.5 = 86.6 \text{ N}$$

点 B に作用する力は図 1.1.19(d) のようになる. 垂直方向の力のつり合いは,

$$F_{BC} \sin 30° + R_B = 0 \cdots\cdots③$$

したがって,

$$F_{BC} = -\frac{R_B}{\sin 30°} = -\frac{50}{0.5} = -100 \text{ N}$$

水平方向の力のつり合いは,

$$-F_{BC} \cos 30° - F_{AB} = 0 \cdots\cdots④$$

となり, 求めた値を代入すると式④が成り立っている.

点 C での力のつり合いを考えても同じ結果が得られる. 部材に作用する力は引張方向を仮定しているので, 負の値は圧縮力であることを意味している. したがって, 部材に生じる力は下記のようになる.

$F_{AB} = 86.6 \text{ N}$（引張力）, $F_{AC} = 173 \text{ N}$（圧縮力）, $F_{BC} = 100 \text{ N}$（圧縮力）

1.1.3　重　心

図 1.1.20 に示すように, 質量を無視できる棒に質量が m_1, m_2, m_3 であるおもりが点 O から x_1, x_2, x_3 の位置につり下げられている. このとき重力加速度を g とするとそれぞれのおもりに $m_1 g$, $m_2 g$, $m_3 g$ の重力が作用する. 重力によって, 点 O まわりに次式で表されるモーメント M_O が生じる.

$$M_O = m_1 g x_1 + m_2 g x_2 + m_3 g x_3 \tag{1.1.12}$$

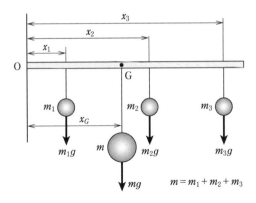

図 1.1.20 重心

一方で，点 O から x_G の点 G に $m = m_1 + m_2 + m_3$ であるおもりをつるしたときに式 (1.1.12) と等しいモーメントを生じるときに点 G を**重心**とよぶ．つまり，重心とは物体全体の質量が作用すると考えられる点である．このときに次式が成り立つ．

$$mgx_G = m_1gx_1 + m_2gx_2 + m_3gx_3 \tag{1.1.13}$$

したがって，重心の位置は次式で与えられる．

$$x_G = \frac{m_1x_1 + m_2x_2 + m_3x_3}{m} \tag{1.1.14}$$

■**例題 1.1.8**　図 1.1.21 に示すように質量が無視できる棒におもり m_1, m_2, m_3 がつり下げられているときの重心の位置 x_G を求めよ．

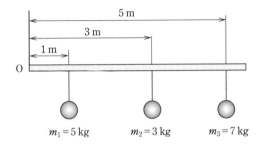

図 1.1.21 重心の例題

【解】

式 (1.1.14) から,

$$x_G = \frac{5 \times 1 + 3 \times 3 + 7 \times 5}{5 + 3 + 7} = 3.27 \text{ m}$$

図 1.1.22 に示す質量が m である棒を考える. この場合, 棒は小さな質量 dm_i が集まってできているので, O 点まわりのモーメント M_O は次式のような積分で表される.

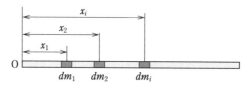

図 1.1.22　質量が m である棒

$$M_O = dm_1 g x_1 + dm_2 g x_2 + \cdots + dm_i g x_i + \cdots$$

$$= g \sum_i x_i dm_i = g \int x dm \tag{1.1.15}$$

また, 棒全体の質量 m は

$$m = dm_1 + dm_2 + \cdots + dm_i + \cdots = \sum_i dm_i = \int dm \tag{1.1.16}$$

したがって, 重心の位置を x_G とすると, O 点まわりのモーメントは mgx_G となり, このモーメントが式 (1.1.15) と等しいから,

$$mgx_G = x_G g \int dm = g \int x dm \tag{1.1.17}$$

したがって,

$$x_G = \frac{\int x dm}{\int dm} \tag{1.1.18}$$

■**例題 1.1.9**　図 1.1.23 に示す長さが l である一様な棒(密度および断面積が棒のどこでも一定である.)の重心 x_G を求めよ.

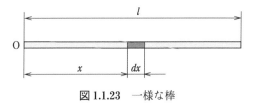

図 1.1.23　一様な棒

【解】

図 1.1.23 のように O 点から x の位置にある長さ dx のところの質量 dm は，密度を ρ，断面積を A とすると，

$$dm = \rho A dx$$

式 (1.1.18) に代入すると，x に関して積分範囲は 0 から l であるから，

$$x_G = \frac{\displaystyle\int_0^l x\rho A dx}{\displaystyle\int_0^l \rho A dx} = \frac{l^2/2}{l} = \frac{l}{2}$$

図 1.1.24 のような平面の重心も同様に求めることができる．重心の x 座標および y 座標をそれぞれ x_G および y_G とすると，式 (1.1.18) と同様に，

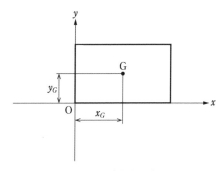

図 1.1.24　平面の重心

$$\begin{cases} x_G = \dfrac{\displaystyle\int x dm}{\displaystyle\int dm} \\[4mm] y_G = \dfrac{\displaystyle\int y dm}{\displaystyle\int dm} \end{cases}$$

$$(1.1.19)$$

図 1.1.25 に示す一様な板（密度と厚さが板のどこでも一定）の重心 G の座標は，例題 1.1.9 と同様に，$\left(\dfrac{a}{2}, \dfrac{b}{2}\right)$ となる．このことを応用して，やや複雑な形状の一様な板の重心を求めることができる．

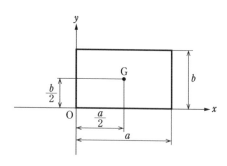

図 1.1.25　一様な板の重心

■**例題 1.1.10**　図 1.1.26(a) に示す一様な板の重心 x_G，y_G を求めよ．ただし，図中の数値の単位は〔m〕である．

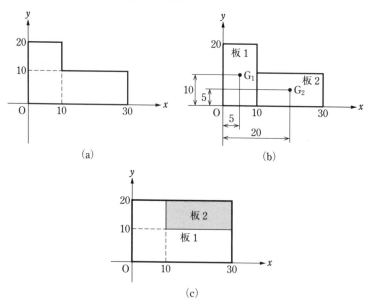

(a)

(b)

(c)

図 1.1.26　重心を求める例題

【解】

図 1.1.26(b) に示すように板を 1 と 2 に分ける．板 1 の重心の位置 G_1 の

座標は (5, 10) となる．板 2 の重心 G_2 の座標は (20, 5) となる．式 (1.1.14) をおもりが 2 つの場合に応用すると，密度と厚さがどこでも等しいことから，おもりの質量は板 1 と板 2 の面積と考えてよい．板 1 および板 2 の面積はどちらも 200 m^2 であるから，板全体の重心の x 座標は，

$$x_G = \frac{200 \times 5 + 200 \times 20}{200 + 200} = 12.5 \text{ m}$$

同様に，重心の y 座標は，

$$y_G = \frac{200 \times 10 + 200 \times 5}{200 + 200} = 7.5 \text{ m}$$

［別解］ 図 1.1.26(a) に示す板は，図 1.1.26(c) に示すように太線で囲んだ板 1 から影をつけた板 2 を除いたものと考えることもできる．この場合，式 (1.1.14) の分子で板 2 の質量によるモーメントを引き，分母で板 2 の質量を引くことによって，板全体の重心を求めることができる．板 1 の重心の位置 G_1 の座標は (15, 10) となる．板 2 の重心 G_2 の座標は (20, 15) となる．板 1 の面積は 600 m^2，板 2 の面積は 200 m^2 であるから，板全体の重心の x 座標は，

$$x_G = \frac{600 \times 15 - 200 \times 20}{600 - 200} = 12.5 \text{ m}$$

同様に，重心の y 座標は，

$$y_G = \frac{600 \times 10 - 200 \times 15}{600 - 200} = 7.5 \text{ m}$$

1.1.4 摩擦

図 1.1.27 に示すように，速度 v で右方向に動いている物体に対して，運動方向と反対方向に作用する力を**摩擦力**という．ここでは，摩擦力が接触面積にかかわらず，物体に垂直方向に作用する反力に比例するとする．これを**クーロン摩擦**という．

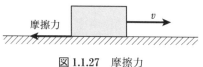

図 1.1.27　摩擦力

（1）　静摩擦と動摩擦

図 1.1.28 のように水平に置いた物体には垂直方向に重力 mg と等しい反力 R が作用する．徐々に右方向に加える力 F を大きくし，物体が滑り始めるときの摩擦力を**静摩擦力**とよぶ．静摩擦力を f_s とすると，f_s は反力 R に比例するので，

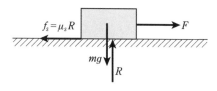

図 1.1.28　静止摩擦力

$$f_s = \mu_s R \tag{1.1.20}$$

比例定数 μ_s を**静摩擦係数**とよぶ．図 1.1.28 のように，水平に置かれた物体の場合，式 (1.1.20) は，

$$f_s = \mu_s mg \tag{1.1.21}$$

物体に加える力が静摩擦力 f_s より小さいと物体は動かない．

一般に，物体が動き出してからは，摩擦力は f_s よりも小さくなる．このときの摩擦力を**動摩擦力**とよぶ．動摩擦力 f_d に対しても式 (1.1.20) と同じような次式が成り立つ．

$$f_d = \mu_d R \tag{1.1.22}$$

μ_d を**動摩擦係数**とよぶ．一般的に動摩擦係数は静摩擦係数より小さい．

（2）　斜面に作用する摩擦力

図 1.1.29 に示すように水平方向と θ の角をなす斜面に置かれた物体が下方向に滑っている場合の摩擦力を考える．ここでは，簡単のため静摩擦力と動

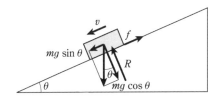

図 1.1.29　斜面に作用する摩擦力

摩擦力を同じとする．物体には重力 mg が作用している．重力は斜面に沿う方向の成分 $mg\sin\theta$ と斜面に直角な方向の成分 $mg\cos\theta$ に分解することができる．物体が斜面に直角方向に受ける反力 R は，重力の斜面に直角な方向の成分に等しいから，

$$R = mg\cos\theta \tag{1.1.23}$$

摩擦力 f は，

$$f = \mu R = \mu mg\cos\theta \tag{1.1.24}$$

斜面に沿って下向きに $mg\sin\theta$ の力が作用しているから，次の条件が成り立つときに物体は下方向に滑り始める．

$$mg\sin\theta > \mu mg\cos\theta \tag{1.1.25}$$

滑り始めるときの角度を ϕ とすると，次式が成り立っている．

$$mg\sin\phi = \mu mg\cos\phi \tag{1.1.26}$$

この角度 ϕ を**摩擦角**という．式 (1.1.26) から，

$$\mu = \tan\phi \tag{1.1.27}$$

この式から，摩擦係数 μ は斜面の傾きを大きくしていったときに物体が滑り始めるときの角度（摩擦角）ϕ の正接（tan）で表される．

■例題 1.1.11　図 1.1.30 のように水平方向と θ の角をなす斜面に置かれた物体がある．物体の質量 $m = 20\,\mathrm{kg}$，$\theta = 25°$ として，次の問に答えよ．

(1)　斜面に沿って下向きに作用する力を求めよ．

(2)　摩擦係数が $\mu = 0.3$ のときに，物体が滑るか判定せよ．

【解】

(1)　下向きに作用する力は，

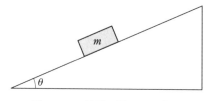

図 1.1.30　斜面に置かれた物体

$$mg \sin \theta = 20 \times 9.8 \times \sin 25° = 82.8 \text{ N}$$

（2）　摩擦力 f は式（1.1.24）から，

$$f = \mu mg \cos \theta = 0.3 \times 20 \times 9.8 \times \cos 25° = 53.3 \text{ N}$$

　摩擦力より下向きの力の方が大きく，式（1.1.25）が成り立つから物体は滑る．

■**例題 1. 1. 12**　図 1.1.31（a）に示すように，水平方向と θ の角をなす斜面に置かれた物体を引き上げるために必要な斜面に沿う力 F の大きさを求めよ．ただし，物体の質量 $m = 20 \text{ kg}$，$\theta = 20°$，摩擦角 $\phi = 10°$ とせよ．

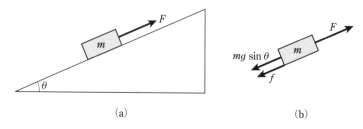

（a）　　　　　　　　　　　　　　（b）

図 1.1.31　物体を引き上げるために必要な力

【**解**】

　摩擦力 f は物体の動きと反対方向に作用するから，物体に作用する力は図 1.1.31（b）のようになる．したがって，力のつり合いを考えると，

$$F - \mu mg \cos \theta - mg \sin \theta = 0$$

本式で求められる力 F を加えたときに，物体は上方向に動き出す．この式から，

$$F = \mu mg \cos\theta + mg \sin\theta$$

$$= \tan 10° \times 20 \times 9.8 \times \cos 20° + 20 \times 9.8 \times \sin 20° = 99.5\,\text{N}$$

（3） 転がり摩擦

図 **1.1.32** に示すように，平面上に置かれた円筒の中心に対して，平面に平行な力 F を加える．このときに円筒が滑ることなく転がるときに，加えた力と反対方向に摩擦力 f が作用する．この摩擦力を**転がり摩擦力**とよぶ．このときも次式のように摩擦力 f は円筒に垂直に作用する反力 R に比例する．

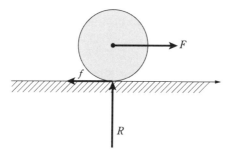

図 1.1.32　転がり摩擦

$$f = \mu_r R \tag{1.1.28}$$

μ_r を**転がり摩擦係数**とよぶ．転がり摩擦係数は前述の静摩擦係数や動摩擦係数と比較してかなり小さい．

　力とエネルギ

摩擦力が小さい場合には，斜面を利用することによって，小さい力で物体を引き上げることができる．たとえば，例題 1.1.12 で物体を垂直方向に引き上げるためには，$20 \times 9.8 = 196\,\text{N}$ の力が必要である．一方で斜面を使うと，この例題の条件では 99.5 N の力を加えればよいことになる．ただし，同じ高さのところに物体を引き上げるためには垂直に引き上げるよりも長い距離を動かさなければならない．同じ時間で人間が行うとすれば疲れ方（使用するエネルギ）は同じということになる．ま

た，転がり摩擦が小さいことは古くから知られていたことである．転がり摩擦係数は滑り摩擦係数（静摩擦係数や動摩擦係数）よりかなり小さい．したがって，重いものを運ぶときに，台車に乗せて運ぶ方が床を引いて運ぶよりはるかに楽である．

1.2 動力学

　物体が運動する場合では，これまでに学んだ力やモーメントのほかに，慣性力とよばれる力を考えなければならない．この節では，物体が運動するときの慣性力や慣性力によるモーメントを考えて，物体の運動を求める方法について述べる．さらに，物体が運動する場合の運動量やエネルギについても述べる．

1.2.1 物体の運動と運動方程式

　図 1.2.1 に示すように，物体が直線または曲線上を動き，物体自体が回転しない場合を**並進運動**といい，物体がある点を中心に回転する場合を**回転運動**という．これらの運動はいずれも**ニュートンの法則**に従っている．ニュー

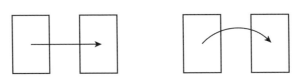

(a) 並進運動

(b) 回転運動

図 1.2.1　並進運動と回転運動

トンの法則は次の 3 つである.

第 1 法則　物体に力を加えなければ，物体は静止したままか等速直線運動を続ける.

第 2 法則　質量 m の物体に力 F を加えると，次式で表される加速度 a を生じる.

$$ma = F \tag{1.2.1}$$

第 3 法則　物体に力を加えると同じ大きさの反力が生じる.

運動方程式は第 2 法則による. 以下では，並進運動する物体の運動方程式の導き方について述べる（回転運動の運動方程式については 1.2.3 で述べる）.

式 (1.2.1) は並進運動における力と加速度の関係を表している. この式を並進運動に対する**運動方程式**とよぶ. 左辺の ma を**慣性力**という.

図 1.2.2 に示すように，質量 m の物体を一定の力 F_u で垂直方向に引き上げる場合の運動方程式を考えてみる. 物体が運動する方向は上向きである.

物体に作用する力は物体が運動する方向（上向き）を正とすると，運動方程式 $ma = F$ の F は次式で表される.

$$F = F_u - mg$$

したがって，運動方程式は以下の式となる.

$$ma = F_u - mg$$

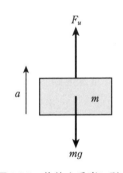

図 1.2.2　物体を垂直に引き上げる運動

次に**図 1.2.3**(a) に示す角度が θ である斜面を加速度 a で滑り下りる質量 m の物体を考える. 1.1.4(2) で示したように，斜面に沿う方向に作用する力は重力の斜面に沿う方向の成分である $mg \sin \theta$ と摩擦力 f である. 図 1.2.3(b) に示すように摩擦力は $f = \mu mg \cos \theta$ であり，上方向に作用するから，物体の加速度を a とすると運動方程式は，

$$ma = mg \sin \theta - \mu mg \cos \theta$$

したがって，物体の加速度 a は次式で求められる.

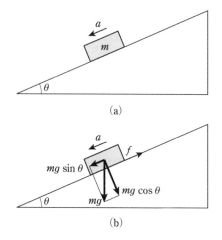

図 **1.2.3**　斜面をすべる物体

$$a = g \sin \theta - mg \cos \theta$$

1.2.2 速度と加速度

（1）　並進運動

速度 v とは単位時間当たりの移動距離であり，微小時間 $\varDelta t$ における微小な移動距離の変化 $\varDelta x$ によって次のような微分で表される．

$$v = \lim_{\varDelta t \to 0} \frac{\varDelta x}{\varDelta t} = \frac{dx}{dt} \tag{1.2.2}$$

加速度 a とは微小時間 $\varDelta t$ における微小な速度の変化 $\varDelta v$ であり，次のような微分で表される．

$$a = \lim_{\varDelta t \to 0} \frac{\varDelta v}{\varDelta t} = \frac{dv}{dt} = \frac{d}{dt}\frac{dx}{dt} = \frac{d^2 x}{dt^2} \tag{1.2.3}$$

速度の単位として時速〔km/h〕がよく使われる．基本単位として長さは〔m〕，時間は〔s〕が使われるので，必要に応じて次式によって時速を秒速に換算する．

$$1 \, \text{km/h} = \frac{1\,000}{3\,600} \, \text{m/s} = \frac{1}{3.6} \, \text{m/s}$$

すなわち，時速で与えられた値を 3.6 で割れば秒速となり，秒速で与えられた値を 3.6 倍すれば時速となる．

以下では速度が一定である等速度運動と加速度が一定である等加速度運動を考える．

1) 等速度運動

速度が v_c で一定である場合，式 (1.2.3) から加速度 a は 0 である．移動距離 x は式 (1.2.2) から速度を積分することによって求められる．

$$x = \int v_c dt = v_c t + x_0 \tag{1.2.4}$$

ここで，x_0 は $t = 0$ のときの距離（位置）を表す．

2) 等加速度運動

加速度が a_c で一定である場合，速度 v は式 (1.2.3) から加速度を積分することによって求められる．

$$v = \int a_c dt = a_c t + v_0 \tag{1.2.5}$$

ここで，v_0 は $t = 0$ のときの速度を表す．また，移動距離 x は式 (1.2.4) と同様に速度を積分することによって求められる．

$$x = \int v dt = \int (a_c t + v_0) dt = \frac{1}{2} a_c t^2 + v_0 t + x_0 \tag{1.2.6}$$

$t = 0$ のときに $x_0 = 0$ とすると，式 (1.2.5) および式 (1.2.6) はそれぞれ次のようになる．

$$\begin{cases} v = a_c t + v_0 \\ x = \dfrac{1}{2} a_c t^2 + v_0 t \end{cases}$$

これら 2 つの式から t を消去すると，次式となる．

$$v^2 - v_0^2 = 2 a_c x \tag{1.2.7}$$

■**例題 1.2.1**　静止している物体が直線上を一定の加速度 a_c で加速し，12 秒後に速度が $v = 15\,\mathrm{m/s}$ となった．このときの加速度 a_c を求め，12 秒間に移動した距離 x を求めよ．

【解】

$t = 0$ では物体は静止しているから，式 (1.2.5) で $v_0 = 0\,\mathrm{m/s}$ である．したがって，

$$v = 15 = a_c \times 12$$

であるから，$a_c = 1.25\,\mathrm{m/s^2}$ となる．移動距離 x は式 (1.2.6) で $x_0 = 0\,\mathrm{m}$ として，

$$x = \frac{1}{2}a_c t^2 = \frac{1}{2}\times 1.25 \times 12^2 = 90.0\,\mathrm{m}$$

■**例題 1.2.2**　$50\,\mathrm{km/h}$ で直線上を移動している物体が一定の加速度 a_c で減速して $20\,\mathrm{m}$ で停止した．このときの加速度 a_c を求めよ．

【解】

式 (1.2.7) で，$v = 0\,\mathrm{m/s}$，$v_0 = 50/3.6 = 13.9\,\mathrm{m/s}$，$x = 20\,\mathrm{m}$ を代入すると，

$$0^2 - 13.9^2 = 2a_c \times 20$$

この式から，$a_c = -4.83\,\mathrm{m/s^2}$ となる．負の加速度は減速を表す．

(2)　回転運動

図 1.2.4 に示すように半径 r の円周上を回転している質量 m の質点[注] がある．図のように x 軸からの回転角を θ とする．θ のことを**角変位**とよぶ．単位時間当たりの回転角を**角速度**という．角速度 ω とは微小時間 Δt における微小な角変位の変化 $\Delta\theta$ であり，次のような微分で表される．

$$\omega = \lim_{\Delta t \to 0}\frac{\Delta\theta}{\Delta t} = \frac{d\theta}{dt} \tag{1.2.8}$$

角加速度 α とは微小時間 Δt における微小な角速度の変化 $\Delta\omega$ であり，次のような微分で表される．

注）質点とは質量が集中していると考えられる点のことである．点であるために面積がないので，質点自体の回転は考えない．

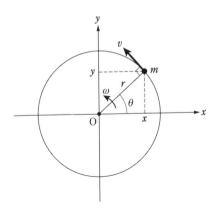

図 1.2.4　円運動

$$\alpha = \lim_{\Delta t \to 0} \frac{\Delta \omega}{\Delta t} = \frac{d\omega}{dt} = \frac{d}{dt} \frac{d\theta}{dt} = \frac{d^2\theta}{dt^2} \tag{1.2.9}$$

図 1.2.4 に示すように角変位が θ のとき，質点の x 座標および y 座標はそれぞれ，

$$\begin{cases} x = r \cos \theta \\ y = r \sin \theta \end{cases} \tag{1.2.10}$$

角速度 ω が一定であるときには $\theta = \omega t$ であるから，式 (1.2.10) は次式で表される．

$$\begin{cases} x = r \cos \omega t \\ y = r \sin \omega t \end{cases} \tag{1.2.11}$$

式 (1.2.11) を t で微分すると，

$$\begin{cases} \dfrac{dx}{dt} = -\omega r \sin \omega t \\[2mm] \dfrac{dy}{dt} = \omega r \cos \omega t \end{cases} \tag{1.2.12}$$

式 (1.2.12) の第 1 式は質点の速度 v の x 方向成分，第 2 式は y 方向成分を表す．速度 v の大きさは，

$$v = \sqrt{\left(\frac{dx}{dt}\right)^2 + \left(\frac{dy}{dt}\right)^2} = \sqrt{(-\omega r \sin \omega t)^2 + (\omega r \cos \omega t)^2}$$

$$= \sqrt{\omega^2 r^2 (\sin^2 \omega t + \cos^2 \omega t)} = r\omega \tag{1.2.13}$$

速度 v の方向は図 1.2.4 に示すように，質点と原点を結ぶ直線に直角方向である．

式 (1.2.12) を t で微分すると，

$$\begin{cases} \dfrac{d^2 x}{dt^2} = -\omega^2 r \cos \omega t \\[2mm] \dfrac{d^2 y}{dt^2} = -\omega^2 r \sin \omega t \end{cases} \tag{1.2.14}$$

式 (1.2.12) の第 1 式は質点の加速度 α の x 方向成分，第 2 式は y 方向成分を表す．加速度 α の大きさは，

$$\alpha = \sqrt{\left(\frac{d^2 x}{dt^2}\right)^2 + \left(\frac{d^2 y}{dt^2}\right)^2} = r\omega^2 \tag{1.2.15}$$

式 (1.2.14) の右辺は負であることから，加速度は原点に向かう方向である．質点には原点に向かう方向に下記の力が作用することになる．

$$F = m\alpha = mr\omega^2 \tag{1.2.16}$$

この力を**求心力**とよぶ．質点が曲線運動（ここでは回転運動）をするためには，求心力に相当する力が必要となる．

　角速度の単位は〔rad/s〕であるが，回転の速度として 1 分間の回転数である〔$\min^{-1}$(rpm)〕もよく使われる．したがって，必要に応じて次式によって回転数を角速度に換算する．

$$1 \min^{-1} = \frac{2\pi}{60} \, \text{rad/s}$$

1)　等角速度運動

　角速度 ω_c が一定である等角速度運動の場合，式 (1.2.9) から角加速度 α は 0 である．角変位 θ は式 (1.2.8) から角速度を積分することによって求められる．

$$\theta = \int \omega_c \, dt = \omega_c t + \theta_0 \tag{1.2.17}$$

ここで，θ_0 は $t = 0$ のときの角変位を表す．

2) 等角加速度運動

角加速度 α_c が一定である等角加速度運動の場合，角速度 ω は式（1.2.9）から角加速度を積分することによって求められる．

$$\omega = \int \alpha_c \, dt = \alpha_c t + \omega_0 \tag{1.2.18}$$

ここで，ω_0 は $t = 0$ のときの角速度を表す．また，角変位 θ は式（1.2.8）から角速度を積分することによって求められる．

$$\theta = \int \omega \, dt = \int (\alpha_c t + \omega_0) \, dt = \frac{1}{2} \alpha_c t^2 + \omega_0 t + \theta_0 \tag{1.2.19}$$

$t = 0$ のときに $\theta_0 = 0$ とすると，式（1.2.18）および式（1.2.19）はそれぞれ次のようになる．

$$\begin{cases} \omega = \alpha_c t + \omega_0 \\[2mm] \theta = \dfrac{1}{2} \alpha_c t^2 + \omega_0 t \end{cases}$$

これら 2 つの式から t を消去すると，次式が求められる．

$$\omega^2 - \omega_0{}^2 = 2 \alpha_c \theta \tag{1.2.20}$$

■例題 1.2.3 　質量 $m = 10 \, \mathrm{kg}$ の質点が半径 $r = 2 \, \mathrm{m}$ で一定の回転速度 40 min^{-1} で回転するときの求心力 F および質点の速度 v を求めよ．

【解】

角速度 $\omega = 2\pi \times 40/60 = 4.19 \, \mathrm{rad/s}$ である．

求心力 F は式（1.2.16）から $F = 10 \times 2 \times 4.19^2 = 351 \, \mathrm{N}$

速度 v は式（1.2.13）から $v = 2 \times 4.19 = 8.38 \, \mathrm{m/s}$

1.2.3 回転運動の運動方程式と慣性モーメント

(1) 回転運動の運動方程式

図 1.2.5 に示すように O 点から長さ r の糸でつるされている質量が m で

ある質点に水平方向から F の力を受ける
と，O 点まわりの回転運動をする．回転角
が小さいうちは質点の運動は直線運動と考
えてよい．このときの水平方向の移動距離
を x，回転角を θ とすると，次式が成り立
つ．

$$x = r\theta \qquad (1.2.20)$$

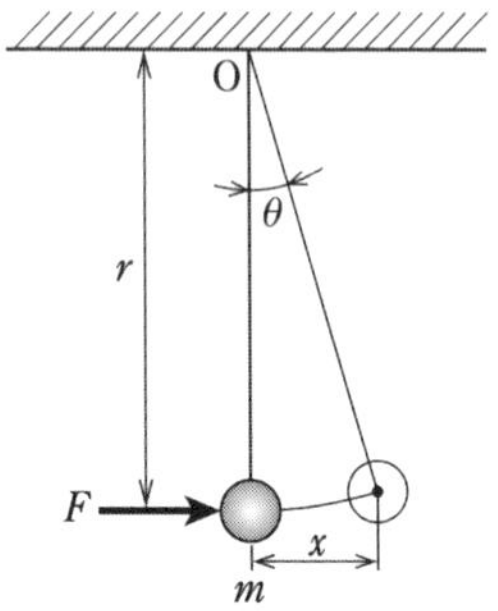

1.2.2 と同様に，水平方向の加速度を a，
回転の角加速度を α とする．式 (1.2.20) の
両辺を t で 2 階微分すると $\dfrac{d^2x}{dt^2} = a$，$\dfrac{d^2\theta}{dt^2} = \alpha$ となるため次式で表される．

図 1.2.5 水平方向の力を受ける
糸でつるされた質点

$$a = r\alpha \qquad (1.2.21)$$

両辺に m をかけると，

$$ma = mr\alpha \qquad (1.2.22)$$

運動方程式は $ma = F$ であるから，

$$mr\alpha = F \qquad (1.2.23)$$

両辺に r をかけると，

$$mr^2\alpha = Fr \qquad (1.2.24)$$

右辺の Fr は力のモーメントに当たり，質点を回転させる作用があり，**トル
ク** とよばれる．トルク $T = Fr$ とし，$I = mr^2$ とすると式 (1.2.24) は次のよ
うになる．

$$I\alpha = T \qquad (1.2.25)$$

I は式 (1.2.1) の並進運動の運動方程式 $ma = F$ の質量 m に相当し，**慣性モー
メント** とよぶ．式 (1.2.25) を **回転運動の運動方程式** または **角運動方程式** とよ
ぶ．

(2) 慣性モーメントの求め方

運動方程式に含まれている慣性モーメントの求め方について述べる．図
1.2.6 のように剛体が O 点まわりに回転している場合を考える．剛体は O 点
から r_i の距離にある $\varDelta m_i$ の質点が集まったものであると考える．I_O を O 点

まわりの慣性モーメントとすると，剛体全体の慣性モーメントは次式のように求められる．

$$I_O = \lim_{\Delta m_i \to 0} \sum_i {r_i}^2 \Delta m_i = \int r^2 dm \quad (1.2.26)$$

積分範囲は，回転中心を原点として剛体全体にわたる．慣性モーメントは任意の点に対して求められるので，O 点まわりの慣性モーメントを I_O と記している．剛体全体の質量を m とすると，次式で表される量を**回転半径**とよぶ．

$$k_O = \sqrt{\frac{I_O}{m}} \qquad (1.2.27)$$

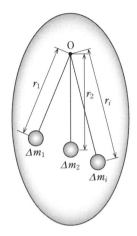

図 1.2.6　剛体の回転

■例題 1.2.4　図 1.2.7(a) に示す断面積が A で密度が ρ，長さが l である細い一様な棒について，重心 G および端点 A まわりの慣性モーメント I_G, I_A を求めよ．

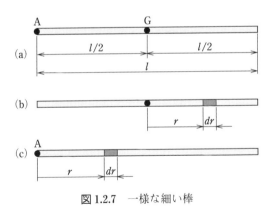

図 1.2.7　一様な細い棒

【解】

1) 重心 G まわりの慣性モーメント I_G

式 (1.2.26) において，図 1.2.7(b) に示すように重心から距離 r のところにある長さ dr の部分について考える．この部分の質量 dm は

$$dm = \rho A dr$$

式 (1.2.26) の積分範囲は G を原点とすると，$-l/2$ から $l/2$ となる．したがって，

$$I_G = \int_{-\frac{l}{2}}^{\frac{l}{2}} r^2 \rho A dr = 2\rho A \int_0^{\frac{l}{2}} r^2 dr = 2\rho A \left[\frac{r^3}{3} \right]_0^{\frac{l}{2}} = \frac{\rho A l^3}{12}$$

棒全体の質量を m とすると，$m = \rho A l$ であるから，

$$I_G = \frac{ml^2}{12}$$

2)　端点 A まわりの慣性モーメント I_A

図 1.2.7(c) のように，点 A から距離 r のところにある長さ dr の部分について考える．この部分の質量は $dm = \rho A dr$ であり，積分範囲は 0 から l となるから，式 (1.2.26) から，

$$I_A = \int_0^l r^2 \rho A dr = \rho A \int_0^l r^2 dr = \rho A \left[\frac{r^3}{3} \right]_0^l = \frac{\rho A l^3}{3} = \frac{ml^2}{3}$$

(3)　平行軸の定理と直交軸の定理

慣性モーメントに関する 2 つの定理を以下に示す．

1)　平行軸の定理

慣性モーメントは上述の例題でわかるように回転中心の位置によって値が異なる．図 1.2.8(a) に示すように物体の重心 G から d だけ離れた点を D とする．全体の質量を m として，重心に関する慣性モーメントを I_G とすると，

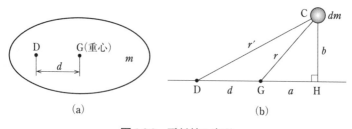

(a) 　 (b)

図 1.2.8　平行軸の定理

点 D に関する慣性モーメント I_D は次式で与えられる．これを**平行軸の定理**という．

$$I_D = I_G + md^2 \tag{1.2.28}$$

平行軸の定理の証明（参考）

図 1.2.8(b) で点 D に関する慣性モーメントを考える．質量が dm である質点から直線 $\overline{DG}$（G は重心）の延長線上におろした垂線の足を H とし，$\overline{GH} = a$，$\overline{CH} = b$ とする．点 D に関する慣性モーメントは次式で与えられる．

$$I_D = \int r'^2 dm = \int \{(d+a)^2 + b^2\}\, dm = \int \{(a^2 + b^2) + 2ad + d^2\}\, dm$$
$$= \int r^2 dm + 2d \int a\,dm + d^2 \int dm$$

第 1 項は重心に関する慣性モーメント I_G であり，第 3 項の積分は全質量 m である．第 2 項の積分は重心まわりの力のモーメントを表している．重心まわりの力のモーメントは 0 である．したがって，式 (1.2.28) が証明された．

この定理によって，重心に関する慣性モーメントと任意の点までの距離がわかれば，その点を回転中心としたときの慣性モーメントを求めることができる．

2) **直交軸の定理**

薄板を考えた場合に，**図 1.2.9** に示す平面上の座標で，原点 O に関する慣性モーメント I_O は次式で与えられる．

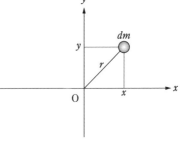

図 1.2.9 直交軸の定理

$$I_O = \int r^2 dm = \int (y^2 + x^2)\, dm = \int y^2 dm + \int x^2 dm$$

第 1 項の積分は x 軸に関する慣性モーメント I_x を表す．第 2 項の積分は y 軸に関する慣性モーメント I_y を表す．したがって，下記の式が得られる．

$$I_O = I_x + I_y \tag{1.2.29}$$

式 (1.2.29) で表される関係を**直交軸の定理**という.

■**例題 1.2.5**　例題 1.2.4 で用いた細い一様な棒で，重心まわりの慣性モーメントが $I_G = ml^2/12$ で与えられる．平行軸の定理を用いて棒の端点 A まわりの慣性モーメント I_A を求めよ.

【解】

重心と A 点の距離は $l/2$ である．式 (1.2.28) から，

$$I_A = \frac{ml^2}{12} + m\left(\frac{l}{2}\right)^2 = \frac{ml^2}{3}$$

当然のことながら，例題 1.2.4 と同じ結果となる.

■**例題 1.2.6**　厚さが t，密度が ρ，質量が m である一様な円板の中心 O に関する慣性モーメント I_O を求めよ．また，直交軸の定理を用いて，x 軸および y 軸に関する慣性モーメントを求めよ.

【解】

図 1.2.10 に示すように，中心から r のところにある長さ dr，角度 $d\theta$ の微小要素を考える．この要素の弧の長さは $rd\theta$ であるから，面積は $rdrd\theta$ とな

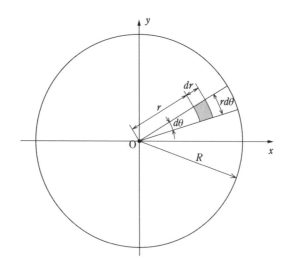

図 **1.2.10**　円板における慣性モーメント

る．したがって，この要素の質量 dm は $\rho t r dr d\theta$ である．慣性モーメントを求める式 (1.2.26) における r についての積分範囲は 0 から R まで，θ についての積分範囲は 0 から 2π であるから，式 (1.2.26) は次のようになる．

$$I_O = \int_0^{2\pi} \int_0^R r^2 \rho t r dr d\theta = \rho t \int_0^{2\pi} \left[\frac{r^4}{4} \right]_0^R d\theta = \frac{\rho t R^4}{4} \int_0^{2\pi} d\theta = \frac{\pi \rho t R^4}{2}$$

また，全質量 $m = \rho \pi R^2 t$ であるから，

$$I_O = \frac{mR^2}{2}$$

x 軸および y 軸に関する慣性モーメントを I_x および I_y とすると，式 (1.2.29) は $I_x = I_y$ であるから次式となる．

$$I_O = 2I_x = 2I_y$$

したがって，

$$I_x = I_y = \frac{I_O}{2} = \frac{mR^2}{4}$$

---

(4) 平面運動

　一般の物体の運動では並進運動と回転運動が同時に生じることが多い．この場合，並進運動に関する運動方程式 (1.2.1) と回転運動に関する運動方程式 (1.2.25) を導き，物体の運動を求めることになる．

　図 1.2.11(a) に示すように水平面上にある半径 R，質量 m の円柱の外周に水平方向の力 F を加え，滑ることなく転がるときの運動を考える．同図(b) に示すように，円柱と水平面上に生じる摩擦力を f，円柱の角加速度を α，

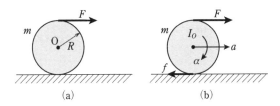

(a)   (b)

図 1.2.11　水平面上を転がる円柱

円柱の中心まわりの慣性モーメントを I_0 とする.

並進運動に関する運動方程式は, 重心の加速度を a とすると,

$$ma = F - f$$

回転運動に関する運動方程式は,

$$I_0\alpha = FR + fR$$

円柱は滑ることがないので, 次式が成り立つ.

$$a = R\alpha$$

円柱の中心まわりの慣性モーメント I_0 は,

$$I_0 = \frac{mR^2}{2}$$

以上の式から α および f を消去すると, 最終的に重心の加速度 a は, 以下のようになる.

$$a = \frac{4F}{3m}$$

1.2.4　運動量と力積

図 1.2.12 に示すように, 速度 v_1 で直線運動している質量 m である物体に力 F が作用し, 時間 t で速度が v_2 になった. このときに加速度 a が一定であるとすると,

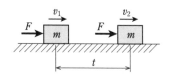

図 1.2.12　力を受けて移動する物体

$$a = \frac{v_2 - v_1}{t} \tag{1.2.30}$$

式 (1.2.30) を運動方程式 $ma = F$ に代入して整理すると,

$$mv_2 - mv_1 = Ft \tag{1.2.31}$$

左辺の質量と速度の積を**運動量**という. 単位は〔kg・m/s〕である. 右辺の力と時間の積を**力積**という. 単位は〔N・s〕であり, 左辺の単位と同じになる. 式 (1.2.31) は運動量の変化が力積に等しいことを示している.

なお，式 (1.2.31) で力が一定でなく，時間の関数 $f(t)$ で与えられるときには力積は積分で表され，力の作用開始時間を t_1，作用終了時間を t_2 とすると，次式で求められる．

$$mv_2 - mv_1 = \int_{t_1}^{t_2} f(t)\,dt \qquad (1.2.32)$$

■**例題 1.2.7** 質量 $m = 2\,\text{kg}$ の物体が $v_1 = 5\,\text{m/s}$ の速度で直線運動している．この物体の運動する方向に $F = 10\,\text{N}$ の力が $t = 0.5$ 秒間作用した後の物体の速度 v_2 を求めよ．

【解】

式 (1.2.31) に値を代入すると，

$2 \times v_2 - 2 \times 5 = 10 \times 0.5$

したがって，

$v_2 = 7.5\,\text{m/s}$

■**例題 1.2.8** 質量 $m = 4\,\text{kg}$ の物体が $v_1 = 2\,\text{m/s}$ の速度で直線運動している．この物体の運動する方向に**図 1.2.13** に示す力が 0.6 秒間作用した後の物体の速度 v_2 を求めよ．

【解】

式 (1.2.32) 右辺の積分は，図 1.2.13 の t 軸と $f(t)$ を表す 2 辺で囲まれる三角形の面積となるので，

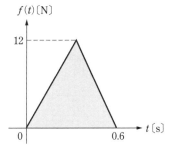

図 **1.2.13** 物体に作用する力

$$\int_{t_1}^{t_2} f(t)\,dt = \frac{1}{2} \times 12 \times 0.6 = 3.6$$

式 (1.2.32) から

$mv_2 - mv_1 = 4 \cdot v_2 - 4 \times 2 = 3.6$

したがって，

$v_2 = 2.9\,\mathrm{m/s}$

1.2.5 角運動量とモーメントの力積

回転運動に対しては，並進運動の運動量の式（1.2.31）に対応する式として式（1.2.18）および式（1.2.25）を考慮することで次式が求められる．

$$I_0\omega_2 - I_0\omega_1 = Tt \tag{1.2.33}$$

左辺の慣性モーメント I_0 と角速度 ω の積を**角運動量**とよぶ．また，右辺のトルク T と時間 t の積を**モーメントの力積**とよぶ．

■例題 1.2.9 円板が角速度 $\omega_1 = 15\,\mathrm{rad/s}$ で回転している．円板の中心に関する慣性モーメントが $I_0 = 20\,\mathrm{kg \cdot m^2}$ である．トルク $T = 25\,\mathrm{N \cdot m}$ が $t = 10$ 秒間作用したときの円板の角速度 ω_2 を求めよ．

【解】

式（1.2.33）に $I_0 = 20\,\mathrm{kg \cdot m^2}$，$\omega_1 = 15\,\mathrm{rad/s}$，$T = 25\,\mathrm{N \cdot m}$，$t = 10\,\mathrm{s}$ を代入して，

$$20 \times \omega_2 - 20 \times 15 = 25 \times 10$$

したがって，

$$\omega_2 = 27.5\,\mathrm{rad/s}$$

1.2.6 運動量保存の法則と衝突

図 1.2.14 に示すように，質量が m_1 および m_2 の 2 つの物体がそれぞれ v_1 および v_2 の速度で動いている．衝突後に速度がそれぞれ v_1' および v_2' となった．この場合，外部から力が作用していないので，衝突前の両方の物体の

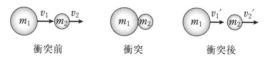

衝突前　　　　　　　衝突　　　　　　　衝突後

図 1.2.14 衝突する物体

運動量の和と衝突後の運動量の和は等しいので次式が成り立つ.

$$m_1 v_1 + m_2 v_2 = m_1 v_1' + m_2 v_2' \tag{1.2.34}$$

このことを**運動量保存の法則**という.

一方,次式で表される両方の物体が近づく速度 $(v_1 - v_2)$ と衝突後の離れる速度 $(v_2' - v_1')$ の比を**反発係数** e という.

$$e = \frac{v_2' - v_1'}{v_1 - v_2} \tag{1.2.35}$$

速度は大きさと方向のあるベクトル量である.図 1.2.14 のような衝突を考える場合には,右向きの速度を正としたときには左向きの速度は負となる.

■**例題 1.2.10**　図 1.2.14 でそれぞれの物体の質量 $m_1 = 4\,\mathrm{kg}$, $m_2 = 2\,\mathrm{kg}$, それぞれの衝突前の速度 $v_1 = 10\,\mathrm{m/s}$, $v_2 = 5\,\mathrm{m/s}$, 反発係数 $e = 0.6$ のとき,それぞれの衝突後の速度 v_1' および v_2' の大きさと方向を求めよ.

【解】

式 (1.2.34) および式 (1.2.35) を用いると,

$$\begin{cases} 4 \times 10 + 2 \times 5 = 4v_1' + 2v_2' \\ 0.6 = \dfrac{v_2' - v_1'}{10 - 5} \end{cases}$$

これらの式から,

$$\begin{cases} 4v_1' + 2v_2' = 50 \\ v_2' - v_1' = 3 \end{cases}$$

v_1' および v_2' について解くと,$v_1' = 7.33\,\mathrm{m/s}$ および $v_2' = 10.3\,\mathrm{m/s}$ となる.v_1' および v_2' は正であるから,両方とも右向きに動く.

■**例題 1.2.11**　**図 1.2.15** で,それぞれの物体の質量 $m_1 = 4\,\mathrm{kg}$, $m_2 = 2\,\mathrm{kg}$ であり,それぞれの衝突前の速度 v_1, v_2 が図 1.2.15 のように反対向きであるとき,衝突後の速度 v_1'

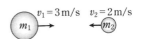

図 1.2.15　正面衝突する物体

および v_2' の大きさおよび方向を求めよ.ただし,反発係数は 0.9 である.

【解】

質量が m_1 の物体は右向きに動いているから $v_1 = 3\,\mathrm{m/s}$ である．質量が m_2 の物体は左向きに動いているから $v_2 = -2\,\mathrm{m/s}$ である．式（1.2.34）および式（1.2.35）を用いると，

$$\begin{cases} 4 \times 3 + 2 \times (-2) = 4v_1' + 2v_2' \\[2mm] 0.9 = \dfrac{v_2' - v_1'}{3 - (-2)} \end{cases}$$

これらの式から，

$$\begin{cases} 4v_1' + 2v_2' = 8 \\[1mm] v_2' - v_1' = 4.5 \end{cases}$$

v_1' および v_2' について解くと，$v_1' = -0.167\,\mathrm{m/s}$ および $v_2' = 4.33\,\mathrm{m/s}$ となる．v_1' は負であるから左向きに動き，v_2' は正であるから右向きに動く．

1.2.7　仕事，動力，エネルギ

（1）　仕　事

図 **1.2.16** に示すように水平な面に置かれた物体に水平方向に力 F を加え，s の距離を動かしたとする．このとき，次式で表される量を力のした**仕事** W という．

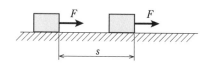

図 1.2.16　力を受けて移動する物体

$$W = Fs \tag{1.2.36}$$

仕事の単位は〔N・m〕であるが，このことを〔J〕（ジュール）という．仕事はスカラー量となる．図 **1.2.17** のように力が作用する方向と物体が移動する方向が異なる場合には，物体が移動す

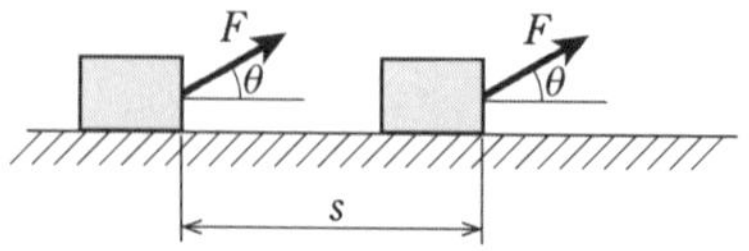

図 1.2.17　力の方向と移動する方向が異なる場合

る方向の力の成分と移動距離の積が力のした仕事 W となる．すなわち，

$$W = Fs\cos\theta \tag{1.2.37}$$

図 1.2.18 に示すような回転運動に対し
ては，物体には力 F が作用し，$s = R\theta$
だけ移動するから，

$$W = Fs = FR\theta$$

FR はトルク T であるから，

$$W = T\theta \tag{1.2.38}$$

この場合も単位は〔J〕（〔N·m〕）となり，
並進運動と同じになる．

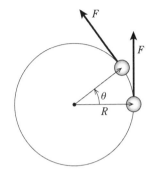

図 1.2.18 回転運動に対する仕事

■**例題 1.2.12** 図 1.2.19 に示すように，
質量 m の物体が垂直方向に h だけ落下したときに重力のする仕事 W を求め
よ．

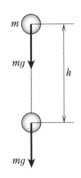

図 1.2.19 重力を受けて落下する物体

【解】
　式 (1.2.36) で $F = mg$, $s - h$ であるから，

$$W = mgh$$

■**例題 1.2.13** 図 1.2.20 に示すように，質量 m の物体が滑らかな斜面に沿
って滑り降りる．垂直方向の h に相当する位置まで滑り降りたときに重力
のする仕事 W を求めよ．

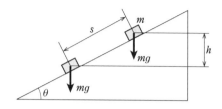

図1.2.20　滑らかな斜面を滑り降りる物体

【解】

重力の斜面に沿う方向の成分は $mg \sin \theta$ である．図のように斜面に沿って滑り降りる距離を s とすると，$h = s \sin \theta$ の関係がある．したがって，式 (1.2.36) に $F = mg \sin \theta$，$s = h/\sin \theta$ を代入して，

$$W = mg \sin \theta \cdot \frac{h}{\sin \theta} = mgh$$

例題 1.2.12 および例題 1.2.13 から垂直方向の距離が等しければ，重力のする仕事は等しくなる．

(2)　動　力

単位時間当たりの仕事を**動力**という．動力 P は仕事率ともよばれ，次式のように作用している力 F と物体の速度 v の積となる．

$$P = \frac{dW}{dt} = F\frac{ds}{dt} = Fv \tag{1.2.39}$$

仕事の単位は 〔N·m/s〕 であるが，このことを 〔W〕（ワット）という．

回転運動に対しての動力 P は，次式のようにトルク T と角速度 ω の積となる．回転機械などの動力は，本式を使う．

$$P = \frac{dW}{dt} = T\frac{d\theta}{dt} = T\omega \tag{1.2.40}$$

さらに回転速度を N 〔min^{-1}〕 とすれば，動力 P は次式で求められる．

$$P = \frac{2\pi NT}{60} \tag{1.2.41}$$

■例題1.2.14 質量 $m = 50\,\text{kg}$ の物体を20秒で5m引き上げるために必要な動力 P を求めよ.

【解】
━━━━━━━━━━━━━━━━━━━━━━━━━━━━━

式 (1.2.39) で力 F は50kgの物体にかかる重力であるから,$F = 50 \times 9.8 = 490\,\text{N}$ である.速度 $v = 5/20 = 0.25\,\text{m/s}$ である.したがって,必要な動力 P は,

$$P = 490 \times 0.25 \fallingdotseq 123\,\text{W}$$

■例題1.2.15 出力 $P = 3.7\,\text{kW}$,回転速度 $N = 1\,500\,\text{min}^{-1}$ の電動機の発生するトルク T を求めよ.

【解】
━━━━━━━━━━━━━━━━━━━━━━━━━━━━━

式 (1.2.41) より,

$$T = \frac{P \times 60}{2\pi N} = \frac{3.7 \times 10^3 \times 60}{2 \times 3.14 \times 1\,500} \fallingdotseq 23.6\,\text{N·m}$$

(3) 機械的エネルギ

運動している物体が他の物体に与える仕事の大きさを**エネルギ**という.物体の運動によるエネルギを機械的エネルギといい,**運動エネルギ**と**ポテンシャルエネルギ**(位置エネルギ)がある.

1) 運動エネルギ

図1.2.21に示すように静止していた

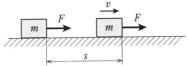

図1.2.21 力が作用する物体

質量 m である物体に力 F が作用し,距離 s だけ動いたときに速度が v になったとする.このときに力がした仕事 W は

$$W = Fs$$

である.物体の加速度を a とすると,$F = ma$ である.一方,式 (1.2.7) で $v_0 = 0$ とおくと,

$$a = \frac{v^2}{2s}$$

以上の関係から，仕事 W は，

$$W = Fs = mas = ms\frac{v^2}{2s} = \frac{mv^2}{2} \tag{1.2.42}$$

この式は，質量 m で速度 v である物体は Fs に相当する仕事をすることができることを示している．式 (1.2.42) で求められる量が運動エネルギ T であり，単位は J（ジュール）である．

　回転運動に対しての運動エネルギ T は，式 (1.2.42) の m を慣性モーメント I_0 に，v を角速度 ω に置きかえると，次式のようになる．

$$T = \frac{I_0\omega^2}{2} \tag{1.2.43}$$

2）　ポテンシャルエネルギ

　例題 1.2.12 で質量 m の物体が鉛直方向に h だけ落下したときの重力のする仕事が mgh であった．このことは落下した位置を基準として高さ h のところにあるこの物体は mgh の仕事をする能力があることになる．すなわちエネルギが蓄えられているわけである．この量がポテンシャルエネルギである．単位は運動エネルギ同様 J（ジュール）である．この場合，ポテンシャルエネルギ U は，

$$U = mgh \tag{1.2.44}$$

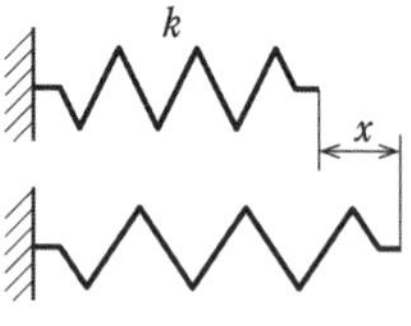

　ばねに蓄えられるエネルギもポテンシャルエネルギである．**図 1.2.22** のように，ばね定数 k のばねを x だけ伸

図 1.2.22　ばねに蓄えられるエネルギ

ばすためには，フックの法則から kx の力が必要である．ばね全体が x だけ伸びたとすると，ばねの伸びに比例した力が必要であるため，ばねに蓄えられるポテンシャルエネルギ U は次のような積分で求められる．

$$U = \int_0^x kx dx = \frac{1}{2}kx^2 \tag{1.2.45}$$

(4)　エネルギ保存の法則

外力が加わらなければ，次式のように運動エネルギ T とポテンシャルエネルギ U の和は一定となる．

$$T+U = （一定）\qquad(1.2.46)$$

この法則を**エネルギ保存の法則**という．

■**例題 1.2.16**　図 1.2.23 に示すように，高さ h_O = 10 m のところで静止していた質量 m = 4 kg の物体が高さ h_S = 5 m まで落下した．このときの速度について次の問に答えよ．

(1)　式 (1.2.7) を用いて速度を求めよ．

(2)　エネルギ保存の法則を用いて速度を求めよ．

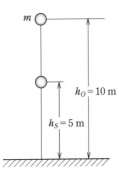

図 1.2.23　落下する物体

【解】────────

(1)　高さ h_S = 5 m のところでの速度を v_S とすると，式 (1.2.7) の加速度 a_c は g（重力加速度）であり，移動距離 $x = 10 - 5 = 5$ m であるから，

$$v_S{}^2 - 0^2 = 2 \times 9.8 \times 5$$

したがって，

$$v_S = 9.90 \text{ m/s}$$

(2)　高さ h_O = 10 m での運動エネルギ T_O は 0 J である．ポテンシャルエネルギ U_O は mgh_O であるから，$U_O = 4 \times 9.8 \times 10 = 392$ J である．

高さ h_S = 5 m での運動エネルギ T_S は，式 (1.2.42) より，

$$T_S = \frac{1}{2}mv_S{}^2 = \frac{1}{2} \times 4 \times v_S{}^2 = 2v_S{}^2 \text{〔J〕}$$

ポテンシャルエネルギ U_S は，式 (1.2.44) より，

$$U_S = mgh_S = 4 \times 9.8 \times 5 = 196 \text{ J}$$

エネルギ保存の法則から，

$$T_O + U_O = T_S + U_S$$

この式に値を代入すると，

$$0+392 = 2v_S{}^2+196$$

したがって,

$$v_S = 9.90\ \mathrm{m}$$

この結果より,式 (1.2.7) から求めても,エネルギ保存の法則で求めても高さ h_S での速度は同じになることがわかる.

1.2.8　振　動

つり合い位置を中心にして運動を繰り返す現象を**振動**という.ここでは基本的な振動問題について述べる.

(1)　自由振動

図 1.2.24(a) に示すばねにつるされたおもりの運動を考える.このような系を**振動系**という.また,おもりは上下 1 方向のみに動くことができるので,1 自由度系ともいわれる.同図 (b) に示したように,おもりがつり合い位置から変位 x だけ移動した状態での運動方程式を考える.重力を考えなければ,運動方程式 $ma = F$ で加速度 a は x を時間 t で 2 階微分したものに等しいから,

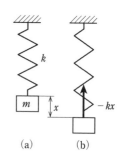

図 1.2.24　ばねにつるされたおもり

$$a = \frac{d^2x}{dt^2}$$

また,おもりにはばねが引き戻そうとする力が作用する.力の大きさはフックの法則によって kx であるが,このおもりは下方向に動いているから,作用する力 F は次のようになる.

$$F = -kx$$

この F を**復元力**という.これらを運動方程式 $ma = F$ に代入すると,

$$m\frac{d^2x}{dt^2} = -kx$$

右辺を左辺に移項すると,

$$m\frac{d^2x}{dt^2}+kx=0 \tag{1.2.47}$$

この式を図 1.2.24 の**振動系の運動方程式**という. 両辺を m で割ると,

$$\frac{d^2x}{dt^2}+\omega_n^2 x=0 \tag{1.2.48}$$

ここで,

$$\omega_n=\sqrt{\frac{k}{m}} \tag{1.2.49}$$

この運動方程式の解は次式のようになることがわかっている.

$$x=C_1\cos\omega_n t+C_2\sin\omega_n t \tag{1.2.50}$$

C_1 と C_2 は初期条件で決まる定数である. $t=0$ のときに $x=x_0$, $\dot{x}=v_0$ であるとすると, $C_1=x_0$, $C_2=v_0/\omega_n$ となる. C_1 と C_2 を式 (1.2.50) に代入してまとめると, 最終的に変位 x の解は次式となる.

$$x=X\cos(\omega_n t-\alpha) \tag{1.2.51}$$

ここで

$$\begin{cases} X=\sqrt{\left(x_0^2+\dfrac{v_0}{\omega_n}\right)^2} \\[3mm] \beta=\tan^{-1}\left(\dfrac{v_0}{x_0\omega_n}\right) \end{cases} \tag{1.2.52}$$

式 (1.2.51) で示される変位 x と時間 t の関係を図示すると, **図 1.2.25** のようになる. このような運動をする振動を**自由振動**という. 式 (1.2.51) で X〔m〕は**振幅**であり振動の大きさを表す. β〔rad〕は**位相角**といわれ, $X\cos\omega_n t$ からの時間軸上のずれの大きさを表す. ω_n〔rad/s〕は**固有円振動数**といわれ, 自由振動の速さを表し, 式 (1.2.49) で与えられる. 振動は 1.2.2(2) の回転運動で述べた角速度が ω_n である円運動に相当する. 円運動では 1 周が 2π〔rad〕である. $\omega_n t=2\pi$ で 1 回転, つまり 1 周期となる. したがって, 次式のように ω_n を 2π で割った f_n〔Hz〕は 1 秒間の回転数, つまり振動数

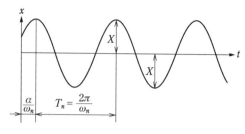

図 1.2.25　振動波形

を表し，**固有振動数**といわれる．

$$f_n = \frac{\omega_n}{2\pi} \tag{1.2.53}$$

また，1 周にかかる時間 T_n〔s〕を**固有周期**といい，次式で表される．

$$T_n = \frac{2\pi}{\omega_n} = \frac{1}{f_n} \tag{1.2.54}$$

次に，**図 1.2.26**(b) のようにおもりによる重力 mg でばねが x_{st} だけ伸びて静止した状態を考える．このとき，重力とばねの復元力がつり合うから，次式が成り立つ．

$$mg - kx_{st} = 0$$

したがって，

$$\frac{k}{m} = \frac{g}{x_{st}}$$

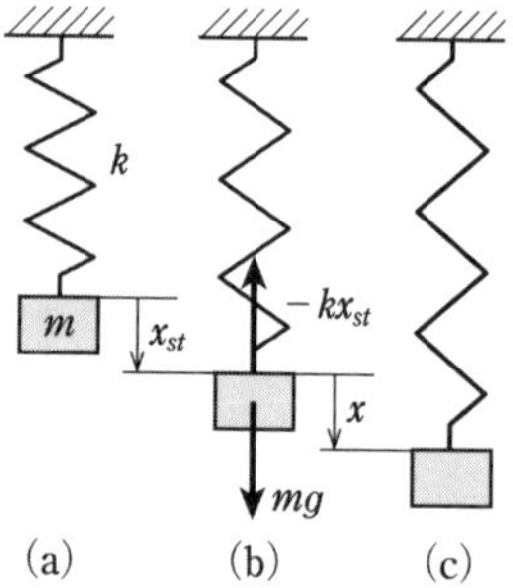

式 (1.2.49) に代入すると，固有円振動数 ω_n は

$$\omega_n = \sqrt{\frac{g}{x_{st}}} \tag{1.2.55}$$

図 1.2.26　重力によって伸びるばね

この式から，重力によって伸びた長さ x_{st} から固有円振動数が求められることがわかる．

図 1.2.26(c) に示すように，重力によって x_{st} だけ伸びた状態からさらにおもりが x だけ移動した状態を考える．この場合，運動方程式 $ma = F$ の右

辺に相当する力 F は次式で与えられる.

$$F = -k(x + x_{st}) + mg$$

したがって，運動方程式は次式のようになる.

$$m\frac{d^2x}{dt^2} = -k(x + x_{st}) + mg$$

ここで，前述のように $mg - kx_{st} = 0$ の関係があることから，

$$m\frac{d^2x}{dt^2} = -kx$$

このことから，重力でつり合った位置からの振動は，重力を考慮しない場合の振動と等しくなることがわかる.

■例題 1.2.17　ばねにおもりをつるしたところ $x_{st} = 4\,\mathrm{mm}$ 伸びた．固有円振動数 ω_n，固有振動数 f_n，固有周期 T_n を求めよ.

【解】

式 (1.2.55) から，固有円振動数 ω_n は

$$\omega_n = \sqrt{\frac{9.8}{4 \times 10^{-3}}} = 49.5\,\mathrm{rad/s}$$

式 (1.2.53) から，固有振動数 f_n は

$$f_n = \frac{49.5}{2\pi} = 7.88\,\mathrm{Hz}$$

式 (1.2.54) から，固有周期 T_n は

$$T_n = \frac{1}{7.88} = 0.127\,\mathrm{s}$$

(2)　等価ばね定数

式 (1.2.49) より，おもりの質量 m とばね定数 k がわかれば固有円振動数を求めることができる．やや複雑な振動系の場合でも，**等価ばね定数**を求めることによって固有円振動数を求めることができる．ここでは，組合せのばねおよび軽いはりに対する等価ばね定数の求め方について述べる.

1) 組合せのばね

図 1.2.27(a) に示すようにばね定数が k_1 であるばねと k_2 であるばねが直列に接続されている場合を考える．図 1.2.27(b) のように一端に力 F が作用して結合されたばね全体が x だけ伸びたとする．この場合，両方のばねに力 F が作用しているから，図 1.2.27(c) に示すように上のばねおよび下のばねに力 F が作用したと考える．伸びをそれぞれ x_1 および x_2 とすると，両方のばねの伸びの和が全体の伸び x に等しいから，$x = x_1 + x_2$ となる．接続されたばねの等価ばね定数を k_e

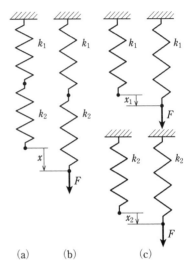

図 1.2.27　直列に結合されたばね

とすると，$x = F/k_e$, $x_1 = F/k_1$, $x_2 = F/k_2$ であるから，

$$\frac{F}{k_e} = \frac{F}{k_1} + \frac{F}{k_2}$$

したがって，直列接続されたときの等価ばね定数 k_e は

$$k_e = \frac{1}{\dfrac{1}{k_1} + \dfrac{1}{k_2}} = \frac{k_1 k_2}{k_1 + k_2} \tag{1.2.56}$$

次に，図 1.2.28(a) に示すばね定数が k_1 であるばねと k_2 であるばねが並列に接続されている場合を考える．図 1.2.28(b) に示すように，力 F が作用して両方のばねが x だけ伸びたとする．このときに，ばね定数が k_1 であるばねと k_2 であるばねに生じる復元力はそれぞれ $k_1 x$ および $k_2 x$ である．復元力の

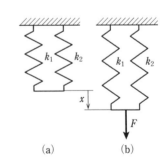

図 1.2.28　並列に接合されたばね

和が作用している力 F と等しいから，等価ばね定数を k_e とすると

$$k_e x = k_1 x + k_2 x$$

したがって，並列接続されたときの等価ばね定数 k_e は

$$k_e = k_1 + k_2 \tag{1.2.57}$$

■**例題 1.2.18**　図 1.2.29 に示す振動系の固有円振動数 ω_n を求めよ．

図 1.2.29　多数のばねからなる振動系

【解】

ばね定数が k_1 であるばねと k_2 であるばねは並列に接続されているので，等価ばね定数 k_{e1} は式 (1.2.57) から，$k_{e1} = k_1 + k_2$ となる．ばね定数が k_{e1} であるばねと k_3 であるばねが直列に接続されているので，これら 2 つのばねの等価ばね定数 k_{e2} は，式 (1.2.56) から，

$$k_{e2} = \frac{k_{e1} k_3}{k_{e1} + k_3} = \frac{(k_1 + k_2) k_3}{k_1 + k_2 + k_3}$$

この振動系の固有円振動数 ω_n は，次式となる．

$$\omega_n = \sqrt{\frac{k_{e2}}{m}} = \sqrt{\frac{(k_1 + k_2) k_3}{m (k_1 + k_2 + k_3)}}$$

2)　軽いはりのばね

図 1.2.30(a) に示すように，曲げ剛性が EI である片持ちばりの先端に質量 m であるおもりがある場合の等価ばね定数を求める．はりの質量は無視

することができるものとする．図1.2.30(b) の
ようにおもりに重力 mg が作用したときの先端
のたわみ δ は，第2章材料力学の知識から，

$$\delta = \frac{mgl^3}{3EI}$$

重力 mg が作用して先端のたわみが δ であるか
ら，等価ばね定数 k_e は，次式で求められる．

$$k_e = \frac{mg}{\delta} = \frac{3EI}{l^3}$$

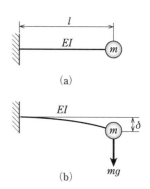

図 1.2.30　先端におもりを
付けた軽いはり

■**例題 1. 2. 19**　図 1.2.30 に示す振動系の固有
円振動数 ω_n を求めよ．

【解】

等価ばね定数 k_e は上記の式で与えられるので，固有円振動数 ω_n は

$$\omega_n = \sqrt{\frac{k_e}{m}} = \sqrt{\frac{3EI}{ml^3}}$$

(3)　単振り子

振動する物体としてよく知られているものに**図 1.2.31**(a) に示す**単振り子**
がある．図のように，長さ l の糸の一端を固定し，他端に質量 m の質点が

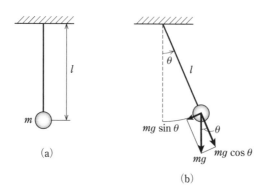

図 1.2.31　単振り子

ある．このときの運動方程式を求める．図 1.2.31(b) のように θ だけ回転した状態を考える．質点には重力 mg が作用している．これを接線方向と法線方向に分解すると，それぞれ $mg\sin\theta$ と $mg\cos\theta$ になる．振動に関係する力は接線方向の力で，振り子を元の位置に戻す方向に作用するから，運動方程式 $ma = F$ の右辺の力 F は次のようになる．

$$F = -mg\sin\theta$$

θ だけ回転する間に質点が移動した距離は $l\theta$ であり，l は一定であるから，運動方程式の加速度 a は次のようになる．

$$a = l\frac{d^2\theta}{dt^2}$$

したがって，運動方程式は，

$$ml\frac{d^2\theta}{dt^2} = -mg\sin\theta$$

右辺を左辺に移項すると，

$$ml\frac{d^2\theta}{dt^2} + mg\sin\theta = 0$$

ここで，θ が小さいときに $\sin\theta = \theta$ とすることができるので，

$$ml\frac{d^2\theta}{dt^2} + mg\theta = 0 \tag{1.2.58}$$

この式は式 (1.2.47) と同じ形である．両辺を ml で割ると，

$$\frac{d^2\theta}{dt^2} + \frac{g}{l}\theta = 0 \tag{1.2.59}$$

式 (1.2.48) と比較すると $\omega_n{}^2$ に相当するのが g/l となることから，単振り子の固有円振動数 ω_n は，

$$\omega_n = \sqrt{\frac{g}{l}} \tag{1.2.60}$$

■例題 1.2.20　固有周期 T_n が 2.0 秒となる単振り子の糸の長さ l を求めよ．

【解】

糸の長さを l とすると，固有円振動数 ω_n と固有周期 T_n の関係は，

$$\omega_n = \sqrt{\frac{g}{l}} = \frac{2\pi}{T_n}$$

この式から，

$$l = \frac{gT_n^2}{4\pi^2} = \frac{9.8 \times 2.0^2}{4\pi^2} = 0.993 \text{ m}$$

（4）　強制振動

外力によって生じる振動を**強制振動**という．ここでは図 1.2.24 に示された振動系に正弦波で表される外力が加わる場合の振動について述べる．このような外力を**入力**，入力に対する振動系の振動を**応答**という．

1）　力入力

図 1.2.32 に示すように，質点に正弦波 $F \sin \omega t$ で表される力入力が作用する場合を考える．この場合は，自由振動の運動方程式（1.2.47）の右辺に入力が加わるから運動方程式は，

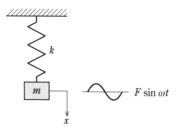

図 1.2.32　力入力を受ける振動系

$$m \frac{d^2x}{dt^2} + kx = F \sin \omega t \tag{1.2.61}$$

この運動方程式の解は次式のように 2 つの解の和になる．

$$x = x_c + x_s \tag{1.2.62}$$

ここで，x_c は式（1.2.61）の右辺が 0 である運動方程式の解であり，式（1.2.50）で与えられる．x_s は特解とよばれ，式（1.2.61）の右辺の形で決まる．$t = 0$ のときに $x = 0$，$\dot{x} = 0$ であるとすると $x_c = 0$ となる．そのため，入力を受ける振動系の振動では一般に x_s に着目する．式（1.2.61）の右辺に $\sin \omega t$ があることから，x_s は次式で与えられる．

$$x_s = A \sin \omega t \tag{1.2.63}$$

ここで，A は定数であり，振幅を示す．x_s を**定常振動**という．式 (1.2.63)
を t で 2 回微分すると，

$$\frac{d^2 x_s}{dt^2} = -\omega^2 A \sin \omega t \tag{1.2.64}$$

式 (1.2.61) の x および $\frac{d^2 x}{dt^2}$ に式 (1.2.63) の x_s および式 (1.2.64) の $\frac{d^2 x_s}{dt^2}$ を代
入すると，

$$-\omega^2 m A \sin \omega t + k A \sin \omega t = F \sin \omega t \tag{1.2.65}$$

したがって，振幅 A は次式となる．

$$A = \frac{F}{k - \omega^2 m} \tag{1.2.66}$$

2） 変位入力

図 **1.2.33** に示すようにばねの一端に
変位で与えられる入力 y を受ける場
合の振動を求める．この場合にばねの
復元力は質点と入力端の相対変位に比
例するから，運動方程式は次のように
なる．

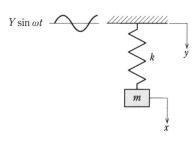

図 **1.2.33**　変位入力を受ける振動系

$$m \frac{d^2 x}{dt^2} = -k(x - y) \tag{1.2.67}$$

$y = Y \sin \omega t$ であるから，

$$m \frac{d^2 x}{dt^2} + kx = kY \sin \omega t \tag{1.2.68}$$

定常振動を考えると，式 (1.2.63) の x_s と式 (1.2.64) の $\frac{d^2 x_s}{dt^2}$ を式 (1.2.68)
の x と $\frac{d^2 x}{dt^2}$ に代入すると，

$$-\omega^2 m A \sin \omega t + k A \sin \omega t = kY \sin \omega t \tag{1.2.69}$$

したがって，振幅 A は次式となる．

$$A = \frac{kY}{k - \omega^2 m} \tag{1.2.70}$$

(5)　共　振

式 (1.2.66) および式 (1.2.70) で分母が 0 のとき，すなわち

$$k - \omega^2 m = 0 \tag{1.2.71}$$

のときに振幅が無限大となる．式 (1.2.71) の両辺を m で割り，式 (1.2.49) を用いると，

$$\omega_n^2 - \omega^2 = 0$$

したがって，式 (1.2.71) となる条件は，

$$\omega = \omega_n \tag{1.2.72}$$

実際には減衰があるために無限大にはならないが，入力の円振動数 ω が振動系の固有円振動数 ω_n と一致すると大きな振動が発生する．このような現象を**共振**という．**図 1.2.34** に応答振幅と入力振幅の比 A/Y と入力の円振動数と固有円振動数の比 ω/ω_n の関係を示す．このような曲線を**共振曲線**という．$\omega/\omega_n = 1$ すなわち $\omega = \omega_n$ の付近で応答の振幅が大きくなっている．入力の振動数が固有振動数より低い実線で示した領域では**図 1.2.35**(a) に示すように応答が入力と同位相になり，入力の振動数が固有振動数より高い破線で示した領域では図 1.2.35(b) に示すように応答が入力と逆位相になる．

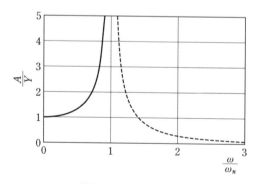

図 1.2.34　共振曲線

(6)　危険速度

図 1.2.36 に示すように軸受に支持された軸に取り付けられている円板が回転しているとする．このとき円板の重心 G と軸の中心 O が偏心している場

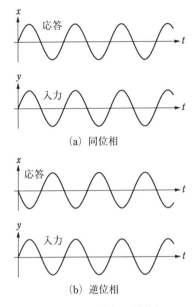

（a）同位相

（b）逆位相

図 1.2.35 同位相と逆位相

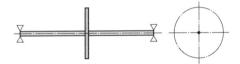

図 1.2.36 回転する円板

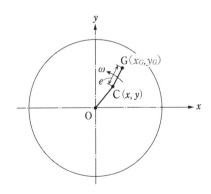

図 1.2.37 回転中心と重心

合を考える．重心が偏心しているために**図 1.2.37** に示すように軸の回転中心が C へ移動し，G が C を中心に角速度 ω で回転している状態となる．このときに重心の座標を (x_G, y_G)，回転中心 C の座標を (x, y)，回転中心と重心の間の距離を e とすると，次の関係が成り立つ．

$$\begin{cases} x_G = x + e \cos \omega t \\ y_G = y + e \sin \omega t \end{cases} \tag{1.2.73}$$

また，円板の質量を m，軸の等価ばね定数を k とし，軸の質量は無視することができるものとすると，x 方向および y 方向の運動方程式は次式のようになる．なお，$\ddot{x}_G$ は $\dfrac{d^2 x_G}{dt^2}$ を示す（他も同じ）．

$$\begin{cases} m\ddot{x}_G = -kx \\ m\ddot{y}_G = -ky \end{cases} \tag{1.2.74}$$

式 (1.2.73) の 2 階微分は，

$$\begin{cases} \ddot{x}_G = \ddot{x} - \omega^2 e \cos \omega t \\ \ddot{y}_G = \ddot{y} - \omega^2 e \sin \omega t \end{cases} \tag{1.2.75}$$

式 (1.2.75) を式 (1.2.74) に代入すると，

$$\begin{cases} m\ddot{x} + kx = m\omega^2 e \cos \omega t \\ m\ddot{y} + ky = m\omega^2 e \sin \omega t \end{cases} \tag{1.2.76}$$

式 (1.2.76) で x 方向の定常振動を考える．解 x_s を振幅 A として $x_s = A \cos \omega t$ とおくと，式 (1.2.61) の解を求めたときと同様にして，

$$-m\omega^2 A \cos \omega t + kA \cos \omega t = m\omega^2 e \cos \omega t \tag{1.2.77}$$

したがって，振幅 A は以下のようになる．

$$A = \frac{m\omega^2 e}{k - m\omega^2} \tag{1.2.78}$$

y 方向についても同じ式が求められる．

式 (1.2.78) で分母である $k - m\omega^2$ が 0 であるときに振幅が無限大となる．このときに，1.2.8(5) で述べたように実際には減衰があるために無限大にはならないが，軸が激しい振動を起こして危険である．この場合の角速度 ω は，次式となる．

$$\omega = \sqrt{\frac{k}{m}} \qquad (1.2.79)$$

この角速度のことを**危険速度**という．特に高速で回転する機械については危険速度を避けた運転や危険速度から離れた固有円振動数を有するような構造設計をしなければならない．

動力学と振動

　動力学の基本は運動方程式である．運動方程式を解くことによって，運動している物体の運動の様子がわかる．運動量や力積は運動方程式を積分することによって得られる量である．エネルギについても同様である．振動で述べた共振は注意しなければならない現象である．入力の振動数と物体の固有振動数はできるだけ離した方がよい．避けられない場合には別の手段が必要である．一方で振動を利用することも考えられている．たとえば機械加工において振動を利用して滑らかな加工面にすることや，振動を利用して溶接の際に生じる残留応力を低減することなどが考えられている．この章で述べたことはそれぞれの節あるいは項について1冊の本になるほど多くの情報を含んでいるので，さらに多くの本で勉強していただきたい．

1章　章末問題

1.1　問題図 1.1 に示す 3 つの力の合力の大きさ F と方向を求めよ．ただし，$F_1 = 20\,\mathrm{N}$，$F_2 = 30\,\mathrm{N}$，$F_3 = 40\,\mathrm{N}$ とする．

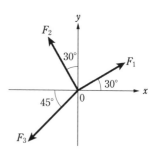

問題図 1.1　3 つの力の合力

1.2　問題図 1.2 に示すように，水平方向と $60°$ および $30°$ の角度をなす斜面上に置かれた円柱がある．このような場合，円柱は斜面に直角な方向の反力，それぞれ R_A および R_B を受ける．円柱の質量 $m = 15\,\mathrm{kg}$ のときの R_A および R_B を求めよ．

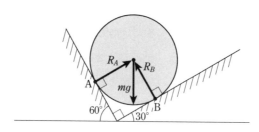

問題図 1.2　2 つの斜面上にある物体

1.3　問題図 1.3 のように力が作用している棒がある．力 F を加えてつり合

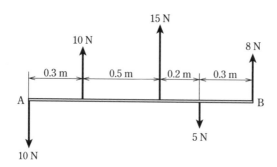

問題図 1.3　力が作用する棒

わせるための力の大きさと方向および力を作用させる位置（A 点からの距離）を求めよ.

1.4　問題図 1.4 に示すように，滑らかな壁と床に立てかけられた長さ l, 質量 m の一様な棒がある. このとき，棒は壁および床に対して直角方向にそれぞれ反力 R_A および R_B を受ける. 棒が滑らないように床に水平方向に力 F を加えた. R_A, R_B および F を求めよ.

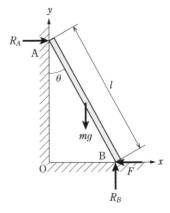

問題図 1.4　滑らかな壁と床に立てかけられた棒

1.5　問題図 1.5 に示すように全て正三角形で構成されているトラスがある. 点 A および点 B における反力それぞれ R_A および R_B を求めよ. さらに，それぞれの部材に生じる力を求め，引張か圧縮かを答えよ.

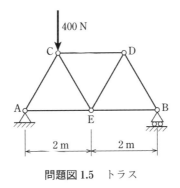

問題図 1.5　トラス

1.6　問題図 1.6 に示すように，密度がそれぞれ 3ρ, ρ, 2ρ である長さが l である一様な棒をつないだ長さ $3l$ の棒がある. この棒全体の重心の位置（O 点からの距離）を求めよ.

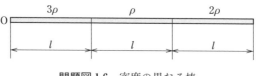

問題図 1.6　密度の異なる棒

1. 7　問題図 1.7 に示す一様な厚さの板の重心を求めよ．

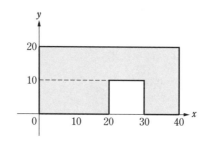

問題図 1.7　重心を求める問題（単位は m）

1. 8　問題図 1.8 に示すように，水平方向から 15° の角をなす斜面にある質量 $m = 20\,\mathrm{kg}$ の物体を斜面に沿って引き降ろすために必要な力 F を求めよ．物体と斜面の間の摩擦係数は $\mu = 0.4$ とする．

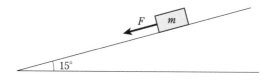

問題図 1.8　斜面上の物体

1. 9　問題図 1.9 に示すように，速度 $v_0 = 10\,\mathrm{m/s}$ で移動している質量 m の物体が接触面との摩擦のために，距離 $s = 40\,\mathrm{m}$ 移動して停止した．次の問に答えよ．

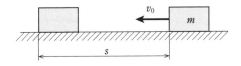

問題図 1.9　摩擦により停止する物体

(1)　この物体の加速度 a を求めよ.

(2)　物体と接触面の間の摩擦係数 μ を求めよ.

(3)　物体が停止するまでの時間 t を求めよ.

1.10　問題図 1.10 のように水平方向に対して角度 θ, 速度 v_0 で投げ上げた 物体の最大高さ y_{max} および最大到達距離 x_{max} を求めよ. 空気抵抗は無視 できるものとする.

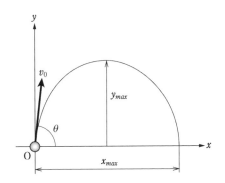

問題図 1.10　投げ上げられた物体

1.11　問題図 1.11 に示すように, 水平方向となす角が θ である摩擦のある 斜面に質量が m である物体がある. この物体に斜面に沿う力 F を加えて 等加速度で引き上げるときの加速度 a を求めよ. 物体と斜面の間の摩擦 係数 $\mu = 0.3$, $m = 20\,\mathrm{kg}$, $\theta = 30°$, $F = 180\,\mathrm{N}$ とする.

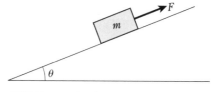

問題図 1.11　斜面を引き上げられる物体

1.12　問題図 1.12 に示すように x 軸から $30°$ 傾いた質量が m で長さが l の一様な棒について，x 軸まわりの慣性モーメント I_x を求めよ．

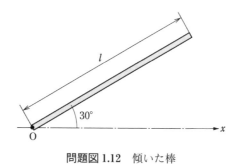

問題図 1.12　傾いた棒

1.13　直径 $D = 600$ mm，質量 $m = 50$ kg の円板が $N_0 = 200$ min^{-1} で回転している．問題図 1.13 に示すように，円板の接線方向に $F = 100$ N の力を加えて静止させる．円板が停止するまでの時間 t および回転数 N を求めよ．

問題図 1.13　円板の回転を止める

1.14　問題図 1.14 に示すように，斜面を滑ることなく転がる円柱がある．円柱の半径を R，質量を m とするとき，斜面に沿う x 方向の加速度 a を求めよ．

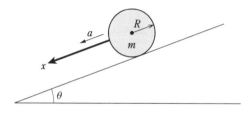

問題図 1.14　斜面を転がる円柱

1.15　問題図 1.15 に示すように，質量 $m = 5$ kg の物体が高さ $h = 6$ m の地点から初速度 0 で落下し，床で跳ね返った．空気抵抗はなく，物体の大きさは無視できるとして次の問に答えよ．

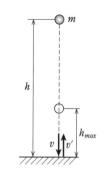

(1)　この物体が床に到達したときの速度 v を求めよ．

(2)　物体と床の反発係数が $e = 0.4$ のときに，物体が床から跳ね返るときの速度 v' を求めよ．

問題図 1.15　落下する物体

(3)　このときに失われたエネルギを求めよ．

(4)　物体が跳ね返った後の最大高さ h_{max} を求めよ．

1.16　問題図 1.16 に示すように，質量 $M = 10$ kg の質点およびばね定数 $k = 1\,000$ N/m のばねからなる 1 自由度系がある．この質点に質量 $m = 4$ kg の質点が垂直方向に速度 $v_0 = 3$ m/s で衝突し，その後は両質点は一体となって運動した．次の問に答えよ．

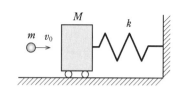

問題図 1.16　衝突後に振動する物体

(1)　衝突直後の両質点の速度 v を求めよ．

(2)　衝突後のばねの最大変形量 x_{max} を求めよ．

（3）　衝突後の振動の固有周期 T_n と振幅 A を求めよ．

材料力学

　材料力学では，構造部材の内部に発生する局所的な力とそれによって発生する局所的な変形を知ることで，部材全体の強度や変形を求める．その結果をもとに，機械設計では最適材料の選定や寸法決定など行うことになる．したがって，全ての機械装置の設計に関して不可欠な技術分野である．

2.1 応力とひずみ

　機械や構造物を構成する部材は外部から**外力**を受ける．その物体が静止し続けるとき，その外力に対してつり合うように材料内部には内力が生じる．その内力の局所的な値を**応力**という．応力によって局所的な変形が生じる．これを**ひずみ**という．本節ではこのような応力とひずみの定義とそれらの関係について述べる．なお，材料力学では原則的に弾性変形範囲内での現象を取り扱う．

2.1.1 引張り・圧縮の応力とひずみ

　図 2.1.1 のような丸棒の両端に外力 F が軸方向に作用して，つり合った（静止）状態を考える．部材内部には，外力と同じ大きさの内力 F が発生している．

　物体内部の任意の場所における軸に直角な断面に対して，垂直に作用する単位面積当たりの内力を**応力**（正確には**垂直応力**という）とよび，σ で表す．図 2.1.1 の場合は，**引張応力**とよび，次式で求められる．

$$\sigma = \frac{F}{A} \tag{2.1.1}$$

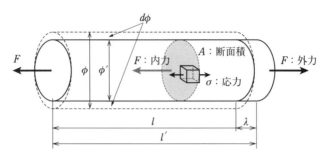

図 2.1.1　引張応力と縦ひずみ・横ひずみ

ただし，A は断面積である.

応力の単位は〔N/m²〕，または〔Pa〕（圧力と同じ）である.

1 Pa は 1 m² の面積に，1 N の力が作用するときの応力であるから，非常に小さい．したがって，材料力学では MPa（メガパスカル＝10^6 Pa）を使うことが多い．これは 1 mm² の面積に 1 N の力がかかるときの応力であり，N/mm² とも記す.

外力が圧縮荷重の場合の垂直応力を**圧縮応力**とよび，符号としては－で表す．外力の大きさが F であれば，圧縮応力は

$$\sigma = -\frac{F}{A} \tag{2.1.2}$$

物体の任意の場所における単位長さ当たりの変形量をひずみとよび，垂直応力によるひずみを**垂直ひずみ**とよび ε で表す．図 2.1.1 のように引張応力によって生じるひずみを**縦ひずみ** ε_l とよび，次式で求められる.

$$\varepsilon_l = \frac{\lambda}{l} \tag{2.1.3}$$

ただし，l は元の長さ，λ は**伸び**である.

ひずみの単位はない．つまり無次元量である．ひずみの値は，×10^{-6} レベルであり非常に小さな値である．鉄鋼では 2 000×10^{-6} の範囲がおおよそ弾性範囲であり，材料力学の取り扱うひずみレベルである．圧縮の場合の縮み量を λ とすれば，－をつけて圧縮ひずみという.

$$\varepsilon_l = -\frac{\lambda}{l} \tag{2.1.4}$$

引張応力によって縦ひずみ ε_l が生じれば，図 2.1.1 に示すように横方向には応力が働かなくても縮み変形が発生する．ゴムを引っ張れば細くなることと同じである．そこで，変形前の横方向寸法 ϕ に対する変形量 $d\phi$ の比を**横ひずみ** ε_d とよび，次式で求められる．

$$\varepsilon_d = -\frac{d\phi}{\phi} \tag{2.1.5}$$

縮み変形であるから ε_d はマイナスである．縦ひずみに対する横ひずみの比の絶対値を**ポアソン比** ν とよぶ．またその逆数を**ポアソン数** m とよぶ．

$$\nu = \left|\frac{\varepsilon_d}{\varepsilon_l}\right| = \frac{1}{m} \tag{2.1.6}$$

金属材料の ν の値はおよそ $0.3\,(m \fallingdotseq 3)$ である．

以上のように外力が作用すれば，材料内部に応力が発生し，ひずみが発生する．その本質的な現象は，応力 σ とひずみ ε は比例するという関係に支配されている．これを**フックの法則**といい次式で示される．

$$\sigma = E\varepsilon \tag{2.1.7}$$

比例定数 E を，**縦弾性係数**または**ヤング率**とよぶ．単位は応力の単位と同じである．式 (2.1.7) に式 (2.1.1) と式 (2.1.3) を代入すれば，伸び λ は次式で求められる．

$$\lambda = \frac{Fl}{AE} \tag{2.1.8}$$

■**例題 2.1.1**　断面が長方形（幅 20 mm，厚さ 8 mm）で，長さ 300 mm の板材の表面に直交二軸のひずみゲージの 1 方向を引張方向にそろえて貼って引張り実験を行った．引張荷重とひずみのデータは次表のようになった．応力 σ，縦弾性係数 E とポアソン比 ν を求めよ．

引張荷重 F〔N〕	縦ひずみ $\varepsilon_l \times 10^{-6}$〔−〕	横ひずみ $\varepsilon_d \times 10^{-6}$〔−〕
0	0	0
2 240	200	−60

【解】

初期断面積 $A = 20 \times 8 = 160\,\text{mm}^2$

引張応力 $\sigma = \dfrac{F}{A} = \dfrac{2\,240\,\text{N}}{160\,\text{mm}^2} = 14\,\text{MPa}$

縦弾性係数 $E = \dfrac{\sigma}{\varepsilon_l} = \dfrac{14}{200 \times 10^{-6}} = 70\,000\,\text{MPa} = 70\,\text{GPa}$

ポアソン比 $\nu = \left| \dfrac{\varepsilon_d}{\varepsilon_l} \right| = \left| \dfrac{-60 \times 10^{-6}}{200 \times 10^{-6}} \right| = 0.3$　〔−〕

■**例題 2.1.2**　図 2.1.2 に示すように，直径の異なる棒の先端に荷重 F が作用するとき，部材①と部材②に発生するそれぞれの応力 σ_1，σ_2 とひずみ ε_1，ε_2，伸び λ_1，λ_2 を求め，先端の変位 δ を求めよ．ここで，両部材の長さを l_1，l_2，縦弾性係数を E_1，E_2，断面積を A_1，A_2 とする．

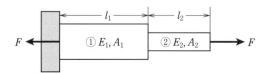

図 2.1.2　段付き棒の伸び

【解】

外力 F がそれぞれの部材に作用するので，応力は次式となる．

$$\sigma_1 = \frac{F}{A_1}, \quad \sigma_2 = \frac{F}{A_2}$$

フックの法則から，ひずみは次式で求められる．

$$\varepsilon_1 = \frac{\sigma_1}{E_1}, \ \ \varepsilon_2 = \frac{\sigma_2}{E_2}$$

よってそれぞれの伸びは，式 (2.1.3) と式 (2.1.8) より求められる．

$$\lambda_1 = \varepsilon_1 \times l_1 = \frac{Fl_1}{A_1 E_1}, \ \ \lambda_2 = \varepsilon_2 \times l_2 = \frac{Fl_2}{A_2 E_2}$$

以上より，全体の伸び δ はそれぞれの伸びの和であるから次式となる．

$$\delta = \lambda_1 + \lambda_2 = \frac{Fl_1}{A_1 E_1} + \frac{Fl_2}{A_2 E_2}$$

■**例題 2.1.3**　図 **2.1.3** に示すように，同じ高さ h の 2 種類の部材（円柱 1 と円筒 2）で荷重 F を支えている．それぞれのヤング率を E_1，E_2，断面積を A_1，A_2 とし，各部材に作用している力 F_1，F_2 ならびに応力 σ_1，σ_2 を求めよ．

【解】

圧板に着目して，上下の力のつり合いより

$$F - F_1 - F_2 = 0 \cdots\cdots①$$

未知数 2 つに対して方程式が不足している．これを不静定であるという．力の条件以外に，変形の条件を考える必要がある．

円柱 1 と円筒 2 の縮み量 λ_1 と λ_2 は同じでなければならない．

$$\lambda_1 = \lambda_2 \cdots\cdots②$$

λ_1，λ_2 は式 (2.1.8) より，

$$\left.\begin{array}{l} \lambda_1 = \dfrac{F_1 h}{A_1 E_1} \\[3mm] \lambda_2 = \dfrac{F_2 h}{A_2 E_2} \end{array}\right\} \cdots\cdots③$$

式②，③より次式を得る．

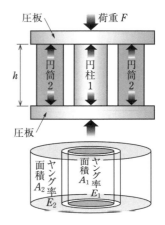

図 2.1.3　異種材組合せの圧縮

$$\frac{F_1}{A_1E_1} = \frac{F_2}{A_2E_2} \cdots\cdots ④$$

式①，④の連立方程式を解けば，

$$F_1 = F\cdot\frac{A_1E_1}{A_1E_1+A_2E_2} \atop F_2 = F\cdot\frac{A_2E_2}{A_1E_1+A_2E_2}\Biggr\}\cdots\cdots⑤$$

両辺を面積で割れば応力が求められる．

$$\sigma_1 = F\cdot\frac{E_1}{A_1E_1+A_2E_2} \atop \sigma_2 = F\cdot\frac{E_2}{A_1E_1+A_2E_2}\Biggr\}\cdots\cdots⑥$$

2.1.2　せん断応力とせん断ひずみ

図 2.1.4 は，軸に対して横方向（直角方向）から外力 F が作用している場合を示す．微小な間隙 h の両面には，ずれようとする内力 F が，同じ大きさで反対方向に作用する．この内力を**せん断力**とよぶ．

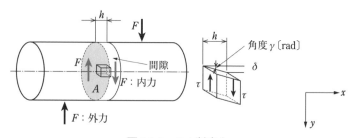

図 2.1.4　せん断応力

物体内部の任意の場所における任意の面上で，面に沿って平行に作用している単位面積当たりの内力を**せん断応力**とよび τ で表す．

$$\tau = \frac{F}{A} \tag{2.1.9}$$

ただし，F はせん断力，A はせん断面積である．せん断応力の単位は N/ m²，または Pa である．

図 2.1.4 に示す微小な直方体について，長さ h 当たりのずれ量 δ の比を**せん断ひずみ**とよび，γ で表す．

$$\gamma = \frac{\delta}{h} \tag{2.1.10}$$

せん断ひずみの単位はない．無次元量である．なお，$\frac{\delta}{h}$ は $\tan\gamma$ でもある．角度 γ を rad で表せば，γ が小さいとき $\tan\gamma = \gamma$ である．

せん断応力 τ とせん断ひずみ γ の関係もフックの法則が成り立ち，次式で示される．

$$\tau = G\gamma \tag{2.1.11}$$

比例定数 G を，**横弾性係数**とよぶ．別名**せん断弾性係数**または**剛性率**ともよばれる．単位は応力と同じである．

図 2.1.4 のようなせん断では，せん断面が平行に保たれている．このようなせん断変形を**工学的せん断変形**，または**単純せん断**という．

なお，せん断応力の正負は座標系によって定義される．x-y 座標の場合，x の正の面で，y の正の方向に作用する場合を正のせん断応力とする．図 2.1.4 では下向きに y をとっているので，τ は正のせん断応力である．

■**例題 2.1.4**　2 枚の板が直径 d のボルトで**図 2.1.5** のように締結されてい

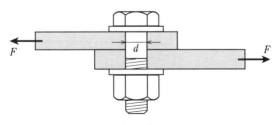

図 2.1.5　ボルト締結のせん断

る．これに外力 F が作用するとき，ボルトに生じているせん断応力 τ を求めよ．

【解】

ボルトの断面積を A として

$$\tau = \frac{F}{A} = \frac{4F}{\pi d^2}$$

■**例題 2.1.5**　図 2.1.6 のようなユニバーサルジョイントに外力 F が作用するときの直径 d のピンに作用するせん断応力 τ を求めよ．

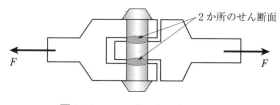

図 2.1.6　ユニバーサルジョイント

【解】

この場合はせん断面が 2 か所になり，それぞれの面に生じるせん断応力はピンの断面積を A として次式となる．

$$\tau = \frac{F}{2A} = \frac{2F}{\pi d^2}$$

2.1.3　熱応力

金属など一般的な材料は加熱すると膨張し，冷却すれば収縮する．その変形が拘束されれば，圧縮や引張りの応力が材料内部に生じる．これを**熱応力**とよぶ．

温度が ΔT だけ上昇したとき，拘束がなければ伸び λ は，材料の**線膨張係数**を α，長さを l とすると，次式で求められる．

$$\lambda = l\alpha\varDelta T \tag{2.1.12}$$

拘束されているためλだけ圧縮されることになるから，圧縮ひずみεは次式となる．

$$\varepsilon = -\frac{\lambda}{l+\lambda} \fallingdotseq -\frac{\lambda}{l} = -\alpha\varDelta T \tag{2.1.13}$$

したがって，応力σは圧縮応力であり，フックの法則より次式で求められる．

$$\sigma = E\varepsilon = -E\alpha\varDelta T \tag{2.1.14}$$

なお，温度変化$\varDelta T$は絶対温度〔K〕でも，セルシウス温度〔℃〕でも変化量は同じ値である．線膨張係数は10^{-6}〔1/K〕の桁数であり，ひずみの桁数と同じである．

発生する圧縮力Fは次式で求められる．

$$F = A\sigma = -AE\alpha\varDelta T \text{〔N〕} \tag{2.1.15}$$

■**例題 2.1.6** 図 **2.1.7** に示すように，完全な**剛体壁**に組み込まれた部材がある．この部材の温度がt〔℃〕上昇したときのそれぞれの部材①と②には同じ軸力Fが発生する．その値を求めよ．なお，図中の記号についてAは断面積，Eは縦弾性係数，αは線膨張係数，lは長さを示す．

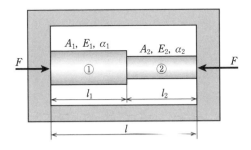

図 2.1.7 熱応力の不静定問題

【解】

部材①と②に作用する力は同じであり，力のつり合い式を立てられないので，不静定である．そこで，変形を考える．

部材①と部材②の境界が右に動いたと仮定したときの伸びを λ_1, λ_2 とすると, 次式が成り立つ必要がある.

$$\lambda_1 + \lambda_2 = 0 \cdots\cdots ①$$

$$\lambda_1 = \varepsilon_1 l_1, \ \ \lambda_2 = \varepsilon_2 l_2 \cdots\cdots ②$$

そこで, それぞれの部材のひずみ ε_1 と ε_2 を求めることを考える.

ひずみは, 熱によるひずみ ε_t と軸力によるひずみ ε_F の和である.

$$\varepsilon_1 = \varepsilon_{t1} + \varepsilon_{F1}, \ \ \varepsilon_2 = \varepsilon_{t2} + \varepsilon_{F2} \cdots\cdots ③$$

ここで, 熱による各部材の膨張によるひずみは

$$\varepsilon_{t1} = \alpha_1 t, \ \ \varepsilon_{t2} = \alpha_2 t \cdots\cdots ④$$

軸力 F によるひずみは

$$\varepsilon_{F1} = \frac{\sigma}{E} = \frac{F}{A_1 E_1}, \ \ \varepsilon_{F2} = \frac{\sigma}{E} = \frac{F}{A_2 E_2} \cdots\cdots ⑤$$

であるから, 式②, ③, ④, ⑤を式①に代入して解くと, F の値は次式となる.

$$F = -\frac{(\alpha_1 l_1 + \alpha_2 l_2)t}{\dfrac{l_1}{A_1 E_1} + \dfrac{l_2}{A_2 E_2}} \cdots\cdots ⑥$$

2.1.4 許容応力と安全率および基準応力

外力によって部材内部に応力が発生し, その応力によって部材が破壊しないように設計するためには, 材料の強さの基準となる応力 (**基準応力**とよぶ) より小さい応力値となるように設計すれば安全である. このような設計で用いる応力を**許容応力** (設計応力ともいう) とよび, 何倍くらい安全を見積もるかという値が, **安全率**である. 安全率は使用状態によって適切な値を選定するが, 具体例としては**表 2.1.1** の**アーウィンの値**がある.

許容応力 σ_a, τ_a は, 基準応力を σ^*, τ^*, 安全率を f とすれば次式で表せる.

$$\left.\begin{array}{l} \sigma_a = \dfrac{\sigma^*}{f} \\[3mm] \tau_a = \dfrac{\tau^*}{f} \end{array}\right\} \qquad\qquad (2.1.16)$$

基準となる応力 σ^*，τ^* は使用目的や使用材料，外力の種類によって引張強さ，降伏点（または耐力），疲労限度，せん断降伏応力などが用いられる.

表 2.1.1 アーウィンの安全率

荷重	静荷重	繰返し荷重		衝撃荷重
		片振り	両振り	
軟・中硬鋼	3	5	8	12
鋳　　鋼	3	5	8	15
鋳　　鉄	4	6	10	15
銅・軟金属	5	6	9	15

(1) 引張試験による基準応力

基準応力の代表としては，金属の**引張試験**で求められる各種の値がある.
引張試験では荷重 F と伸び λ の関係が得られる. 荷重 F を初期断面積で除した値を**公称応力**とよぶ. また，伸び λ を初期標点間距離 50 mm で除した値を**公称ひずみ**とよぶ. その関係を**図 2.1.8** に示す. この図から各種材料特性値（物理的・化学的性質と区別して，**機械的性質**とよぶ）を求める.

引張試験から求める機械的性質の用語として以下の名称がある. A，B，D，E は図 2.1.8 の位置を示している.

A：上降伏点_{かみ}　→上降伏応力　σ_{SU}

A：上<ruby>降<rt>かみ</rt></ruby>伏点　→上降伏応力　σ_{SU}

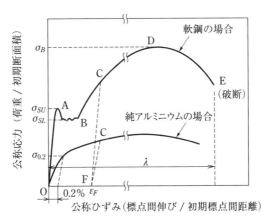

図 2.1.8　引張試験における応力-ひずみ線図の例

B：下降伏点　→下降伏応力　σ_{SL}

D：最大荷重点→引張強さ（極限強さともいう）σ_B

E：破断点　　　→破断強さ　σ_f

　　　　　　　↘破断伸び　λ（％で表す）

図 2.1.8 の軟鋼では，**降伏現象**が生じて塑性変形が始まるが，純アルミニウムなどでは降伏現象が現れずに塑性変形するので，塑性ひずみ $\varepsilon = 0.002$（0.2％）になるときの応力を弾性変形の限界として降伏応力の代わりに用いる．この応力 $\sigma_{0.2}$ を**耐力**とよんでいる．

基準応力としては**引張強さ（極限強さ）**を使用することが多いが，**延性材料**で静的荷重を受けるときは降伏点や耐力を用い，**脆性材料**のときには**破断強さ**を使うことが一般的である．なお，A 点以降の塑性変形中は加工硬化し，図 2.1.8 の C 点で荷重を取り除けば，F 点まで戻る．このときの傾きは変形開始時の弾性係数（直線の傾き）と同じである．

鉄鋼材料の機械的・物理的性質

以下の鉄鋼材料の数値は頻繁に出てくるので，単位とともに記憶しておくとよい．

縦弾性係数　　$E \fallingdotseq 206\,\mathrm{GPa} = 206 \times 10^3\,\mathrm{MPa}$

横弾性係数　　$G \fallingdotseq 80\,\mathrm{GPa}$（$E$ の約 1/3）

ポアソン比　　$\nu = 0.33$　単位なし

密度　　　　　$\rho = 7.86 \times 10^3\,\mathrm{kg/m^3} = 7.86\,\mathrm{g/cm^3}$

比重量　　　　$\gamma = \rho g = 7.71 \times 10^4\,\mathrm{N/m^3}$（重力加速度 $g = 9.8\,\mathrm{m/s^2}$）

線膨張係数　　$\alpha = 12 \times 10^{-6}\,\mathrm{K^{-1}}$

■**例題 2.1.7**　板厚 5 mm，幅 12.5 mm の JIS 13-B 板材引張試験片（標点間距離 50 mm）の引張試験を行って**図 2.1.9** の結果を得た．ヤング率，耐力，引張強さ，破断伸びを求めよ．

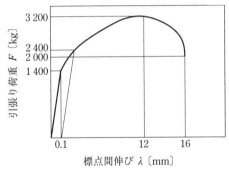

図 2.1.9　引張試験結果

【解】

$$ヤング率\ E = \frac{\sigma}{\varepsilon} = \frac{\dfrac{1\,400 \times 9.8}{5 \times 12.5}}{\dfrac{0.1}{50}} \fallingdotseq 110 \times 10^3\ \mathrm{MPa} = 110\ \mathrm{GPa}$$

耐力を求めるときの標点間伸びは $50 \times 0.002 (0.2\%) = 0.1\ \mathrm{mm}$ である.

$$耐力\ \sigma_{0.2} = \frac{F_{0.2}}{A} = \frac{2\,400 \times 9.8}{5 \times 12.5} \fallingdotseq 376\ \mathrm{MPa}$$

$$引張強さ\ \sigma_B = \frac{F_{max}}{A} = \frac{3\,200 \times 9.8}{5 \times 12.5} \fallingdotseq 502\ \mathrm{MPa}$$

$$破断伸び\ \lambda = \frac{16}{50} \times 100 = 32\%$$

(2) 疲労試験による基準応力

弾性範囲内の応力で設計しても,繰り返し応力が作用することによって破壊する場合がある. これを**疲労破壊**とよぶ. そこで,ある材料に繰り返し応力を与えて破壊する実験を**疲労試験**といい,その結果の一例を**図 2.1.10** に示す. この図は ***S-N* 線図**(stress-number の略)とよばれている.

この図で右向き矢印は,破断しないことを示している. 10^7 回以上でも破壊しない応力があることがわかる. このときの応力を**疲労限度**とよぶ. 材料

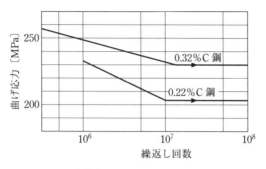

図 2.1.10 炭素鋼の S-N 線図（繰り返し曲げ）

の使用状況によって，繰り返しの力が作用するときは，この疲労限度を基準
応力とする．各種材料や作用応力に対して多くの S-N 線図のデータが公表
されている．

2.1.5 応力集中

段差や溝，あるいは穴が存在する部材に対
して外力が作用すると，均一な応力分布では
なくなる．たとえば図 2.1.11 のように平板に
微小な長円孔がある場合，穴の先端部分 A
には高い応力 σ_{max} が発生する．この現象を
応力集中とよぶ．穴から遠方の公称応力
σ_{mean} との比を**応力集中係数** α とよぶ．

$$\alpha = \frac{\sigma_{max}}{\sigma_{mean}} \tag{2.1.17}$$

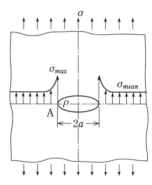

図 2.1.11 平板に長円孔があ
る場合の応力集中

この値は幾何学的形状によって決定できる
ので，**形状係数**ともよばれる．図 2.1.11 の場合は次式のように，長円半径 a
と角丸み半径 ρ によって応力集中係数 α が求められる．

$$\alpha = 1 + 2\sqrt{\frac{a}{\rho}} \tag{2.1.18}$$

$a = \rho$ の場合（丸穴）では，$\alpha = 3$ となる．

一般的に，疲労き裂はこのような応力集中する部分に発生するので注意が必要である．

弾性変形と塑性変形の微視的説明

　図は金属の結晶モデルを示す．無負荷状態では図（a）のように原子核の周りに電子が配置され，電子雲を形成し，互いに原子間力で安定した配置である．このような金属に外力が作用すると，原子が広がろうとする変形を留めるように原子間引力が強くなり原子の分離を防いでいる．これが内力である．その内力の単位面積当たりの力が応力である．極論すれば，単位面積当たりの原子間力が応力である．

　引張応力が作用すれば，図（b）のように原子間隔は広がる．元の長さの比が縦ひずみである．原子の雲が引張られると原子の雲は細長くなり，横方向に縮む．これが横ひずみである．縦ひずみと横ひずみの関係は原子構造によるものであるから，その比は材料特有な値でありポアソン比である．

(a) 無負荷　　(b) 応力発生（弾性）　　(c) すべり変形　　(d) 除荷（弾性回
　　　　　　　　　　　　　　　　　　　　　　　　　　　　　　　　　復と塑性変形）

図　金属結晶モデルと応力発生時の原子配置モデル

　さらに応力が高まると，電子の雲が細長くなりつつ（弾性ひずみは増える），図（c）のように原子がずれて，原子間引力が作用する範囲で再配置する．これが原子のすべりによる変形であり，せん断応力の作用で発生する．一旦原子がずれると，図（d）のように外力がなくなり，応力がゼロになっても，原子のずれは元に戻らない．これが塑性変形である．原子の雲が細長くなっていた形は元に戻り，弾性ひずみは元に戻るのである（弾性回復）．

2.2 ねじり

エンジンやモータの**動力**を伝える部材を**軸**といい，**ねじり**変形を生じている．また，コイルばねはねじり変形によって外力とつり合っている．本節では外力としての**トルク**（**ねじりモーメント**ともいうが，動力を伝えるとき特にトルクとよぶ）が作用するときの，軸に生じる応力・ひずみ，そして変形の関係を述べる．

2.2.1 トルクと動力の関係

図 2.2.1 に示すように左端には車輪やプロペラなどの負荷がかかり，右端から動力を伝えている状態を考える．

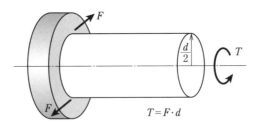

図 2.2.1 ねじりモーメント

外力 F が，直径 d の軸の円周上に作用しているとき（図では曲げ変形が生じないように反対の位置にも同じ力 F を作用させている），トルク T は

$$T = \left(F \cdot \frac{d}{2} \right) \times 2 = Fd \quad 〔\text{N·m}〕 \tag{2.2.1}$$

このトルクを作用させ続けて，回転速度 N〔min^{-1}〕で回転するとき，伝達している動力 L〔W：ワット＝J/s＝N·m/s〕は次式で求められる．

$$L = T \cdot \omega = Fd \cdot \frac{2\pi N}{60} \tag{2.2.2}$$

ただし，$\omega = \dfrac{2\pi N}{60}$ は角速度であり単位は〔rad/s〕である．

2.2.2 トルクによるせん断応力とせん断ひずみ

軸のねじり変形において，下記の仮定をおく．

① 軸の横断面は平面を保つ．かつ横断面の半径は直線を維持し，中心も動かない．

② 太さが一様な軸の二つの横断面上の半径のなす相対回転角度は，二つの断面間の距離に比例する．

図 2.2.2 に，長さ l，直径 d の軸の右側に，トルク T が作用して，ねじり変形している状態を示す（左端には逆向きの T が生じてつり合っている状態）．左端を基準にした軸全体の**ねじれ角**を Θ（シータ：大文字）で表す（単位は rad：無次元量）．

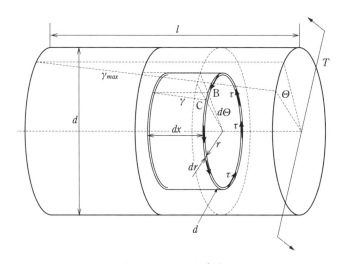

図 2.2.2 ねじり変形

軸内部の横断面に**せん断応力**（ねじり応力ともいう）τ が，半径に比例して発生していると考える．そのせん断応力 τ は，フックの法則で $\tau = G\gamma$ であり，G は材料によって決まっているから，**せん断ひずみ** γ がわかれば τ が

求まる.

　内部の半径 r の位置に, 厚さ dr, 長さ dx の微小なリングを考える. dx 間でのせん断ひずみ γ は,

$$\gamma = \frac{BC}{dx} \tag{2.2.3}$$

　dx 間の微小ねじれ角を $d\Theta$ とすると, $BC = d\Theta \times r$ だから

$$\gamma = \frac{d\Theta \cdot r}{dx} \tag{2.2.4}$$

ここで, $\dfrac{d\Theta}{dx}$ を **比ねじれ角** θ とよぶ.

$$\theta = \frac{d\Theta}{dx} \tag{2.2.5}$$

　したがって, せん断ひずみ γ は

$$\gamma = \theta \cdot r \tag{2.2.6}$$

　γ は, 半径に比例していることがわかる. つまり, 外側ほどせん断ひずみが大きい. したがって, 任意の内部の微小リングに作用しているせん断応力は, フックの法則より, 次式となる.

$$\tau = G\gamma = G\theta \cdot r \tag{2.2.7}$$

　しかし, θ が今のところ不明である.

　そこで, 外力のトルク T とのつり合いを考える. 微小リング面積 dA に作用するトルク dT は,

$$dT = \tau dA \cdot r = G\theta r dA \cdot r = G\theta r^2 dA \tag{2.2.8}$$

　全体に積分した値が外部からのトルクと同じであるので,

$$T = \int dT = G\theta \cdot \int r^2 \cdot dA = G\theta \cdot I_p \tag{2.2.9}$$

ここで,

$$I_p = \int r^2 \cdot dA \tag{2.2.10}$$

　この I_p は断面の形状によって決まる値であり, **断面二次極モーメント** とよび, 長さの 4 乗の単位を持つ. 実際の求め方は次項で示す.

　よって, 比ねじれ角 θ は式 (2.2.9) より

$$\theta = \frac{T}{GI_p} \tag{2.2.11}$$

θ が求められたので，τ は式 (2.2.7) より

$$\tau = \frac{T}{I_p} r \tag{2.2.12}$$

これより図 2.2.3 に示すようにせん断応力は半径に比例して大きくなり，最大のせん断応力 τ_{max} は，外表面の $r = \frac{d}{2}$ に生じ，

$$\tau_{max} = \frac{T}{I_p} \cdot \frac{d}{2} = \frac{T}{\dfrac{I_p}{d/2}} = \frac{T}{Z_p} \tag{2.2.13}$$

ここで，

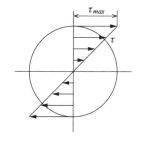

図 2.2.3　せん断力と半径の関係

$$Z_p = \frac{I_p}{d/2} \tag{2.2.14}$$

この Z_p は断面の形状によって決まる値であり，**極断面係数**とよぶ．長さの 3 乗の単位である．また，τ_{max} を**最大ねじり応力（最大せん断応力）**という．

さて，比ねじれ角 θ は，相似を考慮すれば，式 (2.2.11) より

$$\theta = \frac{d\Theta}{dx} = \frac{\Theta}{l} = \frac{T}{GI_p} \tag{2.2.15}$$

であるから，全体の変形を表すねじれ角 Θ は

$$\Theta = \frac{Tl}{GI_p} \ \text{(rad)} \tag{2.2.16}$$

分母の GI_p を**ねじり剛性**または，**ねじりこわさ**とよび，ねじり変形のしにくさを表す量である．

2.2.3 各種断面形状の断面二次極モーメントと極断面係数

円形断面について I_p と Z_p を求める. **図 2.2.4**(a) において,半径 r の位置の幅 dr のリング状の微小面積 dA は次式となる.

$$dA = 2\pi r dr$$

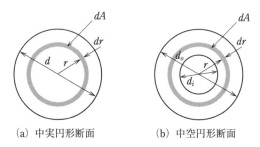

(a) 中実円形断面　　　(b) 中空円形断面

図 2.2.4　中実および中空の断面二次極モーメント

直径 d の中実軸の場合 I_p は式 (2.2.10) より,

$$I_p = \int r^2 \cdot dA = \int_0^{\frac{d}{2}} r^2 2\pi r dr = \frac{\pi d^4}{32} \tag{2.2.17}$$

Z_p は式 (2.2.14) より,I_p を $\dfrac{d}{2}$ で除することで求まる.

$$Z_p = \frac{I_p}{d/2} = \frac{\pi d^3}{16} \tag{2.2.18}$$

中空軸の場合,図 2.2.4(b) において d_o を外直径,d_i を内直径とすれば,

$$I_p = \frac{\pi(d_o{}^4 - d_i{}^4)}{32} \tag{2.2.19}$$

一方,Z_p に関しては,引き算ではなく,I_p を外半径 $\dfrac{d_o}{2}$ で除することで求まる.

$$Z_p = \frac{I_p}{d_o/2} = \frac{\pi(d_o{}^4 - d_i{}^4)}{16 d_o} \tag{2.2.20}$$

■**例題 2.2.1**　外直径 $d_o = 40\,\mathrm{mm}$,内直径 $d_i = 30\,\mathrm{mm}$,長さ $l = 4\,\mathrm{m}$ の鋼製中空パイプ(横弾性係数 $G = 80\,\mathrm{GPa}$ とする)が,回転数 $N = 2\,000$ min^{-1} で $L = 5\,\mathrm{kW}$ の動力を伝えている.最大せん断応力 τ_{max} とねじれ角

Θ を求めよ.

【解】

まずトルク T を求める. $L = T\omega$ より

$$T = \frac{L}{\omega} = \frac{L}{2\pi N/60} = \frac{60 \times 5\,000}{2 \times 3.14 \times 2\,000} = 23.9\ \text{N·m}$$

したがって, 最大せん断応力 τ_{max} は

$$\tau_{max} = \frac{T}{Z_p} = \frac{23.9 \times 10^3}{3.14 \times \dfrac{40^4 - 30^4}{16 \times 40}} = 2.78\ \text{MPa}$$

$$\Theta = \frac{Tl}{GI_p} = \frac{23.9 \times 10^3 \times 4 \times 10^3}{80\,000 \times 3.14 \times \dfrac{40^4 - 30^4}{32}} = 0.00696\ \text{rad} = 0.399°$$

■**例題 2.2.2** 許容せん断応力 $\tau_a = 100\ \text{MPa}$ の中空軸で, 動力 $L = 300$ kW を回転速度 $N = 3\,000\ \text{min}^{-1}$ で伝える設計をしたい. $n = \dfrac{内径}{外径} = \dfrac{1}{2}$ とするとき, 外径 d を求めよ.

【解】

$$T = \frac{L}{\omega} = \frac{30L}{\pi N}, \quad および \quad \tau_a = \frac{T}{Z_p} = \frac{480L}{\pi^2 N d^3 (1 - n^4)} \quad より,$$

$$d = \sqrt[3]{\frac{480L}{\pi^2 N \tau_a (1 - n^4)}} = \sqrt[3]{\frac{480 \times 300 \times 10^3 \times 10^3}{3.14^2 \times 3\,000 \times 100 \times (1 - 0.5^4)}} = 37.2\ \text{mm}$$

2.2.4 コイルばね

ここでは, 密巻コイルばねを取り上げ, ばね定数 k を求める方法を述べる. ただし, ばねの内力としてはねじりモーメントのみを考える. コイルばねの各部の名称と記号を**図 2.2.5** に示す.

ばねにおいて, 外力 F と変位 δ は, 比例する(フックの法則)ことから, ばね定数 k は次式で求められる.

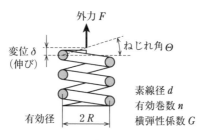

図 2.2.5　密巻引張ばね

$$k = \frac{F}{\delta} \tag{2.2.21}$$

ここで，伸び δ は，ねじれ角 Θ とばね半径 R によって生じると考える．

$$\delta = R\Theta \tag{2.2.22}$$

端面のねじれ角 Θ は，ねじりモーメント T，素線の長さ l，素線の断面二次極モーメント I_p，横弾性係数 G として，次式で求められる．

$$\Theta = \frac{Tl}{GI_p} \tag{2.2.23}$$

ねじりモーメント T は，外力 F と，ばね半径 R によって求まる．

$$T = FR \tag{2.2.24}$$

以上より，ばね定数を求めるには，式 (2.2.21) に式 (2.2.22)，(2.2.23)，(2.2.24) を代入すればよい．

$$k = \frac{GI_p}{R^2 l} \tag{2.2.25}$$

ここで，$I_p = \dfrac{\pi d^4}{32}$，$l = 2\pi R \times n$ を代入すると

$$k = \frac{Gd^4}{64nR^3} \tag{2.2.26}$$

■**例題 2.2.3**　質量 2 t の 4 輪自動車を支えるばねを考える．1 か所当たり 500 kg が作用するとき，縮みを 5 cm にしたいときのばね定数 k を求めよ．また，ばね材料の横弾性係数 $G = 80\,\mathrm{GPa}$，ばねの有効半径 $R = 100\,\mathrm{mm}$，巻き数 $n = 5$ として，素線直径 d と，最大ねじり応力 τ_{max} を求めよ．

【解】

必要なばね定数は，式 (2.2.21) より

$$k = \frac{500 \times 9.8}{0.05} = 98\,000\ \text{N/m} = 98\ \text{N/mm}$$

このばね定数になるように，素線直径を求めれば，式 (2.2.26) より，

$$d = \sqrt[4]{\frac{64nkR^3}{G}} = \sqrt[4]{\frac{64 \times 5 \times 98 \times 100^3}{80\,000}} = 25.0\ \text{mm}$$

よって，最大ねじり応力は，

$$\tau_{max} = \frac{T}{Z_p} = \frac{500 \times 9.8 \times 100\ \text{N·mm}}{3.14 \times 25^3/16\ \text{mm}^3} = 159\ \text{MPa}$$

2.3 はりの内力

部材の長手方向に対して，直交方向からの外力や，**偶力**が作用して部材が曲がるとき，この部材を，**はり**（梁：beam）とよぶ．本節では，はりの曲げ変形で生じる内力として**せん断力**と**曲げモーメント**を求める方法について述べる．

2.3.1 はりの支点

軸が直線であるはりを真直ばりとよぶ．**真直ばりを支える方法を支点**という．**図 2.3.1**(a) に示すようにピンで支える場合を，**回転支点**という．さらに同図 (b) では回転支点をころや面で支え，横方向に動くことができるもの

(a) 回転支点

(b) 回転移動支点

(c) 固定支点

図 2.3.1　はりの支点

を，**回転移動支点**という．はりは回転移動支点で支えられることにより軸方向の力が発生しない．したがって回転支点は上方向に支えることができる．(c)は溶接や壁に打ち込まれたはりを支える場合で，**固定支点**という．この支点は上下方向の力，左右方向の力，曲げモーメントを支えることができる．他端が自由端や，回転移動支点であれば左右方向（軸方向）の力は発生しない．

2.3.2　外力の種類

外力には**図2.3.2**に示すような種類がある．同図(a)〜(c)についての名称と単位を示す．

(a)　W：**集中荷重**〔N〕

(b)　$w(x)$：**分布荷重**，w：**等分布荷重**〔N/m〕

(c)　M：**曲げモーメント（偶力）**〔N·m〕

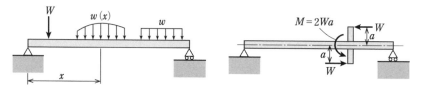

(a) 集中荷重　(b) 分布荷重，等分布荷重　　(c) 曲げモーメント（偶力）

図2.3.2　外力の名称

2.3.3　真直ばりの種類

真直ばりには**図2.3.3**の(a)から(c)に示すような種類がある．

(a)　**片持ちばり**　一端が固定支点で，他端が自由端である場合で，固定支点では上下方向の**反力 R** と**曲げモーメント M** が発生して外力とつり合う．

(b)　**単純支持ばり**　一端を回転支点で，他端を回転移動支点で支える場合で，上下方向の反力 R_1 と R_2 が発生して外力とつり合う．二つの支点間の長さを**スパン**という．

(c)　**突出しばり・張出しばり**　回転支点と回転移動支点に支えられ，一

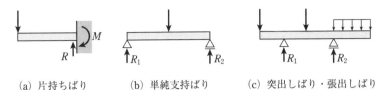

| (a) 片持ちばり | (b) 単純支持ばり | (c) 突出しばり・張出しばり |

図 2.3.3 真直ばりの名称

部が支点から外側に存在し，突き出した部分に外力が作用している場合で，支点には上下方向の反力 R_1，R_2 が発生して外力とつり合う．

支点に発生している反力やモーメントを静的なつり合い式から求められるはりを**静定ばり**という．軸力が発生していない場合は左右の力のつり合いはない．したがって，上下の力のつり合いとモーメントのつり合いから成立するつり合い式の数と同じ未知数であれば静定ばりといえる．図 2.3.3 に示すはりは全て静定ばりである．

2.3.4 外力としての支点反力と固定モーメントの求め方

部材の内力を知るためには，部材に作用する外力を全て知る必要がある．はりでは支点から部材に外力が作用するので，まず，支点の反力とモーメントを求めることから始める．

(1) 片持ちばりの場合

図 2.3.4 に示すような長さ l の先端に集中荷重 W が作用する場合を考える．固定支点の未知力は反力 R と固定モーメント M_O の 2 つである．反力 R を上向きにとり，M_O を発生していると考えられる下向き（右まわり）におく．

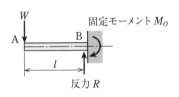

図 2.3.4 反力と固定モーメント

上下方向の力のつり合いより

$$R - W = 0 \tag{2.3.1}$$

B 点まわりのモーメントのつり合いより

$$M_O - Wl = 0 \tag{2.3.2}$$

式 (2.3.1) より $R = W$ (2.3.3)

式 (2.3.2) より $M_O = Wl$（R と M_O は仮定した方向に生じている）(2.3.4)

以上のように力とモーメントのつり合いから R と M_O が求められる.

分布荷重の場合は，分布荷重の合計が集中荷重として，分布荷重の重心位置に作用していると考えればよい．等分布荷重では，**図 2.3.5** のように分布荷重の合計 wl が集中荷重 W として $\dfrac{l}{2}$ の位置に作用していると考える.

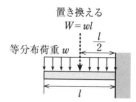

図 2.3.5　分布荷重の置き換え

(2)　単純支持ばりの場合

図 2.3.6 のように集中荷重 W が作用する場合を考える．A，B 点の支点反力を上向きに R_A，R_B とおく．未知力は 2 つである.

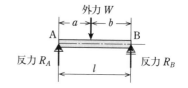

図 2.3.6　単純支持ばりの反力と固定モーメント

上下方向の力のつり合いより

$$R_A + R_B - W = 0 \tag{2.3.5}$$

A 点まわりのモーメントのつり合いより

$$Wa - R_B l = 0 \tag{2.3.6}$$

式 (2.3.6) より $R_B = \dfrac{Wa}{l}$ (2.3.7)

式 (2.3.5) に代入して $R_A = \dfrac{Wb}{l}$ (2.3.8)

図 2.3.7 の等分布荷重 w が作用する場合は，合計 wa が集中荷重 W として分布荷重の重心位置 $\dfrac{a}{2}$ に作用していると考える．したがって，以下のようになる．式 (2.3.7)，(2.3.8) より

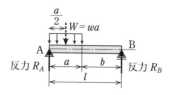

図 2.3.7　分布荷重の置き換え

$$R_B = \frac{wa \cdot \dfrac{a}{2}}{l} = \frac{wa^2}{2l} \tag{2.3.9}$$

$$R_A = \frac{wa\left(\dfrac{a}{2}+b\right)}{l} \text{ または } \frac{wa\left(l-\dfrac{a}{2}\right)}{l} \tag{2.3.10}$$

(3) 突出しばりの場合

図 2.3.8 のような突出しばりの場合，
B，C 点の支点反力を上向きに R_B,
R_C とおく．未知数は 2 つであるから
上下の力のつり合い式と，ある点まわ
りのモーメントのつり合い式を立てれ
ばよい．または，B 点まわりと C 点
まわりのモーメントのつり合い式 2 つを作ればよい．

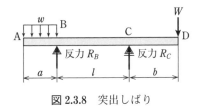

図 2.3.8 突出しばり

B 点まわりのモーメントのつり合いより，

$$R_C = \frac{W(l+b) - \dfrac{wa^2}{2}}{l} \tag{2.3.11}$$

C 点まわりのモーメントのつり合いより，

$$R_B = \frac{wa\left(l+\dfrac{a}{2}\right) - Wb}{l} \tag{2.3.12}$$

2.3.5 内力としてのせん断力と曲げモーメント

前項までに静定ばりの外力を知ることができた．次に，はりの内力を求める．

(1) はりの内部に生じるせん断力と曲げモーメント

部材の内力を考えるとき，図 2.3.9 のように左端から x の場所の**仮想断面**
で切断した場合を考える．このような物体を**自由物体**とよぶ．

図 2.3.9 では下向きの外力 W だけでは自由物体は下に落ちてしまうため，
図 2.3.10 のように仮想断面には外力につり合う反対の力 F_x が発生していな

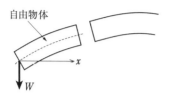
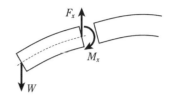

図 2.3.9　自由物体　　　　　**図 2.3.10**　仮想断面の内力

ければならない．また，上下の力だけでは回転してしまうので，その回転を止めるモーメント M_x が発生していなければならない．このように仮想断面に発生している F_x を**せん断力**とよび，M_x を**曲げモーメント**とよぶ．

（2）　せん断力と曲げモーメントの正負の定義

　内部に発生しているせん断力と曲げモーメントの＋と－の方向を定義するため，はじめに座標系 x-y の向きを定める．**図 2.3.11** に示すように x 軸は，はりの左端を原点として，右方向に＋をとる．y 軸は，原点から下方向に＋をとる．

1）　せん断力の正と負の定義

　はりの任意の 2 か所で切断して，自由物体図を考える．

図 2.3.11　せん断力の正負

　図 2.3.11 に示すように x の＋の面（断面の法線が x 軸の＋の方向を向く面上）で，y の＋の方向に作用するとき，＋のせん断力とする．x の－の面（断面の法線が x 軸の－の方向を向く面上）で，y の－の方向に作用するときも＋のせん断力である．いい換えれば，x-y 座標系で回転角の＋－と同じになるように定義する（回転角は，x の方向に対して，y の増加する方向の回転が＋である）．－のせん断力は上記の逆向きに作用する場合となる．

2）　曲げモーメントの正と負の定義

　図 2.3.12 に示すように曲げ変形が y の＋の方向に凸となるとき，＋の曲

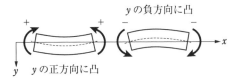

図2.3.12 曲げモーメントの正負

げモーメントとする．すなわち曲げモーメントが大きくなればたわみ量も大きくなり，下側に凸になる．－の曲げモーメントは，たわみが y の－方向に凸となるときである．このように曲げモーメントはたわみの＋－と同じになるように定義する．

2.3.6 SFD と BMD の描き方

部材内部の任意の x 断面に発生するせん断力 F_x〔N〕と曲げモーメント M_x〔N·m〕が，x 軸に沿ってどのように変化するかを示した図を，**せん断力図**（**SFD**：Shearing Force Diagram），**曲げモーメント図**（**BMD**：Bending Moment Diagram）とよぶ．SFD，BMD ともに，x の関数である．

求め方は，次の手順で行う．はりの左端から x 位置の仮想断面で切断した自由物体図に外力を記入してから，x 断面には＋ F_x と，＋ M_x を置く．この自由物体について上下の力のつり合い式と，x 点まわりのモーメントのつり合い式を立て，F_x と M_x を求めればよい．

以下に各種はりにおける SFD，BMD の求め方を示す．

(1) 右側固定の片持ちばりの他端に集中荷重が作用する場合（図 2.3.13）

Step 1

① 左端 x 軸原点から，距離 x までの自由物体図（**図 2.3.14**）を描く．

② 外力を記入する（W を記入）．

③ x 断面に，＋のせん断力 F_x を下向きに，＋の曲げモーメント M_x を上向きに矢印で記入する．

Step 2

自由物体図について，つり合い式を作る．上下の力のつり合いより

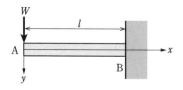

図 2.3.13　右端固定の片持ちばり

(a) SFD：せん断力図

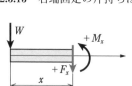

図 2.3.14　自由物体図

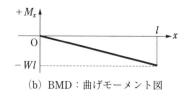

(b) BMD：曲げモーメント図

図 2.3.15　片持ちばりの SFD と BMD

$$F_x + W = 0 \tag{2.3.13}$$

x 点まわりのモーメントのつり合いより

$$M_x + Wx = 0 \tag{2.3.14}$$

Step 3

F_x と M_x の式を求める.

$$F_x = -W \tag{2.3.15}$$

$$M_x = -Wx \tag{2.3.16}$$

Step 4

図示する（**図 2.3.15**）.

せん断力 F_x は $-W$ の一定値である. 曲げモーメント M_x は x の一次関数, つまり傾きが $-W$ の直線である. B 点でのモーメントは式（2.3.14）に $x = l$ を代入して $-Wl$ である.

実際の固定支点の反力 R_B を見れば x の＋の面で, y の－の方向であるから－のせん断力である. 固定モーメントは式（2.3.4）で示したように下向きに発生しており, －の曲げモーメントである. 変形状態を見れば, **図 2.3.16** に示すように y の－の方向（上方向）

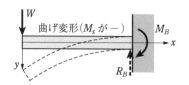

図 2.3.16　曲げモーメントと変形

に凸となっているから，−の曲げモーメントが全域で生じているので，BMD は x 軸から下の領域に描かれる．下に凸の変形なら，M_x は＋の領域である．変形状態と BMD の＋−の関係は重要である．

(2) 単純支持ばりに集中荷重が作用する場合

支点に作用する外力としての反力は，式 (2.3.7)，(2.3.8) によって**図 2.3.17** に示すように求められているとする．

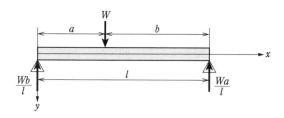

図 2.3.17 単純支持ばり

Step 1

はじめに，左側を考える $(0 \leqq x < a)$

① x 軸原点から，距離 x までの自由物体図を描く．（**図 2.3.18**）

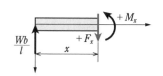

図 2.3.18 自由物体図

② 作用している外力，および反力を記入する．（$\dfrac{Wb}{l}$ を記入）

③ x 断面に，せん断力 $+F_x$ を下向きに，曲げモーメント $+M_x$ を上向きに矢印で記入する．

Step 2

上下の力のつり合い式と x 点まわりのモーメントのつり合い式を作る．

上下の力のつり合いより

$$F_x - \frac{Wb}{l} = 0 \tag{2.3.17}$$

x 点まわりのモーメントのつり合いより

$$M_x - \frac{Wb}{l}x = 0 \tag{2.3.18}$$

Step 3

　F_x と M_x の式を求める.

$$F_x = \frac{Wb}{l} \text{ (N)} \tag{2.3.19}$$

$$M_x = \frac{Wb}{l} x \text{ (N·m)} \tag{2.3.20}$$

Step 4

　図示する（**図 2.3.19**）.

　せん断力 F_x は $\dfrac{Wb}{l}$ の一定値である. 曲げモーメント M_x は x の一次関数, つまり傾きが $\dfrac{Wb}{l}$ の直線である. A 点は回転支点で, $M = 0$ である.

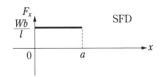

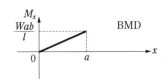

図 2.3.19　左側の SFD と BMD

Step 5

　次に, 右半分を考える（$a \leqq x \leqq l$）

① 　x 軸原点から, 距離 x までの自由物体図を描く.（**図 2.3.20**）

② 　作用している外力を記入する. （$\dfrac{Wb}{l}$, W を記入）

③ 　x 断面に, せん断力 $+ F_x$ を下向きに（正の方向）, 曲げモーメント $+ M_x$ を上向きに矢印で記入する.

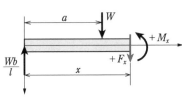

図 2.3.20　自由物体図

Step 6

　上下の力のつり合い式, x 点まわりのモーメントのつり合い式を作る.

　上下の力のつり合いより

$$F_x + W - \frac{Wb}{l} = 0 \tag{2.3.21}$$

　x 点まわりのモーメントのつり合いより

$$M_x + W(x-a) - \frac{Wb}{l}x = 0 \tag{2.3.22}$$

Step 7

F_x と M_x の式を求める.

$$F_x = -\frac{Wa}{l} \text{〔N〕} \tag{2.3.23}$$

$$M_x = -\frac{Wa}{l}x + Wa \text{〔N·m〕} \tag{2.3.24}$$

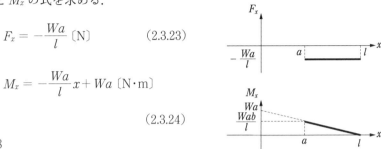

図 2.3.21 右側の SFD と BMD

Step 8

図示する (図 2.3.21).

せん断力 F_x は $-\dfrac{Wa}{l}$ の一定値である.

曲げモーメント M_x は x の一次関数,つまり傾きが $-\dfrac{Wa}{l}$ の直線である.B 点 ($x = l$) は回転支点で $M = 0$ である.全体を合わせると図 2.3.22 となる.はりは下に凸に変形するので,曲げモーメントは全域で正となっていることがわかる.

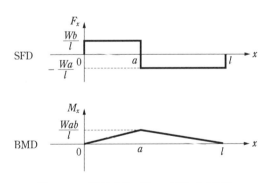

図 2.3.22 単純支持ばりの SFD と BMD

(3) 等分布荷重が作用するときの F_x と M_x の関係

図 2.3.23 に示す自由物体図は,はりの微小区間 dx を示す.せん断力 F_x と曲げモーメント M_x は x の関数であるから,dx 区間で外力が作用してい

ればそれぞれ dF_x と dM_x だけ変化しているはずである.

dx 区間に分布荷重 w が作用している場合を考える.

上下の力のつり合い式は次式となる.

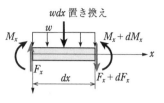

図 2.3.23　dx 間の自由物体図

$$F_x + dF_x + wdx - F_x = 0 \quad (2.3.25)$$

$$\frac{dF_x}{dx} = -w \qquad (2.3.26)$$

式 (2.3.26) を積分して

$$F_x = -wx + C_1 \qquad (2.3.27)$$

SFD は傾き $-w$ の直線（一次関数）になる. 積分定数 C_1 は, 境界条件から決定する.

次に, x 点まわりのモーメントのつり合いは, 分布荷重を集中荷重に置き換えて, wdx が $\dfrac{dx}{2}$ の位置に作用しているとみなし, 次式となる.

$$M_x + dM_x + wdx \cdot \frac{dx}{2} - F_x dx - M_x = 0 \qquad (2.3.28)$$

第 3 項の 2 次の微小項 $(dx)^2$ を省略すれば, 次式となる.

$$\frac{dM_x}{dx} = F_x \qquad (2.3.29)$$

式 (2.3.29) を積分して

$$M_x = \int F_x dx = -\frac{wx^2}{2} + C_1 x + C_2 \qquad (2.3.30)$$

BMD は M の負の方向に開いた放物線（上に凸の二次関数）の一部になる. 積分定数 C_1, C_2 は, 境界条件から決定する.

以上のように F_x の積分が M_x である.

2.3.7　各種はりの SFD と BMD の簡単な描き方

SFD と BMD を図式的に描く手順を説明する.

SFD の描き方に関しては, まず, 上下の力がつり合っているから x 軸の原点からスタートして, 外力が作用したら, その大きさだけ変化させる. 外力が作用しなければ F_x は一定であるから横に動かせばよい. 最後に x 軸に

戻ってくる.

　BMD の描き方に関しては，まず，片持ちばりの自由端では曲げモーメントが 0 である．また単純支持ばりの左右回転支点では曲げモーメントが 0 である．これが境界条件である．その場所で，SFD のせん断力が＋なら BMD は右上がりの線，－なら右下がりの線を描けばよい．そのうえで，SFD が一定ならば BMD は一次関数，SFD が一次関数なら BMD は二次関数である．さらに，変形の様子を確認すると，下に凸の変形では，BMD は x 軸の上方（＋の領域）に描かれているはずである．

（1）　左固定端の片持ちばりの場合

　図 2.3.24(a) に示すように先端に集中荷重 W が作用している場合，

　固定支点の反力 $R_A = W$

　固定支点の曲げモーメントの大きさ $M_A = Wl$

である．（M_A は下向きに生じており，モーメントの定義から，BMD では－である）

① 　SFD を描く（図 2.3.24(b)）

　（a）　原点（・印）からスタート（力がつり合っているから）

　（b）　原点から $R_A = W$ だけ上向きに.

　（c）　力が作用するまで横に水平線.

　（d）　外力 W が下向きだからその大きさだけ下に.

　（e）　x 軸に戻る．（力がつり合っている）

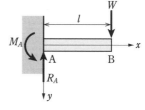

(a) 片持ちばり

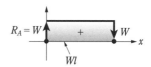

(b) SFD の描き方

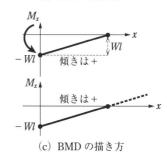

(c) BMD の描き方

図 2.3.24　SFD と BMD の簡単な描き方(1)

$\left(\begin{array}{l}R_A \text{ は } x \text{ の負の面で } y \text{ の負の方向であるから＋．} W \text{ は } x \text{ の正の面で } y \text{ の正の方向} \\ \text{であるから＋である.}\end{array}\right)$

② 　BMD を描く．BMD の書き方には二通りがある.

その 1（図 2.3.24（c）の上図）

固定端のモーメントは下向きに置いているので，−のモーメントである．

（a）　$-Wl$ の・印が始点．

（b）　SFD が＋なので積分すれば右上がりの直線．

（c）　B 点の自由端ではモーメント 0 を通る（・印）．

その 2（図 2.3.24（c）の下図）

（a）　B 点の自由端ではモーメント 0 を通る．

（b）　この点の SFD が＋なら積分すれば右上がり直線．

（c）　直線を左に延長すると，$-Wl$ を通る．

（曲げモーメントは全域で−である．変形は上に凸である．）

（2）　単純支持ばりに等分布荷重が作用する場合

図 2.3.25（a）に示すように，$R_A = \dfrac{wl}{2}$，$R_B = \dfrac{wl}{2}$ である．

① SFD を描く（図 2.3.25（b））．

（a）　原点（・印）からスタート（力がつり合っている）

（b）　原点の黒丸から R_A だけ上向きに．

（c）　w が下向きなので右下がりの直線．（階段状に下がっていくと考え直線で結ぶ）

（d）　B 点で R_B だけ上に，x 軸の黒丸に戻る．

$\left(\begin{array}{l}R_A \text{ は } x \text{ の負の面で } y \text{ の負の方向である}\\ \text{から＋．} R_B \text{ は } x \text{ の正の面で } y \text{ の負の方}\\ \text{向であるから−である．}\end{array}\right)$

② BMD を描く（図 2.3.25（c））．

（a）　原点の回転支点 A ではモーメント 0．ここからスタート．

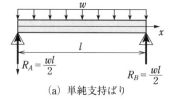

(a) 単純支持ばり

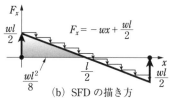

$F_x = -wx + \dfrac{wl}{2}$

(b) SFD の描き方

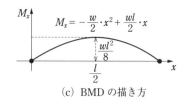

$M_x = -\dfrac{w}{2} \cdot x^2 + \dfrac{wl}{2} \cdot x$

(c) BMD の描き方

図 2.3.25　SFD と BMD の簡単な描き方（2）

（b）　SFD が＋なら右上がりの曲線．はじめは傾きが大きく中央で水平．

（c）　中央から右側では，右下がりの曲線．

（d）　右支点の回転支点 B ではモーメント 0．

以上のように SFD，BMD は作図的に描くことができる．また，SFD の面積から BMD の変化した大きさを求めることができる．各種はりの SFD と BMD について，**表 2.3.1，2.3.2** に示す．

表 2.3.1　片持ちばりの SFD と BMD

注）すべて上に凸の変形であるから BMD は全域で－となる．

表 2.3.2　単純支持ばりの SFD と BMD

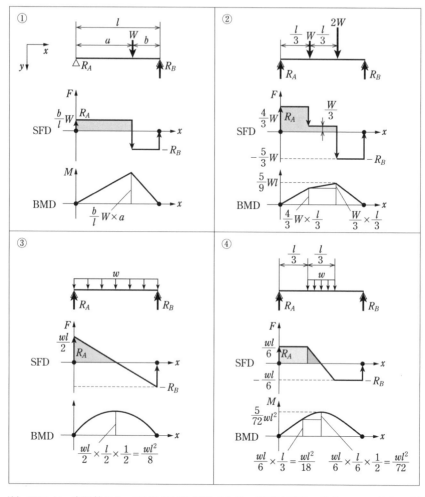

注）SFD が一次関数なら，BMD は二次関数である．変形は下側に凸（y の＋の方向に凸）だから全域で＋の曲げモーメントである．さらに，確認のための心得として次のことも大切である．SFD の積分が BMD であるから，③の例では，SFD の左側三角形の面積は $wl^2/8$ である．これが BMD の最大値となっている．

■**例題 2.3.1**　図 2.3.26 の突出しばりの SFD と BMD を描け．反力は R_A と R_B である．なお，A 点，B 点には内力としてのせん断力と曲げモーメントが生じている．

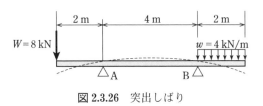

図 2.3.26　突出しばり

【解】

支点反力 R_A と R_B を求めれば $R_A = 10\,\mathrm{kN}$，$R_B = 6\,\mathrm{kN}$ である．

A 点の曲げモーメントは，$-8\,\mathrm{kN} \times 2\,\mathrm{m} = -16\,\mathrm{kN \cdot m}$ で上に凸の変形になることが明白なので BMD は－の領域である．

B 点の曲げモーメントは，$-4\,\mathrm{kN/m} \times 2\,\mathrm{m} \times 1\,\mathrm{m} = -8\,\mathrm{kN \cdot m}$ で上に凸の変形になることが明白なので BMD は－の領域である．

SFD と BMD を**図 2.3.27** に示す．

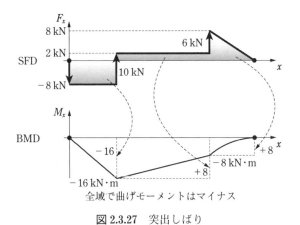

図 2.3.27　突出しばり

2.4 真直ばりにおける応力

　曲げ変形する部材の横断面に生じるせん断力と曲げモーメントが前節で求められた．本節では，曲げモーメントによる横断面に発生している応力を求める方法について述べる．

2.4.1 横断面の応力分布と最大曲げ応力

　図 2.4.1 に示す変形前の状態 (a) と，均等な曲げモーメント M が作用して円弧状に変形した状態 (b) を示す．変形前の dx 区間 (PQ) は，凸側では P′Q′ に伸び，凹側では縮む．その中間には伸び縮みしない面 NN′ が存在し，この面を**中立面**とよぶ．この中立面と図 2.4.1(c) に示すような横断面との交線 NN を**中立軸**という．すなわち横断面では，図 2.4.1(d) に示すように凸側で引張応力 σ_t が生じ，凹側で圧縮応力 σ_c が生じている．これらの垂直応力を**曲げ応力**ともいう．

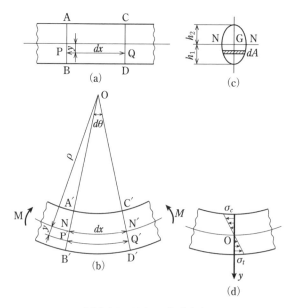

図 2.4.1　はりの曲げ応力

　図 2.4.1 (a) に示すように，中立軸から外側への距離を y とし，y の位置の垂直応力 σ を求める．

　中立軸から y だけ離れた P′Q′ のひずみ ε は，伸びた長さを元の長さで割ればよいので，

$$\varepsilon = \frac{\text{P}'\text{Q}' - \text{PQ}}{\text{PQ}} = \frac{(\rho + y)\,d\theta - \rho\,d\theta}{\rho\,d\theta} = \frac{y}{\rho} \qquad (2.4.1)$$

よって，フックの法則から

$$\sigma = \frac{Ey}{\rho} \qquad (2.4.2)$$

ρ を**曲率半径**とよぶ．上式より曲げ応力 σ は図 2.4.1(d) に示すように y に比例して直線状に分布することがわかる．

　次に，ρ を求めることを考える．図 2.4.1(c) に示すように，中立軸 NN から y の位置の微小面積 dA に作用する曲げ応力 σ による力（σdA）と距離 y によるモーメントを，断面全体に積分した値が，内力としての曲げモーメント M に等しいはずである．

$$M = \int \sigma dA \cdot y \qquad (2.4.3)$$

これに式 (2.4.2) を代入し，整理すれば，

$$M = \int \frac{Ey}{\rho} dA \cdot y = \frac{E}{\rho} \int y^2 dA = \frac{EI}{\rho} \qquad (2.4.4)$$

ここで，

$$I = \int y^2 dA \qquad (2.4.5)$$

I は断面形状によって決まる値であり，**断面二次モーメント**とよび，単位は mm^4 である．次項で具体的に計算することとする．したがって，ρ は次式から求められる．

$$\frac{1}{\rho} = \frac{M}{EI} \qquad (2.4.6)$$

$\dfrac{1}{\rho}$ を**曲率**とよび，曲げ変形の大きさを表す．また EI を**曲げ剛性**または**曲げこわさ**とよび，EI が大きいほど変形のしにくさを表す．

したがって，曲げ変形のときの内部の曲げ応力 σ は，式 (2.4.2)，(2.4.6) より，次式で求められる．

$$\sigma = \frac{M}{I}y \tag{2.4.7}$$

最大の曲げ応力は最外表面に生じることがわかる．中立軸から最外表面までの距離を y_{max} として式 (2.4.6) に代入すれば，

$$\sigma_{max} = \frac{M}{I}y_{max} = \frac{M}{Z} \tag{2.4.8}$$

ここで，

$$Z = \frac{I}{y_{max}} \tag{2.4.9}$$

Z は断面形状によって決まる値であり，**断面係数**とよぶ．単位は mm^3 である．

2.4.2　各種断面形状の断面二次モーメントと断面係数

(1)　中実長方形断面

図 2.4.2 に示すような，幅 b，厚さ h の長方形断面の断面二次モーメント I は，$dA = bdy$ を考慮して

$$I = \int y^2 dA = \int_{-\frac{h}{2}}^{\frac{h}{2}} y^2 \cdot bdy$$

$$= \frac{bh^3}{12} \, [\text{mm}^4] \tag{2.4.10}$$

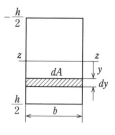

図 2.4.2　長方形断面

断面係数 Z は，$y_{max} = \dfrac{h}{2}$ として，

$$Z = \frac{I}{h/2} = \frac{bh^2}{6} \, [\text{mm}^3] \tag{2.4.11}$$

■**例題 2.4.1**　幅 25 mm，厚さ 6 mm の片持ちばりの固定端から 30 cm に集中荷重 5 kg をかけたときの固定端の最大曲げ応力を求めよ．

【解】

曲げモーメント $M = 5 \times 9.8 \times 300 = 14\,700$ N·mm

断面係数 $Z = \dfrac{25 \times 6^2}{6} = 150$ mm^3

最大曲げ応力 $\sigma = \dfrac{M}{Z} = \dfrac{14\,700}{150} = 98$ MPa

(2) 中実円形断面

図 2.4.3 に示すような直径 d の円形断面
の断面二次モーメント I は，ねじり変形で
導いた断面二次極モーメント I_p の定義か
ら次式が導かれる．

図 2.4.3 中実軸の I_p と I の関係

$$
I_p = \int r^2 dA = \int (y^2 + z^2) dA
$$
$$
= \int y^2 dA + \int z^2 dA
$$
$$
= I_y + I_z \tag{2.4.12}
$$

ここで，I_y は中立軸が y-y のときの，I_z は中立軸が z-z のときの断面二次モー
メントである．円形断面では $I_y = I_z$ であること，$I_p = \dfrac{\pi d^4}{32}$ であるから，

$$
I_z = I_y = \frac{I_p}{2} = \frac{\pi d^4}{64} \ [\text{mm}^4] \tag{2.4.13}
$$

断面係数 Z は，$y_{max} = \dfrac{d}{2}$ として，

$$
Z = \frac{I}{d/2} = \frac{\pi d^3}{32} \ [\text{mm}^3] \tag{2.4.14}
$$

(3) 各種断面

図 2.4.4(a)（b）に示すような中立軸 z-z に対して対称な断面を有するは
りの中立軸 z-z に対する断面二次モーメント I は，外側の長方形断面の断面
二次モーメントから内側の空間部分（ハッチング部分）の断面二次モーメン
トを引くことで求められる．

$$I = \frac{b_1 h_1{}^3 - b_2 h_2{}^3}{12} \ (\text{mm}^4) \tag{2.4.15}$$

一方，断面係数 Z は，$\dfrac{I}{h_1/2}$ で求める．したがって，断面係数の引き算にはならない．

$$Z = \frac{b_1 h_1{}^3 - b_2 h_2{}^3}{6h_1} \ (\text{mm}^3) \tag{2.4.16}$$

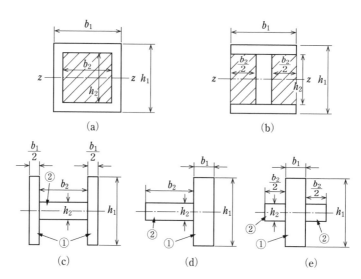

図 2.4.4　各種断面の I と Z

図 2.4.4(c)(d)(e) の断面を有するはりの断面二次モーメント I は，各部分の断面二次モーメントを加えることで求められる．

$$I = \frac{b_1 h_1{}^3 + b_2 h_2{}^3}{12} \ (\text{mm}^4) \tag{2.4.17}$$

一方，断面係数 Z は，$\dfrac{I}{h_1/2}$ で求める．各部分の断面係数の足し算にはならない．

$$Z = \frac{b_1 h_1{}^3 + b_2 h_2{}^3}{6h_1} \ (\text{mm}^3) \tag{2.4.18}$$

図 2.4.5 に示すような中空円の断面二次モーメント I は，外径 d_1 の円形断

面の断面二次モーメントから内径 d_2 の円形断面である空間部分の断面二次モーメントを引くことで求められる.

$$I = \frac{\pi(d_1{}^4 - d_2{}^4)}{64} \ [\text{mm}^4] \qquad (2.4.19)$$

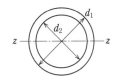

図 2.4.5　中空円の I と Z

一方, 断面係数 Z は, $\dfrac{I}{d_1/2}$ で求める. 断面係数の引き算にはならない.

$$Z = \frac{\pi(d_1{}^4 - d_2{}^4)}{32 d_1} \ [\text{mm}^3] \qquad (2.4.20)$$

■**例題 2.4.2**　図 2.4.5 において, $d_1 = 100\ \text{mm}$, $d_2 = 84\ \text{mm}$ のときの断面二次モーメント I と断面係数 Z を求めよ.

【解】

$$I = \frac{\pi(d_1{}^4 - d_2{}^4)}{64} = \frac{3.14 \times (100^4 - 84^4)}{64} \fallingdotseq 2\,460\,000\ \text{mm}^4$$

$$Z = \frac{I}{d_1/2} = \frac{2\,460\,000}{50} = 49\,200\ \text{mm}^3$$

2.4.3　せん断応力

　はりの内力としては曲げモーメントとともにせん断力も発生しているので, ここではせん断力 F によるせん断応力について結果だけを示す. せん断応力の分布は図 2.4.6 に示すようになる. 最大せん断応力 τ_{max} は以下の式で求まる. なお, 式中の τ_{mean} とは, せん断力 F を断面積 A で除した平均せん断応力である.

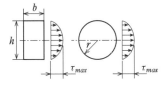

図 2.4.6　はりのせん断応力

$$\tau_{mean} = \frac{F}{A} \qquad (2.4.21)$$

（a）　長方形断面

$$\tau_{max} = \frac{3}{2} \cdot \frac{F}{bh} = \frac{3}{2} \tau_{mean} \qquad (2.4.22)$$

（b）　円形断面

$$\tau_{max} = \frac{4}{3} \cdot \frac{F}{\pi r^2} = \frac{4}{3} \tau_{mean} \tag{2.4.23}$$

2.4.4　平等強さのはり

最大曲げ応力（引張応力）は，式（2.4.8）より $\sigma = \dfrac{M_x}{Z}$ で表せる．M_x は x の関数であり，この曲げ応力 σ が x によらず一定（σ_0）になるように，断面係数 Z を変化させれば軽量化が期待できる．このようなはりを**平等強さのはり**という．

ここでは長方形断面をどのように寸法変化させれば平等強さになるかを検討する．図 2.4.7 のような片持ちばりの先端に集中荷重 W が作用する場合，固定端で最大曲げモーメント M を生じ最大曲げ応力 σ_0 が生じる．

固定端の断面形状を幅 b_0，高さ h_0 とすれば，

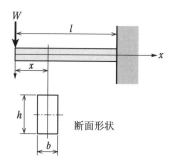

図 2.4.7　長方形断面の片持ちばり

$$\sigma_0 = \frac{M}{Z} = \frac{6Wl}{b_0 h_0{}^2} \tag{2.4.24}$$

である．そこで，x 断面の曲げ応力 σ が，

$$|\sigma| = \frac{|M_x|}{Z_x} = \frac{6Wx}{bh^2} = \sigma_0 \tag{2.4.25}$$

になるように，b または h を変化させればよい．

（1）　高さ一定（$h = h_0$）とするとき

式（2.4.24），（2.4.25）より

$$\frac{6Wl}{b_0 h_0{}^2} = \frac{6Wx}{bh_0{}^2}$$

$$b = \frac{b_0}{l} x \qquad (2.4.26)$$

となり，幅 b は**図 2.4.8**(a) に示すような三角形となる．

体積では $\frac{1}{2}$ となり，50%の低減になる．この三角形の片持ちばりの固定端での断面二次モーメントを I_0 とすれば，先端でのたわみ（次節で求める）は $\frac{1}{2} \cdot \frac{Wl^3}{EI_0}$ であり，一様断面の場合のたわみ $v = \frac{1}{3} \cdot \frac{Wl^3}{EI_0}$（次節で求める）の 1.5 倍たわむようになる．単位体積当たりでは，3 倍の**弾性エネルギ**を蓄えられる．このことから同図 (b) に示すように短冊形に切断して，重ね板ばねとして車の足回りに使われる．

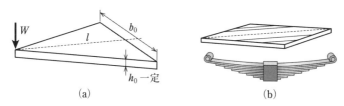

図 2.4.8　厚さが一定の平等強さのはり

(2)　幅 一定 ($b = b_0$) とするとき

式 (2.4.24)，(2.4.25) より

$$h = \sqrt{\frac{6Wx}{b_0 \sigma_0}} = \sqrt{\frac{h_0{}^2}{l}} \cdot \sqrt{x} \qquad (2.4.27)$$

となり厚さ h は**図 2.4.9** に示すような放物線状になる．

体積は $V = S \cdot b_0 = \frac{2}{3} \cdot l \cdot h_0 \cdot b_0$ であり，33%の低減になる．このときの先端たわみは一様断面のたわみの 2 倍のたわみを生じる．

よって，単位体積当たりでは 3 倍の弾性エネルギを蓄えられるので，ばねとして使われる．このばねをパラボリ

(a) 上下対称形状としたとき

(b) 上面を平面形状としたとき

図 2.4.9　幅が一定の平等強さのはり

ックリーフスプリングという．近似的にテーパ形状にしたテーパリーフスプリングがある．

2.5　真直ばりのたわみ

前節では，はりに外力が作用する場合の曲げモーメントと垂直応力との関係から曲げ応力を求めた．本節では，曲げ応力によるはりのたわみ変形について述べる．なお，せん断力による変形は小さいのでここでは検討しない．

2.5.1　たわみの微分方程式

図 2.5.1 に，はりの変形状態を示す．はりの左端 O を原点として右向きに x 軸をとり，下向きにたわみ量を示す v 軸をとる．下向きに y 軸も示してあるが，これは物体内に設定した中立軸から下向きの軸である．

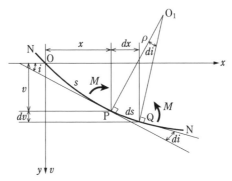

図 2.5.1　はりのたわみ変形と座標

はり内部に曲げモーメント M が x の関数として発生し，変形するときの応力分布と曲げモーメントのつり合いから式（2.4.6）で示した次式が成り立つ．

$$\frac{1}{\rho} = \frac{M}{EI} \tag{2.5.1}$$

右辺が x の関数であるから左辺の曲率 $\dfrac{1}{\rho}$ を x の関数で表すことを考える．

　図 2.5.1 のように曲げモーメント M によって，はりの中心軸（中立面と x-y 平面との交線）が曲げ変形したときの形状 NN を**たわみ曲線**（**たわみの弾性曲線**ともいう）とよぶ．この曲線は x の関数で表される．曲線の任意の点における接線の傾き $\dfrac{dv}{dx}$ を**たわみ角**〔rad〕という．たわみ角は x 軸の＋方向に対して，v の＋方向への角度が＋である．

　図 2.5.1 には x 位置で，たわみ v の P 点を示している．この点のたわみ角を i とすると，dx だけ離れた Q 点でのたわみ角は di だけ減少するので，di は負である．

　曲線 PQ の曲率半径を ρ とし，その中心を O_1 とする．また，原点からたわみ曲線に沿った P 点までの長さを s とし，PQ を ds とすると，$ds = \rho \times |di|$ であり，di が負であるから，

$$\frac{di}{ds} = -\frac{1}{\rho} \tag{2.5.2}$$

ここで，P 点のたわみ角 i を dx，dv で表せば，

$$i = \frac{dv}{dx} \tag{2.5.3}$$

これを s に関して微分すれば，

$$\frac{di}{ds} = \frac{di}{dx} \cdot \frac{dx}{ds} = \frac{d^2v}{dx^2} \cdot \frac{dx}{ds} \tag{2.5.4}$$

なお，ds は図 2.5.1 より，

$$ds = \sqrt{(dx^2 + dv^2)} = dx\sqrt{1 + \left(\frac{dv}{dx}\right)^2} \tag{2.5.5}$$

　したがって，式（2.5.4）は次式になる．

$$\frac{di}{ds} = \frac{\dfrac{d^2v}{dx^2}}{\sqrt{1 + \left(\dfrac{dv}{dx}\right)^2}} \tag{2.5.6}$$

　分母の $\left(\dfrac{dv}{dx}\right)^2$ の項を微小として省略すれば，

$$\frac{di}{ds} = \frac{d^2v}{dx^2} \tag{2.5.7}$$

よって，式 (2.5.2)，(2.5.7) より

$$\frac{d^2v}{dx^2} = -\frac{1}{\rho} \tag{2.5.8}$$

であるから，式 (2.5.1) より最終的に次の**たわみの微分方程式**が導かれる．

$$\frac{d^2v}{dx^2} = -\frac{M}{EI} \tag{2.5.9}$$

以上のことより，曲げモーメント M（BMD の式）が x の関数として求められれば，上記の微分方程式に代入して積分すれば，式 (2.5.3) のたわみ角の式になり，さらに積分すればたわみの式になるわけである．なお，積分定数は境界条件から決定することになる．

2.5.2　代表的なはりのたわみとたわみ角

曲げ剛性 EI は一定と仮定して，各種はりのたわみとたわみ角を求める．

(1)　先端に集中荷重が作用する片持ちばり（図 2.5.2）

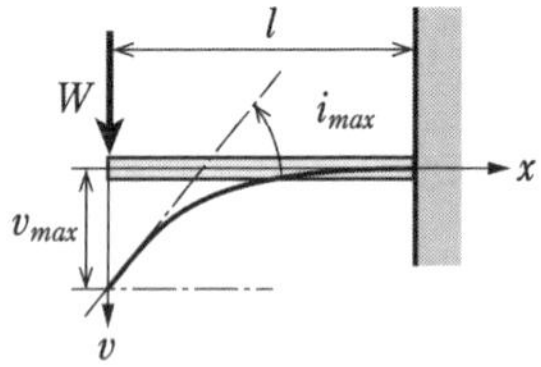

曲げモーメントの式は，2.3.6 の式 (2.3.14) から，

図 2.5.2　片持ちばり

$$M_x = -Wx \tag{2.5.10}$$

これを式 (2.5.9) に代入して

$$\frac{d^2v}{dx^2} = \frac{Wx}{EI} \tag{2.5.11}$$

積分すれば

$$\frac{dv}{dx} = \frac{W}{EI}\left(\frac{x^2}{2} + C_1\right) \tag{2.5.12}$$

境界条件として，$x = l$ で，$i = 0$ だから

$$C_1 = -\frac{l^2}{2} \tag{2.5.13}$$

よって

$$i = \frac{dv}{dx} = \frac{W}{2EI}(x^2 - l^2) \tag{2.5.14}$$

さらに積分して

$$v = \frac{W}{2EI}\left(\frac{x^3}{3} - l^2x + C_2\right) \tag{2.5.15}$$

境界条件として，$x = l$ で，$v = 0$ だから，

$$C_2 = \frac{2}{3}l^3 \tag{2.5.16}$$

よって

$$v = \frac{W}{6EI} \cdot (x^3 - 3l^2x + 2l^3) \tag{2.5.17}$$

以上より，最大たわみ角は先端に生じ，$x = 0$ を式 (2.5.14) に代入して

$$i_{max} = -\frac{Wl^2}{2EI} \tag{2.5.18}$$

最大たわみは先端に生じ，$x = 0$ を式 (2.5.17) に代入して

$$v_{max} = \frac{Wl^3}{3EI} \tag{2.5.19}$$

■**例題 2.5.1** 長方形断面（幅 30 mm，厚さ 6 mm），長さ $l = 400$ mm の SS 400（ヤング率 $E = 206$ GPa）の板材が，固定端で水平に溶接されている片持ちばりがある．先端に $W = 50$ N が作用したとき，先端のたわみ角 i_{max} とたわみ v_{max} を求めよ．また，このときの固定端での最大曲げ応力 σ_{max} を求めよ．

【**解**】

式 (2.5.18) より，

$$|i_{max}| = \frac{Wl^2}{2EI} = \frac{50 \times 400^2}{2 \times 206\,000 \times 30 \times 6^3/12} = 0.0360 \text{ rad} = 2.06°$$

左側固定と考えれば＋の角度になる.

$$v_{max} = \frac{Wl^3}{3EI} = \frac{50 \times 400^3}{3 \times 206\,000 \times 30 \times 6^3/12} = 9.59 \text{ mm}$$

$$\sigma_{max} = \frac{M}{Z} = \frac{50 \times 400}{30 \times 6^2/6} = 111 \text{ MPa （凸面側）}$$

---

(2)　中央に集中荷重が作用する単純支持ばり（図 2.5.3）

左右対称であるから左側（$0 \leqq x \leqq \frac{l}{2}$）を考える. 曲げモーメントの式は図 2.5.3 の自由物体図のモーメントのつり合いより,

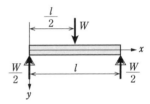

$$M_x = \frac{W}{2}x \tag{2.5.20}$$

これを式 (2.5.9) に代入して

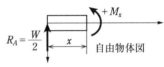

図 2.5.3　単純支持ばりと自由物体図

$$\frac{d^2v}{dx^2} = -\frac{Wx}{2EI} \tag{2.5.21}$$

積分すれば

$$\frac{dv}{dx} = -\frac{W}{2EI} \cdot \left(\frac{x^2}{2} + C_1 \right) \tag{2.5.22}$$

境界条件として, $x = \frac{l}{2}$ で, $i = 0$ だから

$$C_1 = -\frac{l^2}{8} \tag{2.5.23}$$

$$i = \frac{dv}{dx} = -\frac{W}{16EI} \cdot (4x^2 - l^2) \tag{2.5.24}$$

さらに積分して

$$v = -\frac{W}{16EI} \cdot \left(\frac{4}{3}x^3 - l^2x + C_2 \right) \tag{2.5.25}$$

境界条件として，$x = 0$ で，$v = 0$ だから

$$C_2 = 0 \tag{2.5.26}$$

$$v = -\frac{W}{12EI}\left(x^3 - \frac{3}{4}l^2x \right) \tag{2.5.27}$$

以上より，最大たわみ角は端部の回転支点で生じ，$x = 0$ を式（2.5.24）に代入して

$$i_{max} = \frac{Wl^2}{16EI} \tag{2.5.28}$$

最大たわみは中央に生じ，$x = \dfrac{l}{2}$ を式（2.5.27）に代入して

$$v_{max} = \frac{Wl^3}{48EI} \tag{2.5.29}$$

■**例題 2.5.2** 長方形断面（幅 30 mm，厚さ 8 mm）のアルミニウム A 1100（ヤング率 $E = 69$ GPa）の板材が，スパン $l = 1\,000$ mm で単純支持されている．中央に荷重 $W = 50$ N が作用したとき，最大たわみ角 i_{max} とはり中央のたわみ v_{max} を求めよ．また，このときの中央での最大曲げ応力 σ_{max} を求めよ．

【解】

$$i_{max} = \frac{Wl^2}{16EI} = \frac{50 \times 1\,000^2}{16 \times 69\,000 \times 30 \times 8^3/12} = 0.0353 \text{ rad} = 2.03°$$

$$v_{max} = \frac{Wl^3}{48EI} = \frac{50 \times 1\,000^3}{48 \times 69\,000 \times 30 \times 8^3/12} = 11.8 \text{ mm}$$

$$\sigma_{max} = \frac{M}{Z} = \frac{50 \times 1\,000/4}{30 \times 8^2/6} = 39.1 \text{ MPa}$$

(3) 中央よりずれて集中荷重が作用する単純支持ばり（図 2.5.4）

単純支持ばりの変形が左右対称でない場合は，次のように求める．左側（$0 \leqq x \leqq a$）の曲げモーメントの式からたわみの微分方程式を作り，積分することによりたわみの式を導く．すると積分定数 C_1，C_2 が未定となる．さ

らに右側（$a \leqq x \leqq l$）の曲げモーメントの式からたわみの微分方程式を作り，積分することによりたわみの式を導く．すると積分定数 C_3, C_4 が未定となる．境界条件としては左側支点 $x = 0$ で v

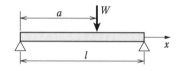

図 2.5.4　変形が左右対称ではない単純支持ばり

$= 0$，右側支点 $x = l$ で $v = 0$ の 2 つのほかに，左側のたわみ角の式に $x = a$ を代入した式と右側のたわみ角の式 $x = a$ を代入した式が一致すること，また左側のたわみの式に $x = a$ を代入した式と右側のたわみの式に $x = a$ を代入した式が一致することという合計 4 つの境界条件式から積分定数を決定することによりたわみ曲線が求められる．

2.5.3 面積モーメント法

（1）　**面積モーメント法とは**

　たわみ角とたわみを求める方法として，$\dfrac{M}{EI}$ の図を用いて，図式的に求める方法がある．これを**面積モーメント法**という．**図 2.5.5** を参照して以下の定理を利用するものである．

定理 I　はりのたわみ曲線上の AB 2 点における接線がなす角 i は，$\dfrac{M}{EI}$ 図で，AB 2 点間の面積 S に等しい．

$$i = S \ [\text{rad}] \qquad (2.5.30)$$

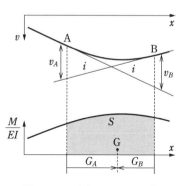

図 2.5.5　面積モーメント法

定理 II　はりのたわみ曲線上の A（または B）点における接線が，B（または A）点の垂線を切り取る長さ v_B（または v_A）は，$\dfrac{M}{EI}$ 図で，AB 2 点間の面積 S が，B（または A）点の垂線まわりに関する面積モーメントに等しい．G は面積 S の重心位置を示し，G_A, G_B は A, B 点の垂線から重心までの距離を示す．

$$v_B = S \cdot G_B, \ v_A = S \cdot G_A \qquad (2.5.31)$$

(2) 面積モーメント法の適用事例

1) 等分布荷重が作用する片持ちばり

図 2.5.6 に示すように，長さ l の片持ちばり（EI は一定）に等分布荷重 w が作用しているとすると，固定端には $\dfrac{wl^2}{2}$ の固定モーメントが下向きに生じている．BMD を描くと放物線になる．この放物線の面積を S とし，その重心の位置を G とする．

たわみ曲線上の A 点，B 点で接線を引けば，その角度が i_A となるので，$\dfrac{M}{EI}$ 図の AB 間の面積 S が i_A の大きさである[注]．

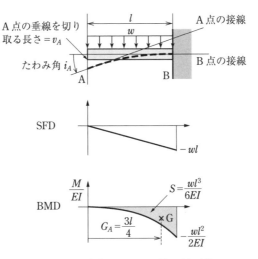

図 2.5.6 面積モーメント法の適用①

$$S = \frac{l}{3} \cdot \frac{wl^2}{2EI} = \frac{wl^3}{6EI} \tag{2.5.32}$$

よってたわみ角 i_A は，－であるから，

注）放物線の面積および重心位置

放物線 $y = x^2$

面積 $S_1 = \int y\,dx = \dfrac{a^3}{3} = \dfrac{ab}{3}$

面積 $S_2 = ab - S_1 = \dfrac{2ab}{3}$

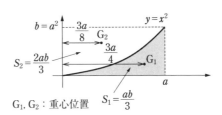

G_1, G_2：重心位置

$$i_A = -\frac{wl^3}{6EI} \tag{2.5.33}$$

次に，B 点の接線が A 点の垂線を切り取る長さがたわみ v_A となるから，$\frac{M}{EI}$ 図の AB 間の面積 S と，A 点の垂線から重心までの距離 $G_A = \frac{3l}{4}$ をかけた値になる．

$$v_A = S \cdot G_A = \frac{wl^3}{6EI} \cdot \frac{3l}{4} = \frac{wl^4}{8EI} \tag{2.5.34}$$

このようにして，BMD の形が描ければ，たわみ角，たわみを図式的に求めることができる．

2)　集中荷重が中央より右に作用する単純支持ばり

図 **2.5.7** に示すような場合について，面積モーメント法からたわみ曲線の式を求める方法を以下に示す．

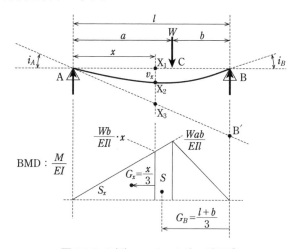

図 2.5.7　面積モーメント法の適用②

たわみ曲線に対する A 点での接線 AB′ を引く．次に任意の距離 x 点で垂線を引き，それぞれの交点を X_1, X_2, X_3 とすると，x 点のたわみ v_x は次式となる．

$$v_x = X_1 X_2 = X_1 X_3 - X_2 X_3 \tag{2.5.35}$$

ここで，三角形の相似より，

$$\mathrm{X_1X_3} = \frac{x}{l}\mathrm{BB'} \tag{2.5.36}$$

BB′ は面積モーメント法の定理Ⅱより[注)]

$$\mathrm{BB'} = S \cdot G_B = \frac{l}{2} \cdot \frac{Wab}{EIl} \cdot \frac{l+b}{3} \tag{2.5.37}$$

よって,

$$\mathrm{X_1X_3} = \frac{Wab(l+b)\cdot x}{6EIl} \tag{2.5.38}$$

また,$\mathrm{X_2X_3}$ も面積モーメント法の定理Ⅱより,

$$\mathrm{X_2X_3} = S_x G_x = \frac{x}{2}\cdot\frac{Wb}{EIl}\cdot x\cdot\frac{x}{3} = \frac{Wbx^3}{6EIl} \tag{2.5.39}$$

以上より,式 (2.5.38),(2.5.39) を式 (2.5.35) に代入し,

$$v_x = \frac{Wb\cdot\{a(l+b)x-x^3\}}{6EIl} \tag{2.5.40}$$

たわみ角 i_x は式 (2.5.40) を微分して

$$i_x = \frac{Wb\cdot\{a(l+b)-3x^2\}}{6EIl} \tag{2.5.41}$$

A 点のたわみ角は,$x=0$ だから,

$$i_A = \frac{Wb\cdot a(l+b)}{6EIl} \tag{2.5.42}$$

a を b に代えれば i_B となる.

$$i_B = -\frac{Wa\cdot b(l+a)}{6EIl} \tag{2.5.43}$$

C 点のたわみは,式 (2.5.40) で $x=a$ とすれば,

注) BMD の三角形の高さを仮に h と置けば,B 点の垂線からの横方向重心位置 G_B は

$$\frac{lh}{2}\times G_B = \frac{ah}{2}\times\left(b+\frac{a}{3}\right)+\frac{bh}{2}\times\frac{2b}{3} \text{ より}$$

$$G_B = \frac{1}{l}\left(ab+\frac{a^2}{3}+\frac{2b^2}{3}\right) = \frac{(a+b)(a+2b)}{3l} = \frac{l+b}{3}$$

$$v_C = \frac{Wa^2b^2}{3EIl} \tag{2.5.44}$$

最大たわみは，式 (2.5.41) より $i_x = 0$ の点であり，以下の場所で生じる．

$$x = \sqrt{\frac{a(l+b)}{3}} \tag{2.5.45}$$

■**例題 2.5.3**　単純支持ばりに等分布荷重 w が作用するときの最大たわみ角 i_{max} と最大たわみ v_{max} を，たわみの微分方程式を積分する方法と面積モーメント法で求めよ．

【解】

(1)　微分方程式を積分する方法

図 2.3.25 より $M = -\dfrac{w}{2} \cdot (x^2 - lx)$ を式 (2.5.9) に代入して，

$$\frac{d^2v}{dx^2} = \frac{w}{2EI} \cdot (x^2 - lx)$$

2 回積分して，

$$\frac{dv}{dx} = \frac{w}{2EI}\left(\frac{x^3}{3} - \frac{lx^2}{2} + C_1\right)$$

$$v = \frac{w}{2EI}\left(\frac{x^4}{12} - \frac{lx^3}{6} + C_1 x + C_2\right)$$

境界条件 $x = 0$ で $v = 0$ から $C_2 = 0$，および $x = l$ で $v = 0$ より $C_1 = \dfrac{l^3}{12}$，よって最大たわみ角は $x = 0$ で生じ，$i_{max} = \dfrac{wl^3}{24EI}$，

最大たわみは $x = \dfrac{l}{2}$ で生じ，$v_{max} = \dfrac{5wl^4}{384EI}$

(2)　面積モーメント法

図 **2.5.8** において（p.123 の脚注を参照）

$$i_{max} = S = \frac{2}{3} \cdot \frac{l}{2} \cdot \frac{wl^2}{8EI} = \frac{wl^3}{24EI}$$

$$v_{max} = S \times G = \frac{wl^3}{24EI} \cdot \frac{5l}{16} = \frac{5wl^4}{384EI}$$

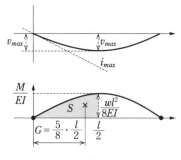

図 2.5.8　面積モーメント法

反力や固定モーメントの未知数が静的つり合い式の数より多い場合を不静定という．不静定ばりに対して，不足数だけ変形の条件式を立てることで未知力を求める方法について述べる．

2.6.1 集中荷重が作用する一端固定，他端回転移動支点の不静定ばり

図 2.6.1(a) のはりにおいて A 点の反力 R_A，B 点の反力 R_B，固定モーメント M_B が生じ，未知力は 3 つである．R_A，R_B は上向きに，M_B は下向きにおいた（曲げモーメントの定義によればマイナスのモーメントになる）．ただし，EI は一定とする．

まず，静的つり合い条件式を立てると，上下の力のつり合いより

$$R_A + R_B - W = 0 \tag{2.6.1}$$

B 点まわりのモーメントのつり合いより

$$M_B - W \cdot b + R_A \cdot l = 0 \tag{2.6.2}$$

未知数に対して方程式が 1 つ不足している．

変形の条件として A 点に着目すれば，たわみはゼロである．B 点に着目

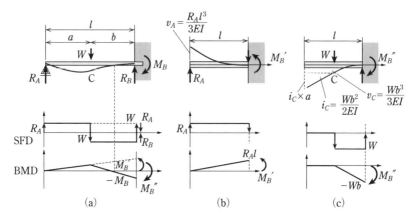

図 2.6.1　一端固定，他端回転支点の不静定ばり

すれば，たわみはゼロ，たわみ角はゼロの条件が存在する．ここでは A 点に着目して，次式を立てる．

$$v_A = 0 \tag{2.6.3}$$

つまり W による A 点のたわみと，R_A によるたわみの合計が 0 であると考えるわけである．そこで，ここでは 2 つの片持ちばり図 2.6.1(b)，(c) の合成を考える．

（b）においては，荷重点 A でのたわみは $v_A = -\dfrac{R_A l^3}{3EI}$ となる．

（c）においては，荷重点 C に W が作用するとき C 点のたわみ v_C とたわみ角 i_C は次式のように求められる．

$$v_C = \frac{Wb^3}{3EI}, \quad i_C = -\frac{Wb^2}{2EI} \tag{2.6.4}$$

そのときの A 点のたわみは，次式となる．

$$v_A = \frac{Wb^3}{3EI} + \left(-\frac{Wb^2}{2EI}\right)(-a) \tag{2.6.5}$$

A 点のたわみは 0 であるから，次式が成り立つ必要がある．

$$-\frac{R_A l^3}{3EI} + \frac{Wb^3}{3EI} + \left(\frac{Wb^2}{2EI}\right) \cdot a = 0 \tag{2.6.6}$$

式 (2.6.1)，(2.6.2)，(2.6.6) の 3 つの連立方程式を解けばよい．まず，式 (2.6.6) より

$$R_A = \frac{b^2}{2l^3} \cdot (2l+a)\,W \tag{2.6.7}$$

式 (2.6.1) に R_A を代入することで，R_B が求められる．

また，式 (2.6.2) に R_A を代入すれば M_B の大きさが求められる．

SFD，BMD は図 2.6.1(b) と (c) を合成することにより求められ，同図 (a) となる．

■**例題 2.6.1** 図 2.6.1 において $a=b=\dfrac{l}{2}$ のとき，R_A，R_B，M_B および，荷重点の曲げモーメント M_C を求めよ．

【解】

式 (2.6.7) より $R_A = \dfrac{5}{16}\,W$，

式 (2.6.1) より $R_B = \dfrac{11}{16}\,W$，

式 (2.6.2) より $M_B = \dfrac{3}{16}\,Wl$，$M_C = R_A\dfrac{l}{2} = \dfrac{5}{32}\,Wl$

以上より固定端の曲げモーメント M_B の絶対値が最大となる．

■**例題 2.6.2** 図 2.6.1 において，M_B の絶対値と M_C の絶対値が同じになる a の位置を求めよ．

【解】

式 (2.6.2) より $M_B = -R_A \cdot l + Wb$ および，$M_C = R_A \cdot a$ の式に式 (2.6.7) を代入して $M_B = M_C$ より a を求めると $a = (-1+\sqrt{2})\,l \fallingdotseq 0.41\,l$

2.6.2 中央集中荷重が作用する両端固定の不静定ばり

図 2.6.2(a) のはりにおいて A 点の反力 R_A，固定モーメント M_A，B 点の

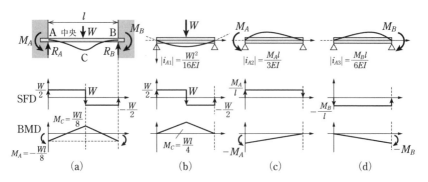

図 2.6.2　両端固定の不静定ばりの解法

反力 R_B，固定モーメント M_B が生じる．反力は上向きに，固定モーメントは変形を考えて下向きとする．

　上下の力のつり合いおよび，左右対称より

$$R_A = R_B = \frac{W}{2} \tag{2.6.8}$$

　A 点まわりのモーメントのつり合いより

$$M_A - \frac{Wl}{2} + R_B \cdot l - M_B = 0 \tag{2.6.9}$$

であるが，左右対称より $M_A = M_B$ であるから式 (2.6.8) と同じになる．固定モーメントが求められないので不静定である．

　変形の条件として，A 点または B 点のたわみ角の和がゼロである．ここでは単純支持ばりの組み合わせとして図 2.6.2 の (b)，(c)，(d) を考え，それぞれにおける A 点のたわみ角を考えると，

$$i_{A1} + i_{A2} + i_{A3} = 0 \tag{2.6.10}$$

ここで図 2.6.2 に示すように $i_{A1} = \dfrac{Wl^2}{16EI}$，$i_{A2} = -\dfrac{M_A l}{3EI}$，$i_{A3} = -\dfrac{M_B l}{6EI}$ が既知であるとして式 (2.6.10) に代入すると，

$$3Wl - 16M_A - 8M_B = 0 \tag{2.6.11}$$

となる．対称性より，

$$M_A = M_B = -\frac{Wl}{8} \tag{2.6.12}$$

よって，SFD と BMD は図 2.6.2(a) となる．また，中央の曲げモーメント M_C の絶対値も M_A，M_B と同じである．

2.6.3 不静定な連続ばり

図 2.6.3 に示すような連続ばりについて反力や曲げモーメントを具体的な数値を使って求めてみる．

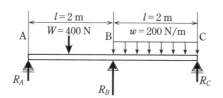

図 2.6.3 不静定連続ばりの解法

支点反力を R_A，R_B，R_C とする．さらに，B 点で曲げモーメントが作用していることに注意する（変形状態を考えれば，B 点で凸になっているので，負の曲げモーメントが発生している）．

上下方向の力のつり合いより，

$$R_A + R_B + R_C = W + wl \tag{2.6.13}$$

左半分を考えて，B 点まわりのモーメントのつり合いより

$$M_B + R_A \cdot l - \frac{Wl}{2} = 0 \tag{2.6.14}$$

右半分を考えて，B 点まわりのモーメントのつり合いより

$$M_B + R_C \cdot l - \frac{wl^2}{2} = 0 \tag{2.6.15}$$

未知数 4 つに対して，方程式 3 つであり，不静定である．

そこで，変形の条件として B 点での連続の条件を考える．

図 2.6.4 に示すように，B 点を境界として左右に分けて単純支持ばりとす

る．さらにそれぞれを外力ごとに2分割したものを左 (a) と左 (b)，右 (c)
と右 (d) として同図に示す．

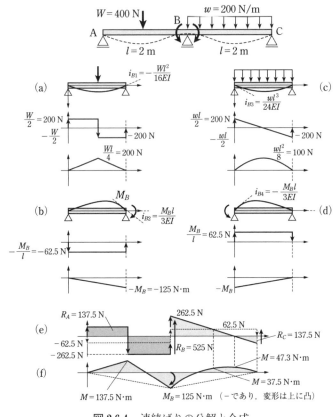

図 2.6.4　連続ばりの分解と合成

B 点で左右のたわみ角は同じでなければならないので，図 2.6.4(a) ～ (d)
中に示したたわみ角の式を使うと，

$$-\frac{Wl^2}{16EI}+\frac{M_Bl}{3EI}=\frac{wl^3}{24EI}-\frac{M_Bl}{3EI} \tag{2.6.16}$$

となる．これより B 点の曲げモーメント M_B は

$$M_B=\frac{1}{32}(2wl^2+3Wl)=125\,\text{N·m}\ (\text{BMD では}-) \tag{2.6.17}$$

よって，式 (2.6.13)，(2.6.14)，(2.6.15) より

$$R_A = \frac{W}{2} - \frac{M_B}{l} = 137.5 \text{ N} \tag{2.6.18}$$

$$R_C = \frac{wl}{2} - \frac{M_B}{l} = 137.5 \text{ N} \tag{2.6.19}$$

$$R_B = \frac{W}{2} + \frac{M_B}{l} + \frac{wl}{2} + \frac{M_B}{l} = 525 \text{ N} \tag{2.6.20}$$

となる．連続ばりの SFD，BMD は図 2.6.4(e)，(f) となる．

　本節のまとめとして，代表的なはりのたわみ角，たわみを**表 2.6.1**，**表 2.6.2** に示す．

表 2.6.1 （a）片持ちばり

荷重の種類	自由端のたわみ角	最大たわみ
	$i = \dfrac{Wl^2}{2EI}$	$v_{max} = \dfrac{Wl^3}{3EI}$
	$i = \dfrac{Wa^2}{2EI}$	$v_{max} = \dfrac{Wa^2}{6EI}(3l - a)$
	$i = \dfrac{wl^3}{6EI}$	$v_{max} = \dfrac{wl^4}{8EI}$
	$i = \dfrac{Ml}{EI}$	$v_{max} = \dfrac{Ml^2}{2EI}$

表 2.6.2　(b)　両端支持ばり

荷重の種類	支点のたわみ角	最大たわみ（その他）
	$i_A = i_B = \dfrac{Wl^2}{16EI}$	$v_{max} = \dfrac{Wl^3}{48EI}$
	$i_A = \dfrac{Wab(a+2b)}{6EIl}$ $i_B = \dfrac{Wab(2a+b)}{6EIl}$	$a>b$ のとき $x = \sqrt{\dfrac{a(l+b)}{3}}$ で $v_{max} = \dfrac{Wb(l^2-b^2)^{\frac{3}{2}}}{9\sqrt{3}\,EIl}$ $v_C = \dfrac{Wa^2b^2}{3EI}$
	$i_A = i_B = \dfrac{wl^3}{24EI}$	$v_{max} = \dfrac{5wl^4}{384EI}$
	$i_A = \dfrac{M_Bl}{6EI}$ $i_B = \dfrac{M_Bl}{3EI}$	$x = \dfrac{l}{\sqrt{3}}$ で $v_{max} = \dfrac{M_Bl^2}{9\sqrt{3}\,EI}$ 中央で $v = \dfrac{M_Bl^2}{16EI}$

2.7　柱の圧縮

　真直な部材が軸方向圧縮力を受けるときこの部材を柱とよぶ．柱の内部には，圧縮応力が発生するが，長い柱では弾性範囲の圧縮降伏応力まで耐えられずに，降伏点より低い応力で横方向に曲がってしまう現象が生じる．これを座屈という．本節では，はじめに短い柱に軸力が作用する場合の応力について述べる．次に長い柱に軸力が作用する場合について述べる．

2.7.1　軸力が作用する短い柱

(1)　偏心荷重を受ける短い柱

　短い柱に軸荷重が作用する場合，完全に中心に荷重が作用するとは考え難

い. そこで**図 2.7.1** に示すように, e だけ**偏心**して軸荷重 P が作用している
と考える. 柱に作用する応力は P による圧縮応力と, 曲げモーメント $M = P \cdot e$ による曲げ応力の和となる.

図 2.7.2 に, 偏心荷重による応力を示す. 図中の (a) は軸荷重 P による圧
縮応力分布, (b) は曲げモーメント M による曲げ応力分布を示す. 両者を
加算すれば, (c) の合応力分布となる. (c) において, 圧縮応力がゼロにな
るとき, いい換えれば曲げ変形の凸側で引張応力になるときが, コンクリー
ト構造物など脆性材料では危険である.

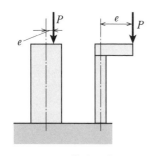

図 2.7.1 偏心荷重を受ける短柱

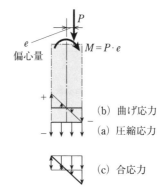

図 2.7.2 短いはりの底辺の応力分布

軸荷重 P による圧縮応力 σ_c は, 断面積を A とすると

$$\sigma_c = -\frac{P}{A} \tag{2.7.1}$$

曲げモーメント $P \cdot e$ による最外表面の曲げ応力 σ_b は,

$$\sigma_b = \pm \frac{M}{I} y_{max} = \pm \frac{P \cdot e}{Z} \tag{2.7.2}$$

ただし, I：断面二次モーメント, Z：断面係数, y_{max}：中立軸から最外表面
までの距離である. 曲げの凸側で引張応力となる.

σ_c と σ_b の和が負となるときを求める. 全面で圧縮応力となる範囲の e の
値は

$$\sigma_c + \sigma_b \leqq 0 \tag{2.7.3}$$

の条件より，長方形断面で幅 $b >$ 高さ h のとき次式となる．

$$e \leqq \frac{P}{bh} \cdot \frac{bh^2}{6P} = \frac{h}{6} \tag{2.7.4}$$

同様に，$e \leqq \dfrac{b}{6}$ も求められる．この範囲に荷重点があれば，断面全体が圧縮応力になる．この偏心荷重の範囲を**断面の核**とよぶ．長方形断面，円形断面では**図 2.7.3** のような範囲となる．

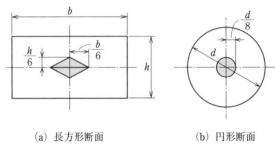

(a) 長方形断面   (b) 円形断面

図 2.7.3 各断面の核寸法

■**例題 2.7.1** 図 2.7.3(b) の円形断面の場合について，断面の核の範囲を求める過程を示せ．

【解】

圧縮応力 $\sigma_c = -\dfrac{P}{A} = -\dfrac{P}{\pi d^2/4}$

最外表面の曲げ応力 $\sigma_b = \dfrac{M}{Z} = \dfrac{P \cdot e}{Z} = \dfrac{P \cdot e}{\pi d^3/32}$

$\sigma_c + \sigma_b \leqq 0$ より $-\dfrac{4P}{\pi d^2} + \dfrac{32P \cdot e}{\pi d^3} \leqq 0$

$\quad -4 + \dfrac{32e}{d} \leqq 0 \quad \therefore e \leqq \dfrac{d}{8}$ である

(2) 傾斜した荷重を受ける短い柱

長さ l の短い柱の先端に傾斜荷重 Q が作用する場合，傾斜荷重 Q を軸方

向の力 P と軸直角方向の力 W に分解し，柱に軸力 P が作用し，片持ちばりの先端に集中荷重 W が作用したと考えればよい.

圧縮荷重 P による圧縮応力 σ_c は，底面の面積を A として，

$$\sigma_c = -\frac{P}{A} \qquad (2.7.5)$$

曲げモーメント $M = Wl$ による最大曲げ応力 σ_b は，中立軸から外表面までの距離 y_{max} として

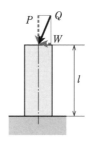

図 2.7.4 傾斜した荷重を受ける短柱

$$\sigma_b = \pm \frac{M}{I} y_{max} = \pm \frac{Wl}{Z} \qquad (2.7.6)$$

曲げの外側で引張応力であり，内側では圧縮応力となる．端部での応力は式 (2.7.5) と式 (2.7.6) の和を求めればよい.

2.7.2 軸力が作用する長い柱（座屈）

長い柱の中心に軸荷重が作用する場合，軸圧縮荷重の増加によってあるとき突然に曲げ変形が発生する．この現象を**座屈**とよぶ．このときの荷重を**座屈荷重**，および応力を**座屈応力**とよぶ.

（1） 両端回転支点のオイラーの理論

図 2.7.5 のように両端を回転支点で支えられた柱に軸荷重 P が作用し，変形した場合の座屈荷重はオイラーによって示されている．曲げ剛性 EI は長さ方向に一定と仮定する．底面から上方向に x 軸をとり，たわみ $v(x)$ を横方向にとる．軸力 P は圧縮方向に設定している．曲げ変形のたわみの微分方程式は

$$\frac{d^2v}{dx^2} = -\frac{M}{EI} \qquad (2.7.7)$$

図 2.7.5 両端回転支点の座屈

ここで x 点の曲げモーメントは次式である.

$$M = P \cdot v \tag{2.7.8}$$

これを式 (2.7.7) に代入すると

$$\frac{d^2v}{dx^2} + \frac{P \cdot v}{EI} = 0 \tag{2.7.9}$$

ここで $\alpha^2 = \dfrac{P}{EI}$ とおくと,

$$\frac{d^2v}{dx^2} + \alpha^2 v = 0 \tag{2.7.10}$$

の微分方程式を得る. この一般解は次式となる.

$$v = C_1 \sin \alpha x + C_2 \cos \alpha x \tag{2.7.11}$$

C_1, C_2 は積分定数である. 境界条件より, $x = 0$ で $v = 0$ から,

$$C_2 = 0 \tag{2.7.12}$$

$x = l$ で $v = 0$ を代入すれば,

$$C_1 \sin \alpha l = 0 \tag{2.7.13}$$

$C_1 \neq 0$ より, $\alpha l = m\pi\,(m = 1,\ 2,\ \cdots)$

$\alpha^2 = \dfrac{P}{EI}$ を代入して整理すると

$$P = \frac{m^2\pi^2 EI}{l^2} = \frac{n \cdot \pi^2 EI}{l^2} \tag{2.7.14}$$

ここで $m^2 = n$ であり, n を**端末条件係数**とよぶ. 両端回転支点の場合, $m = 1\,(n = 1)$ となり, このときの P を最小の座屈荷重 P_{cr} とする. そのときのたわみ曲線の式は $\alpha = \dfrac{\pi}{l}$ を式 (2.7.13) に代入して

$$v = C_1 \sin \frac{\pi}{l} x \tag{2.7.15}$$

となり, $x = \dfrac{l}{2}$ の位置での v が C_1 となる.

また, 座屈荷重 P_{cr} を断面積 A で除した値を座屈応力 σ_{cr} という.

$$\sigma_{cr} = \frac{P_{cr}}{A} = \frac{n\pi^2 EI}{l^2 \cdot A} \tag{2.7.16}$$

$$= \frac{n\pi^2 \cdot E \cdot k^2}{l^2}$$

$$= \frac{n\pi^2 \cdot E}{\lambda^2} \tag{2.7.17}$$

ここで，$k = \sqrt{\dfrac{I}{A}}$ であり，**断面二次半径**とよぶ．さらに，$\lambda = \dfrac{l}{k}$ であり，これを**細長比**とよんでいる．端末条件係数 n は端末条件によって異なる．

細長比 λ が大きくなれば λ の二乗で座屈応力は低下し，座屈しやすくなることがわかる．

次に，柱の断面形状ごとの座屈について考える．

1) 長方形断面

断面形状が長方形で $b \times h$ とすれば，断面二次モーメントが小さくなる方向，（幅 $b >$ 高さ h のとき $I = \dfrac{bh^3}{12}$ が小さくなる方向）に座屈が発生する．つまり，薄い方向が断面二次半径 k が小さく，細長比 λ が大きくなる．よって薄い方に曲がる．

$$\text{断面二次半径}\ k = \sqrt{\frac{I}{A}} = \sqrt{\frac{\dfrac{bh^3}{12}}{bh}} = \sqrt{\frac{h^2}{12}} = 0.289h \tag{2.7.18}$$

$$\text{細長比}\ \lambda = \frac{l}{k} = \frac{3.46l}{h}$$

$$\text{座屈応力}\ \sigma_{cr} = \pi^2 \cdot \frac{E}{\lambda^2} = \frac{0.822E}{(l/h)^2} \tag{2.7.19}$$

となり，薄いほど座屈応力は低くなる．

2) 円形断面

どの方向に座屈が生じてもよい．

$$\text{断面二次半径}\ k = \sqrt{\frac{I}{A}} = \sqrt{\frac{\dfrac{\pi d^4}{64}}{\dfrac{\pi d^2}{4}}} = \frac{d}{4} = 0.25\,d \tag{2.7.20}$$

$$\text{細長比}\ \lambda = \frac{4l}{d} \tag{2.7.21}$$

$$座屈応力 \; \sigma_{cr} = \frac{0.616E}{(l/d)^2} \tag{2.7.22}$$

となり，直径が小さいほど座屈しやすくなる．

（2）　各種端末条件における座屈

端末の支持条件によって**図 2.7.6** に示すように，端末条件係数 n が異なる．それぞれの端末条件においては，実際の柱の長さ l の代わりに次式で示す**座屈長さ** l_{cr} を用いればよい．

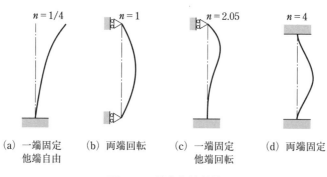

$n = 1/4$ 　 $n = 1$ 　 $n = 2.05$ 　 $n = 4$

（a）一端固定　　（b）両端回転　　（c）一端固定　　（d）両端固定
　　他端自由　　　　　　　　　　　　　他端回転

図 2.7.6　端末条件係数

$$l_{cr} = \frac{l}{\sqrt{n}} \tag{2.7.23}$$

さらに次式で示す相当細長比 λ' を定義し，端末条件を考慮した細長比として用いる．

$$\lambda' = \frac{l_{cr}}{k} \tag{2.7.24}$$

（3）　座屈の実験式

以上の理論は，弾性範囲の仮定であり，オイラーの理論は**図 2.7.7** に示すように細長比（相当細長比）が約 100 を超えた範囲で適用できる．細長比が小さくなり，0 に近づくとオイラーの座屈応力はほぼ無限大になり矛盾する．

細長比が小さい範囲，つまり短い柱で座屈荷重を決定する方法が提案されている．その一例がジョンソンの式である．これらは実験式であるが，図

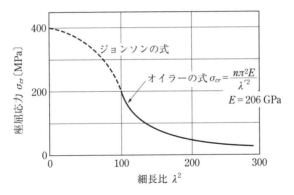

図 2.7.7 オイラーの座屈応力（$n = 1$）

2.7.7 にあるように圧縮降伏応力 σ_c の半分の値のとき（図では $400/2 = 200$ MPa），オイラーの式に接するように放物線を提案した．

$$\sigma_{cr} = \sigma_c - \frac{\sigma_c{}^2}{4\pi^2 E}\lambda'^2 \qquad (2.7.25)$$

　このほかにも，細長比の小さな範囲の座屈応力に関してランキンの式やテトマイヤーの式などがある．

■ 例題 2.7.2　SS 400（ヤング率 $E = 206$ GPa）製で長さ $l = 300$ mm の角棒（4×6 mm）に軸荷重をかける．両端回転端として，次の（1）〜（4）の手順で座屈荷重 P_{cr} を求めよ．

（1）　座屈の生じる方向の断面二次モーメント I を求めよ．

（2）　断面二次半径 k を求めよ．

（3）　細長比 λ を求め，オイラー式の適用を論じよ．

（4）　オイラーの座屈荷重 P_{cr} を求めよ．

【解】

（1）　薄い方向の $I = \dfrac{bh^3}{12} = \dfrac{6 \times 4^3}{12} = 32$ mm^4

（2）　$k = \sqrt{\dfrac{I}{A}} = 1.15$ mm

(3)　$\lambda = \dfrac{l}{k} = \dfrac{300}{1.15} = 260$　図 2.7.7 より適用範囲内と判断できる.

(4)　$P_{cr} = \sigma_{cr} A = \dfrac{\pi^2 \cdot E \cdot A}{\lambda^2} = \dfrac{3.14^2 \times 206\,000 \times 4 \times 6}{260^2} \fallingdotseq 721\ \mathrm{N}$

ただし，端末条件係数 n は両端回転端なので，図 2.7.6 より 1 である.

2.8　円筒と球の応力とひずみ

　缶ジュースやペットボトル飲料，大型のものではガスボンベなどに円筒が使われ，LNG の運搬船や地上のガス貯蔵タンクなどに球体が使われている.それらに内圧や外圧が作用するときの応力について述べる.

2.8.1　薄肉円筒

　図 2.8.1(a) に示すような，両端を閉じられた薄肉円筒（厚さ t，円筒の長さ l，半径 r）に内圧 p が作用するとき，円筒外表面には円周方向応力 σ_θ と軸方向応力 σ_z が発生している．なお，σ_θ を**フープ応力**とよぶ．このとき板厚方向には，薄肉であるから応力はゼロとみなす．このときの σ_θ と σ_z を求める.

　まず，円周方向の力のつり合いを同図(b)で考える.

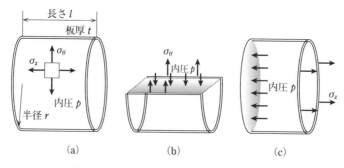

(a)　　　　　　　(b)　　　　　　　(c)

図 2.8.1　内圧が作用する薄肉円筒の応力

円周方向では，薄肉胴壁に，$\sigma_\theta \times t \times l \times 2$ の力が上向きに作用しているとする．これに対して，投影面積 $l \times 2r$ の面に内圧 p による力が逆向きに作用しているから，力のつり合いより，次式が成り立つ．

$$2 \cdot \sigma_\theta \cdot t \cdot l = p \cdot l \cdot 2r \tag{2.8.1}$$

よって，

$$\sigma_\theta = \frac{pr}{t} \tag{2.8.2}$$

次に，軸方向の力のつり合いを同図(c)で考える．σ_z 軸方向は閉じられているから，薄肉胴壁には $\sigma_z \times 2\pi r \times t$ の力が作用している．これに対して内圧 p が蓋の面積 πr^2 に逆向きに作用しているから，力のつり合いより，次式が成り立つ．

$$\sigma_z \cdot 2\pi r \cdot t = p \cdot \pi r^2 \tag{2.8.3}$$

よって，

$$\sigma_z = \frac{pr}{2t} \tag{2.8.4}$$

したがって，円周方向応力 σ_θ が，軸方向応力 σ_z の 2 倍であり，円周方向応力を考慮して円筒の強度を考えればよいことになる．

パイプラインのように長い場合は，両端開放と考えて，軸方向応力 σ_z を考えなくてよい．

■**例題 2.8.1**　ジュース缶の場合，缶胴には，アルミニウム合金 A 3000 系（Al-Mn）が用いられ，強いしごき加工を受けている．缶の平均直径 66 mm，板厚 $t = 0.1$ mm，許容引張応力 $\sigma_\theta = 200$ MPa とすれば，許容されうる最大の内圧 p はいくらになるか．

【解】

式(2.8.2)より，

$$p = \frac{\sigma_\theta t}{r} = \frac{200 \times 0.1}{33} = 0.6 \, \text{MPa}$$

であり，約 6 気圧である．

2.8.2　薄肉球

図 2.8.2 に示すように，内圧 p が薄肉球に作用するとき，球体外表面には，表面に沿ったあらゆる方向に等しいフープ応力 σ_θ が作用している．このとき板厚方向応力 σ_r はゼロとみなす．

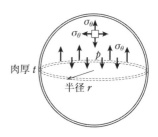

図 2.8.2　内圧が作用する薄肉球の応力

力のつり合いを考える．半球断面の面積にはフープ応力 σ_θ が発生しており，ここに働いている力は，$\sigma_\theta \cdot t \cdot 2\pi r$ である．

一方，球体の投影面積に作用する圧力 p による力は，$p \cdot \pi r^2$ である．

フープ応力による力と内圧による力がつり合っているから

$$\sigma_\theta \cdot 2\pi r \cdot t = p \cdot \pi r^2 \tag{2.8.5}$$

$$\sigma_\theta = \frac{pr}{2t} \tag{2.8.6}$$

となり，円筒の円周方向応力の半分になる．すなわち，球体の方が同じ板厚なら応力が半分になるので，より高い圧力に耐えられることになる．

■**例題 2.8.2**　平均直径 2 m で，肉厚 $t = 50$ mm の球体を薄肉球と仮定して，許容内圧 p を求めよ．ただし，引張許容応力を $\sigma_\theta = 500$ MPa とする．

【解】

式 (2.8.6) より

$$p = \frac{\sigma_\theta \cdot 2t}{r} = \frac{500 \times 2 \times 50}{1\,000} = 50 \text{ MPa}$$

約 500 気圧である．

2.8.3　厚肉円筒

両端開放の厚肉円筒を考える．ここでは円周方向応力 σ_θ のみを考えることとする．軸方向に応力が発生する場合は組合せ応力状態となる．図 2.8.3(a)

に示すように，外圧 p_1，内圧 p_2 が作用するとき，半径 r_x の位置での円周方向応力 σ_θ は，外径 r_1，内径 r_2 として，以下の式となる.

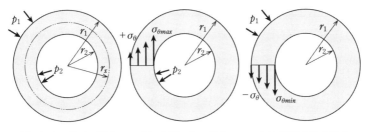

(a) 内圧，外圧の場合　　(b) 内圧のみの場合　　(c) 外圧のみの場合

図2.8.3 内圧，外圧が作用する厚肉円筒の応力

$$\sigma_\theta = \frac{p_2 r_2{}^2 - p_1 r_1{}^2}{r_1{}^2 - r_2{}^2} + \frac{(p_2 - p_1) r_1{}^2 r_2{}^2}{r_x{}^2 (r_1{}^2 - r_2{}^2)} \tag{2.8.7}$$

(1) 内圧のみを受ける場合 ($p_1 = 0$)

図2.8.3(b) に示すように，内面に生じる円周方向引張応力が最大であるから，式(2.8.7)に $p_1 = 0$，$r_x = r_2$ を代入すれば

$$\sigma_{\theta\,max} = \frac{p_2 \cdot (r_1{}^2 + r_2{}^2)}{r_1{}^2 - r_2{}^2} \tag{2.8.8}$$

(2) 外圧のみを受ける場合 ($p_2 = 0$)

図2.8.3(c) に示すように内面に生じる円周方向圧縮応力の絶対値が最大であるから，式(2.8.7)に $p_2 = 0$，$r_x = r_2$ を代入すれば

$$\sigma_{\theta\,min} = -\frac{2 p_1 r_1{}^2}{r_1{}^2 - r_2{}^2} \tag{2.8.9}$$

2.8.4 厚肉球

厚肉球に外圧 p_1 と内圧 p_2 とが作用するとき，半径 r_x の位置での円周方向応力 σ_θ の値は外半径を r_1，内半径を r_2 として，以下の式で求められる.

$$\sigma_\theta = \frac{p_2 r_2{}^3 - p_1 r_1{}^3}{r_1{}^3 - r_2{}^3} + \frac{(p_2 - p_1) r_1{}^3 r_2{}^3}{2 r_x{}^3 (r_1{}^3 - r_2{}^3)} \tag{2.8.10}$$

(1) 内圧のみを受ける場合（$p_1 = 0$）

内面に生じる円周方向引張応力が最大であるから，式 (2.8.10) に $p_1 = 0$，$r_x = r_2$ を代入すれば

$$\sigma_{\theta\,max} = \frac{p_2 \cdot (r_1^3 + 2r_2^3)}{2(r_1^3 - r_2^3)} \tag{2.8.11}$$

(2) 外圧のみを受ける場合（$p_2 = 0$）

内面に生じる円周方向圧縮応力の絶対値が最大であるから，式 (2.8.10) に $p_2 = 0$，$r_x = r_2$ を代入すれば

$$\sigma_{\theta\,min} = -\frac{3p_1 r_1^3}{2(r_1^3 - r_2^3)} \tag{2.8.12}$$

■**例題 2.8.3**　深海調査艇「しんかい 6500」は，内径 2 m の球体で，厚さ t = 73.5 mm のチタン製である．内圧をほぼ 0 MPa と考えて外圧の設計圧力を $p_1 = 68$ MPa（≒ 680 気圧 ≒ 6 800 m 深海）とすれば，円周方向応力 σ_θ の値はいくらになるか．

【解】

厚肉球と考え，式 (2.8.12) より

$$\sigma_\theta = -\frac{3p_1 r_1^3}{2(r_1^3 - r_2^3)} = -\frac{3 \times 68 \times 1.0735^3}{2 \times (1.0735^3 - 1^3)} = -532 \text{ MPa}$$

参考：チタン合金の降伏点は 800 MPa 以上で，引張強さは 1 000 MPa 程度である．

2.9 モールの応力円

材料内部の任意の仮想断面に発生している垂直応力とせん断応力を求めるとき，図式的に応力状態を表すモールの応力円を使う．本節では，モールの応力円のしくみと利用法について述べる．

2.9.1 単軸引張のモールの応力円

断面積 A の棒の軸方向に引張力 F が作用しているとき，つまり単軸引張における材料内部の応力状態を考える．図 2.9.1 に示すように，引張方向を x 軸とすると材料内部の垂直断面 m-m（面積 A）には垂直応力 σ_x が発生する．

$$\sigma_x = \frac{F}{A} \tag{2.9.1}$$

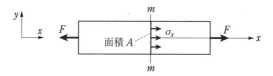

図 2.9.1　単軸引張の応力

次に，図 2.9.2 のように，引張方向から，法線が θ だけ傾いた面 m'-m'（面積は A'）に着目する．この面にも内力 F が作用している．その F を，傾いた面に垂直に作用する垂直力 N と，平行に作用するせん断力 S に分解する．

$$N = F\cos\theta, \; S = F\sin\theta \tag{2.9.2}$$

$$A' = \frac{A}{\cos\theta} \tag{2.9.3}$$

応力で表現すれば，傾いた面には，垂直応力 σ_θ とせん断応力 τ_θ が発生して

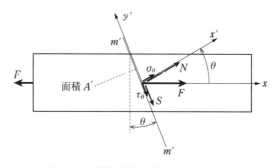

図 2.9.2　単軸引張の傾いた面上の応力

いる.

$$\sigma_\theta = \frac{N}{A'} = \frac{F}{A} \cdot \cos^2\theta = \sigma_x \cos^2\theta \tag{2.9.4}$$

$$\tau_\theta = -\frac{S}{A'} = -\frac{F}{A} \cdot \sin\theta\cos\theta = -\sigma_x \sin\theta\cos\theta \tag{2.9.5}$$

　任意の傾いた面上の垂直応力とせん断応力を σ_x と θ で表せた. ここで, τ_θ に－をつけている理由は, 図 2.9.2 で, 面の法線が x' 軸方向を向くとき, せん断応力が y' 軸の＋方向に向くときを＋のせん断応力と定義するためである. つまり, ここでは y 軸を上向きにおいているのである.

　倍角の公式で式 (2.9.4), (2.9.5) を変形すると

$$\sigma_\theta = \frac{\sigma_x}{2}(1 + \cos 2\theta) \tag{2.9.6}$$

$$\tau_\theta = -\frac{\sigma_x}{2} \cdot \sin 2\theta \tag{2.9.7}$$

さらに式 (2.9.6) を, 移項して変形すれば

$$\sigma_\theta - \frac{\sigma_x}{2} = \frac{\sigma_x}{2}\cos 2\theta \tag{2.9.8}$$

　式 (2.9.7), (2.9.8) の両辺を二乗して加えれば

$$\left(\sigma_\theta - \frac{\sigma_x}{2}\right)^2 + (\tau_\theta)^2 = \left(\frac{\sigma_x}{2}\right)^2 \tag{2.9.9}$$

　この式は, **図 2.9.3** に示すような, 横軸に σ, 縦軸に τ をとった座標で, 中心が $\left(\dfrac{\sigma_x}{2},\ 0\right)$ で, 半径 $\dfrac{\sigma_x}{2}$ であるような円の式であり, $(\sigma_x,\ 0)$ の点から左まわりに 2θ 回転した円上の 1 点の座標 $(\sigma_\theta,\ -\tau_\theta)$ を表している. τ の座標軸を下向きにとれば図 2.9.2 の θ の回転の向きと一致するので理解しやすい. これを**モールの応力円**という.

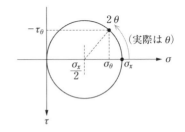

図 2.9.3　単軸引張での傾いた面上の応力状態を表すモールの応力円

ここで，θ の角度はモールの応力円上では 2θ となっている．たとえば $\theta =$ $+30°$ 傾いた面上の σ と τ は，モールの応力円上で $60°$ 左まわりに回転した座標を読み取ればよい．以下では σ_θ を単に σ，τ_θ を単に τ と記す．

単軸引張のモールの応力円は**図 2.9.4** となり，$(\sigma_x,\ 0)$ と $(0,\ 0)$ の 2 点を通る円を描けばよい．垂直応力 σ は $\theta = 0$ で，最大値となり σ_x となる．この断面から $\theta = 90°$（$2\theta = 180°$）の面上で最小の $\sigma = 0$ となり y 方向には応力がない．このときせん断応力 τ はともに 0 である．このような，せん

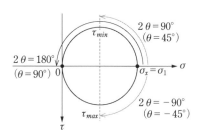

図 2.9.4 単純引張の主応力と最大せん断応力

断応力が 0 の面を**主面**といい，主面の垂直応力を**主応力**という．最大主応力を σ_1 と記す．主応力の面は互いに直交している．

一方，せん断応力は図 2.9.4 より最大主応力面 $(\sigma_x,\ 0)$ から $\theta = -45°$ で最大，$\theta = 45°$ で最小となり，それぞれ $|\tau| = \dfrac{\sigma_x}{2}$ となる．このような面を**主せん断面**という．そのときの τ を最大せん断応力 τ_{max}，最小せん断応力 τ_{min} とよぶ．

脆性的な材料の引張破断の例として鋳鉄の破断形態を**図 2.9.5** に示す．引張方向に対して直角に破断している．モールの応力円では，最大主応力による破断である．

一方，延性的な材料は，図 2.9.4 で述べた最大・最小のせん断応力によってすべり変形（塑性変形）が起き，伸びるので加工硬化してモールの応力円

図 2.9.5 鋳鉄（FC 200）の引張破断

が大きくなっていく．その後くびれを生じて破断にいたる．この最終破断形態を図 2.9.6 に示す．モールの応力円では引張方向に対して，主せん断面である ±45° の斜面で破断していることがわかる．これをカップ＆コーン破断といい延性材料（塑性変形する材料）の特徴である．このような引張変形が岩盤で起こると，正断層とよばれる．

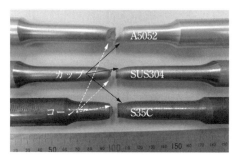 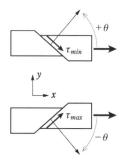

（a）延性材料の引張破断（カップ＆コーン）　（b）引張でのせん断応力によるすべり（正断層モデル）

図 2.9.6　延性材料の引張破断

■**例題 2.9.1**　直径 $d = 14.0$ mm の鋳鉄 FC200 の丸棒を引張試験したところ，$F = 31$ kN で破断した．このときのモールの応力円を描け．

【解】

断面積 $A = \dfrac{\pi d^2}{4} = \dfrac{14 \times 14 \times 3.14}{4} = 154$ mm^2

垂直応力 $\sigma_1 = \dfrac{F}{A} = \dfrac{31\,000}{154} = 201$ MPa

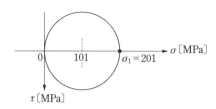

図 2.9.7　例題 2.9.1 のモールの応力円

2.9.2 圧縮応力のモールの応力円

　圧縮応力が作用するときのモールの応力円は**図2.9.8**(a)となる．圧縮応力($-\sigma$, 0)の点と，(0, 0)の2点を通る円を描けばよい．圧縮応力のモールの応力円では，引張応力が発生しないので，引張破断は生じない．しかし，圧縮応力$-\sigma$の作用面から$\pm 45°$傾いた面（モールの応力円上では$2\theta = \pm 90°$）に最大，最小のせん断応力が発生していることがわかる．圧縮応力では原子や分子の分離による破断が起きないが，図2.9.8(b)のようにせん断応力によってすべり変形が生じることになる．このような圧縮変形が岩盤で起こると，逆断層とよばれる．

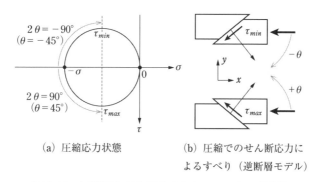

(a) 圧縮応力状態　　　　　(b) 圧縮でのせん断応力によるすべり（逆断層モデル）

図2.9.8　圧縮応力が作用するときのモールの応力円

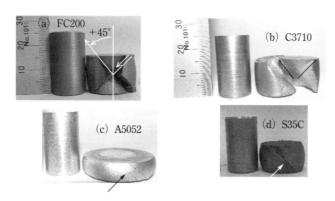

図2.9.9　圧縮応力による各種金属材料の45°破断

　鋳鉄の円柱を圧縮すれば，塑性変形によって膨らんだ後，加工硬化して，変形が限界に達すると**図 2.9.9**(a) のような破断を示す．圧縮方向に対して，±45°傾いた円錐面に発生するせん断応力によってすべり破断している．同図(b)〜(d)に示すように，他の延性材料にも 45°のせん断破壊やき裂が見られる(矢印)．

■**例題 2.9.2**　FC200 の直径 $d_1 = 15$ mm の円柱を圧縮試験したところ，直径 $d_2 = 18$ mm になったとき，$F = 220$ kN で破壊した．このときのモールの応力円を真破断応力で描け．

【解】

破断時の断面積 $A = \dfrac{\pi d_2{}^2}{4} = \dfrac{18 \times 18 \times 3.14}{4} = 254$ mm²

真破断応力 $\sigma_c = -\dfrac{F}{A} = -\dfrac{220\,000}{254} = -866$ MPa

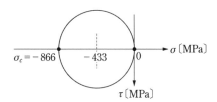

図 2.9.10　例題 2.9.2 のモールの応力円

2.9.3 ねじりモーメントが作用するときのモールの応力円

　円筒や丸棒のねじりモーメントによる最外表面での応力状態を**図 2.9.11** に示す．図中の ABCD は微小な正方形と考える（原子 4 個の正方形など）．DA，BC の面上には見かけ上，＋τ のせん断応力のみが作用している．しかし，正方形 ABCD が回転しないように，－のせん断応力も生じているはずである．このようにせん断応力は＋τ と－τ がペアとなって作用している（**共役せん断応力**という）．

　この変形を詳細に観察すると，表面に描かれた正方形は±τによって，ひし形になろうとして，対角線が伸びる方向と，縮む方向があることがわかる．

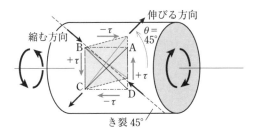

図2.9.11　ねじりモーメントによる単純せん断応力と微小変形

　この応力状態のモールの応力円は，**図2.9.12**に示すように（0，＋τ）と（0，－τ）の2点を通る座標原点を中心とした円を描けばよい．

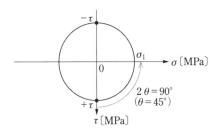

図2.9.12　せん断応力のモールの応力円

　＋τの作用している面から左まわりで$\theta = 45°$の面には，引張の主応力σ_1が発生している．このσ_1によって脆性的な材料であるFC 200では分離破断するので，**図2.9.13**(a)に示すように，45°傾いたσ_1方向と直角に亀裂が生じる．

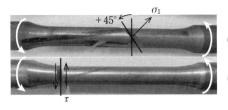

図2.9.13　ねじりによる破断

　一方，延性材料の C 3710 では，せん断応力 ＋ τ によってすべり変形が生じ，塑性変形していく．加工硬化して最終的にはせん断破壊するので，図 2.9.13(b) に示すように軸線に直交して破断する．

■**例題 2.9.3**　直径 $d = 14$ mm の FC200 の丸棒のねじり試験を行ったところ，ねじりモーメント（トルク）$T = 250$ N·m のときに破断した．このときのモールの応力円を描け．

【解】

　ねじり応力 $\tau = \dfrac{T}{Z_p}$ である．極断面係数 $Z_p = \dfrac{\pi d^3}{16}$

$$\tau = \frac{250\,000}{\dfrac{3.14 \times 14^3}{16}} = 464 \text{ MPa}$$

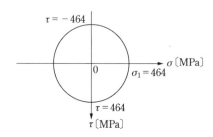

図 2.9.14　例題 2.9.3 のモールの応力円

2.9.4　ねじりモーメントと曲げモーメントが作用するときのモールの応力円

　丸棒にねじりモーメントが作用するときせん断応力は ± τ が発生する．さらに曲げモーメントが作用すれば，曲げ曲率半径の中立面から外側では引張応力 σ が作用している．したがって，この凸表面に x–y 軸を設定すれば，図 2.9.15 のような応力が x 面，y 面に発生していることになる．つまり x 面に σ_x と τ_{xy} が発生している．y 面に τ_{yx} のみが発生している．

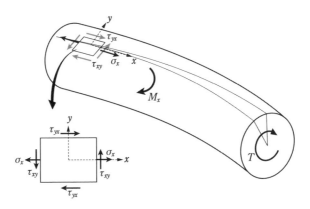

図 2.9.15 ねじりモーメントと曲げモーメントが作用する凸表面の応力状態

このような xy 平面上では，面に垂直な応力（いい換えれば，圧力）が作用していない．このような応力状態を**平面応力**とよぶ．この応力状態をモールの応力円上の点で示せば，**図 2.9.16** の A 点（σ_x, $+\tau_{xy}$）と B 点（0, $\tau_{yx} = -\tau_{xy}$）になる．つまりこの A, B, 2点を結ぶ直径を有する円を描けばモールの応力円となる．

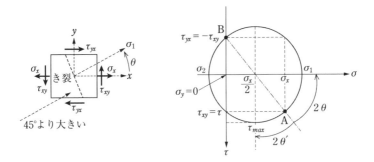

図 2.9.16 ねじりモーメントと曲げモーメントが作用する凸表面のモールの応力円

このモールの応力円から，σ_x の作用する面（A 点）から左まわりに 2θ だけ傾いた方向に**第 1 主応力** σ_1 が存在することがわかる（実際には θ）．この応力によって脆性材料では破断の危険がある．σ_1 の大きさはモールの応力円から中心＋半径で求めればよいことがわかる．

$$\sigma_1 = \frac{\sigma_x}{2} + \sqrt{\left(\frac{\sigma_x}{2}\right)^2 + \tau_{xy}{}^2} \tag{2.9.10}$$

$$2\theta = \tan^{-1} \frac{\tau_{xy}}{\dfrac{\sigma_x}{2}} \tag{2.9.11}$$

　一方，延性材料では，最大せん断応力 τ_{max} で塑性変形が生じる．その τ_{max} は円の半径で表され，

$$\tau_{max} = \sqrt{\left(\frac{\sigma_x}{2}\right)^2 + \tau_{xy}{}^2} \tag{2.9.12}$$

$$2\theta' = \tan^{-1} \frac{\dfrac{\sigma_x}{2}}{\tau_{xy}} = \frac{\pi}{2} - 2\theta \tag{2.9.13}$$

である．

　脆性材料では，第 1 主応力による破断となるから，曲げモーメントとねじりモーメントが作用する場合は，破断面は図 2.9.16 のように 45° より大きい角度になることがわかる．なお，この現象は，脆性材料としてチョークやスパゲティを用いて実験すれば再現できる．

■**例題 2.9.4**　ねじりモーメントと曲げモーメントが作用するときの，凹側のモールの応力円を描け．

【**解**】

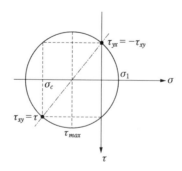

図 2.9.17　例題 2.9.4 のモールの応力円

2.9.5 相当曲げモーメントと相当ねじりモーメント

曲げモーメントとねじりモーメントが作用する場合，前項で示したように最大主応力 σ_1 で設計するか，最大せん断応力 τ_{max} で設計するかは材料の性質を考慮して決めなければならない．脆性材料では σ_1 による破壊が重要であり，延性材料では τ_{max} による塑性変形開始が重要である．ここでは，円形断面の場合を例に取り上げ，両者の場合を検討する．

まず，曲げモーメント M による凸部の最大引張応力（曲げ応力）σ_x は，

$$\sigma_x = \frac{M}{Z} = \frac{2M}{Z_p} \tag{2.9.14}$$

ただし，断面係数 $Z = \dfrac{\pi d^3}{32} = \dfrac{Z_p}{2}$ である．Z_p は極断面係数である．

ねじりモーメントによる最大せん断応力（ねじり応力）τ_{xy} は，

$$\tau_{xy} = \frac{T}{Z_p} = \frac{T}{2Z} \tag{2.9.15}$$

(1) 第1主応力 σ_1 を断面係数 Z で表すことを考える．（曲げ応力による設計）

式 (2.9.10) の σ_x，τ_{xy} に，式 (2.9.14)，(2.9.15) を代入する．

$$
\begin{aligned}
\sigma_1 &= \frac{M}{2Z} + \sqrt{\left(\frac{M}{2Z}\right)^2 + \left(\frac{T}{2Z}\right)^2} \\
&= \frac{1}{Z} \cdot \frac{1}{2}\left(M + \sqrt{M^2 + T^2}\right) \\
&= \frac{M_e}{Z} \tag{2.9.16}
\end{aligned}
$$

ここで，$M_e = \dfrac{1}{2}\left(M + \sqrt{M^2 + T^2}\right)$

M_e を**相当曲げモーメント**とよぶ．一般的には，脆性材料においては相当曲げモーメント M_e が曲げモーメントとして作用するとして設計を行う．

(2) 最大せん断応力 τ_{max} を極断面係数 Z_p を使って表すことを考える．（ねじり応力による設計）

式 (2.9.12) の σ_x, τ_{xy} に，式 (2.9.14)，(2.9.15) を代入する．

$$\tau_{max} = \sqrt{\left(\frac{M}{Z_p}\right)^2 + \left(\frac{T}{Z_p}\right)^2}$$

$$= \frac{1}{Z_p}\sqrt{M^2 + T^2}$$

$$= \frac{T_e}{Z_p} \tag{2.9.17}$$

ここで，$T_e = \sqrt{M^2 + T^2}$

T_e を**相当ねじりモーメント**とよぶ．
延性材料では，T_e がねじりモーメ
ントとして作用するとして設計を行う．

■ **例題 2.9.5**　**図 2.9.18** に示すように
軸に取り付けた直径 $D = 80$ cm の滑
車で，質量 $m = 100$ kg の荷物を巻き
上げるとき，軸の直径 d はいくらに
したらよいか．ただし，滑車は $l = 10$

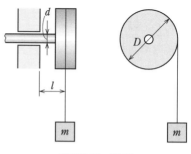

図 2.9.18　滑車

cm のところに取り付けられている．軸の許容曲げ応力 $\sigma_a = 78$ MPa，許容
せん断応力 $\tau_a = 37$ MPa とする．

【解】

曲げモーメント $M = F \cdot l = 100 \times 9.8 \times 100 = 9.8 \times 10^4$ N·mm

ねじりモーメント $T = F \cdot \dfrac{D}{2} = 100 \times 9.8 \times 400 = 39.2 \times 10^4$ N·mm

相当曲げモーメント $M_e = \dfrac{1}{2}(M + \sqrt{M^2 + T^2}) = 25.1 \times 10^4$ N·mm

$\sigma_a = \dfrac{M_e}{Z}$ より

$$d = \sqrt[3]{\frac{32 M_e}{\pi \sigma_a}} = \sqrt[3]{\frac{32 \times 25.1 \times 10^4}{\pi \times 78}} \fallingdotseq 32 \text{ mm}$$

相当ねじりモーメント $T_e = \sqrt{M^2 + T^2} = 40.4 \times 10^4 \, \text{N·mm}$

$\tau_a = \dfrac{T_e}{Z_p}$ より

$$d = \sqrt[3]{\frac{16\,T_e}{\pi \tau_a}} = \sqrt[3]{\frac{16 \times 40.4 \times 10^4}{\pi \times 37}} \fallingdotseq 38 \, \text{mm}$$

よって，安全を考えて大きい方の軸径 38 mm 以上とする．

2 章　章末問題

2.1　天井から質量 $W = 50\,\mathrm{kg}$ のシャンデリアをつり下げたい.直径 1 mm のステンレス針金（SUS304-W2：引張強さ $\sigma = 780\,\mathrm{MPa}$）を使用する. 安全率 $f = 12$ としたとき,最低何本必要か求めよ.

2.2　鉄道レールの温度が $-20\,\mathrm{℃}$ から $40\,\mathrm{℃}$ になった.伸びを拘束したとき発生する応力 σ を求めよ.鉄鋼材料の線膨張係数を $\alpha = 12 \times 10^{-6}$〔1/K〕, ヤング率を $E = 206\,\mathrm{GPa}$ とする.

2.3　問題図 2.1 のように,同一平面内で左右対称に,片側角度 $\theta = 30°$ となるように,天井から 2 本のワイヤで荷重 $F = 2\,\mathrm{kN}$ を支えている.ただし, ワイヤは同じ直径で,同じ材質とする. ワイヤに作用する張力 T を求めよ.

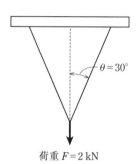

荷重 $F = 2\,\mathrm{kN}$

問題図 2.1　ワイヤに作用する張力

2.4　問題図 2.2 のように天井から ⓐⓑ ⓒ の 3 本のワイヤで荷重 $F = 2\,\mathrm{kN}$ を支えている.ワイヤの配置は同一平

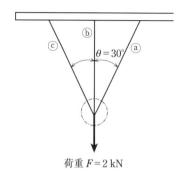

荷重 $F = 2\,\mathrm{kN}$

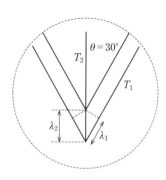

問題図 2.2　不静定問題と作用点の移動模式図

面内で左右対称とし，片側角度を $\theta = 30°$ とする．ワイヤは同じ直径で，同じ材質とする．ワイヤ@と⑥に作用する張力 T_1，T_2 を求めよ（不静定問題）．

2.5 天井からつり下げられた長さ l の棒の自重による下端の伸び λ を求めよ．ただし，部材の断面積を A，ヤング率を E，比重量を γ とし，下端から上方に x をとる．

2.6 問題図 **2.3** のように両端が固定された，直径および長さが異なる段付き丸棒の段付き部に，ねじりモーメント T を作用させたときの，ねじれ角 Θ を求めよ．ただし，曲げモーメントを無視する（不静定問題）．

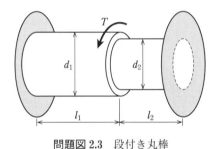

問題図 **2.3** 段付き丸棒

2.7 素線の直径 $d = 5\,\mathrm{mm}$，有効半径 $R = 30\,\mathrm{mm}$ のコイルばねに $F = 100\,\mathrm{N}$ の引張荷重をかけるとき，素線に作用する最大ねじり応力 τ_{max} を求めよ．

2.8 大型車両用のコイルばねがある．素線直径 $d = 20\,\mathrm{mm}$，許容せん断応力 $\tau_a = 300\,\mathrm{MPa}$，横弾性係数 $G = 80\,\mathrm{GPa}$，巻き数 $n = 6$，平均直径 20 cm のとき，ばね定数 k と最大変位 δ を求めよ．

2.9 問題図 **2.4** の突出しばりの SFD と BMD を描け．反力は R_A と R_B であ

る．なお，A 点，B 点には内力としてのせん断力と曲げモーメントが生
じている．

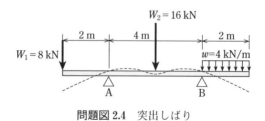

問題図 2.4　突出しばり

2.10　H 形鋼を**問題図 2.5**(a) または (b) のように使用して，長さ $l = 2\,\mathrm{m}$
の片持ちばりを製作し，先端に荷重 W をかける．負荷できる荷重をそれ
ぞれ求めよ．許容応力 $\sigma_a = 50\,\mathrm{MPa}$ とする．

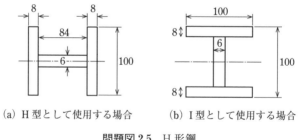

（a）H 型として使用する場合　　（b）I 型として使用する場合

問題図 2.5　H 形鋼

2.11　直径 d の円形断面の断面係数 Z_d と，同じ断面積の正方形断面（一辺
の寸法 b）の断面係数 Z_s を d で表し，同じ曲げモーメントが作用したと
きの最大曲げ応力はどちらが小さいか比較せよ．

2.12　先端に集中荷重 W が作用する長さ l の片持ちばりで，円形断面の平
等強さのはりの直径 d の変化を求めよ．ただし固定端の直径を d_0 とし，
先端からの距離を x とする．

2.13 問題図 2.6 のように片側に突き出した長さ l のはりがある．左端に集中荷重 W が作用するときの左端でのたわみ v_A を面積モーメント法で求めよ．曲げ剛性 EI は一定とする．

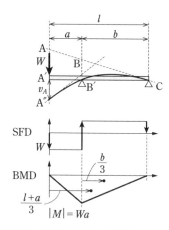

問題図 2.6 突出しばりの面積モーメント法

2.14 問題図 2.7 に示すような，左端固定，右端回転支点の長さ l のはりに等分布荷重 w が作用するときの SFD と BMD を描け．曲げ剛性 EI は一定とする．

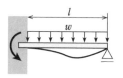

問題図 2.7 左端固定，右端回転支点のはり

2.15 問題図 2.8 に示すような，長さ l の両端固定のはりに等分布荷重 w が作用するときの SFD と BMD を描け．曲げ剛性 EI は一定とする．

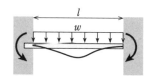

問題図 2.8 両端固定のはり

2.16 問題図 2.9 に示すように円筒の支柱で作られた丸椅子がコンクリートに固定されている．この椅子の座面の端に片寄って，体重 $P = 100\,\mathrm{kg}$ の

人が座った場合について，コンクリート面の円筒端に生じる最大応力と最小応力を求めよ．また，一端固定，他端自由として，オイラーの座屈応力 σ_{cr} を求めよ．円筒は外径 60 mm，内径 52 mm，長さ $l = 100$ cm，座面の直径は 40 cm とする．材質はアルミニウムで $E = 70$ GPa とする．

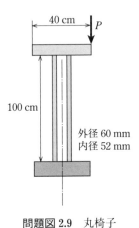

問題図 2.9　丸椅子

2.17　問題図 2.10 のような断面を有する鋼製の柱がある．長さ $l = 4$ m のとき，両端回転端として座屈応力 σ_{cr} を求めよ．$E = 206$ GPa とする．

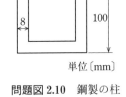

単位〔mm〕

問題図 2.10　鋼製の柱

2.18　鋼製で平均直径 200 mm，厚さ $t = 3$ mm の薄肉円筒に内圧 $p = 5$ MPa のガスを封入するとき，フープ応力 σ_θ と，軸応力 σ_z を求めよ．

2.19　厚さ $t = 2$ mm で最大内圧 $p = 200$ kPa の純チタン製球形タンクを製作する．チタンの許容引張応力 $\sigma_\theta = 100$ MPa とし，タンクを薄肉球として考えたとき，最大直径はいくらまで可能か．

2.20　直径 $d = 14.0$ mm の S25C の丸棒を引張試験したところ，$F = 65$ kN で上降伏点 σ_1 を示した．このときのモールの応力円を描け．

2.21　**問題図 2.11** に示すような直径 $d = 30$ mm，長さ $l = 400$ mm の丸棒の先端に，腕の長さ $R = 300$ mm で集中荷重 $W = 300$ N をかけたとき，固定端の表面に生じる主応力 σ_1，σ_2 と最大せん断応力 τ_{max} をモールの応力円に σ_x，σ_y，τ_{xy}，τ_{yx} を描いて求めよ．また，最大主応力方向 θ を x 軸からの角度で求めよ．

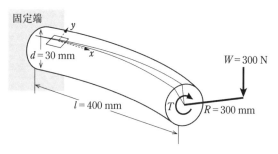

問題図 2.11　丸棒

第3章

流体力学

　流体力学は，われわれにとってとても身近にある流体や流れを工学的に取り扱った学問で，ものの見方を学ぶ上で基礎となる内容がとても多い．また，内容は簡単な理論と実験結果を結び付けているので，理解することは比較的容易で学びやすい学問である．この章では，主に液体を支える壁面や液体中の静止物体に作用している力のつり合いを考える静水力学，管内流れなどの内部流れおよび物体のまわりの流れなどの外部流れを取り扱う．

3.1 流体の物理的性質

　流体とは空気，炭酸ガスなどの気体と水や油などの液体を総称したもので，連続性をもつ連続体である．実在の流体は種類や条件によってさまざまな物理的性質を有している．

3.1.1 密度，比重とボイル・シャルルの法則

　物質（流体）の単位体積当たりの質量を**密度**といい，ρ〔kg/m³〕で表す．また，密度の逆数 $1/\rho$ を**比体積** v とよぶ．密度 ρ に重力加速度 g〔m/s²〕をかけると**比重量** γ になる．すなわち $\gamma = \rho g$〔N/m³〕であり，これは単位体積当たりの重量を示す．**比重** S は物質の質量が m，密度が ρ であるとき，同じ体積 V の純水の最人密度 $\rho_w = 1\,000$ kg/m³ における質量 m_w との比である．つまり，以下の式で示される．

$$S = \frac{m}{m_w} = \frac{\rho V}{\rho_w V} = \frac{\rho}{\rho_w} \tag{3.1.1}$$

　流体は，温度，圧力の変化により，膨張あるいは収縮するので，密度，比

重量および比重の値は変化する．気体は圧縮されやすく，反対に液体の場合の変化は非常に小さい．たとえば，水銀の最大密度は $\rho = 13\,600\,\mathrm{kg/m^3}$，アルコールの最大密度は $\rho \fallingdotseq 800\,\mathrm{kg/m^3}$ である．一方，空気の密度は $\rho \fallingdotseq 1.2\,\mathrm{kg/m^3}$ である．

　気体の場合，圧力と体積は温度を関数として以下の関係がある．

$$pv = RT \tag{3.1.2}$$

これを**ボイル・シャルルの法則**という．式中の p は絶対圧力（次節参照），v は**比体積**（単位質量当たりの体積），T は絶対温度，R は**ガス定数**で空気の場合 $287\,\mathrm{J/(kg\cdot K)}$ である．式 (3.1.2) において $v = 1/\rho$ であるから $p = \rho RT$ となる．

■**例題 3.1.1**　水銀の比重 $S = 13.6$ とするとき，水銀の密度 ρ，比重量 γ および比体積 v を SI 単位で求めよ．

【解】

　密度 $\rho = S \cdot \rho_w = 13.6 \times 1\,000 = 13.6 \times 10^3\,\mathrm{kg/m^3}$

　比重量 $\gamma = \rho g = 13\,600 \times 9.8 = 133\,\mathrm{kN/m^3}$

　比体積 $v = \dfrac{1}{\rho} = \dfrac{1}{13.6 \times 10^3} = 73.5 \times 10^{-6}\,\mathrm{m^3/kg}$

3.1.2 圧縮性

　流体は一般に圧力によって体積が変化するが，密度，比重量および比重の変化が小さく無視できる場合は実用上**非圧縮性流体**として取り扱われる．無視できないときには**圧縮性流体**として取り扱う．液体は非圧縮性流体として扱う．

　流体の圧縮性は，一定の体積 V の流体に dp の圧力変化が与えられ，それによって体積が dV（<0）変化したときの割合で示す．

$$\beta = -\frac{1}{dp} \cdot \frac{dV}{V} \tag{3.1.3}$$

ここで，β を**圧縮率**とよぶ．β の逆数を**体積弾性率** K とよび，流体中の音速を求めるときに使用される．dV/V は次元をもたないので K は dp と同じ次元，すなわち圧力と同じ単位になる．

■例題 3.1.2 ある液体に $500\,\text{kPa}$ の圧力を加えたところ，その体積が 0.02 ％減少した．この液体の圧縮率 β と体積弾性率 K を求めよ．

【解】

$$\text{圧縮率}\,\beta = -\frac{1}{dp}\cdot\frac{dV}{V} = \frac{1}{500\times10^3}\times0.0002 = 4\times10^{-10}\,\text{m}^2/\text{N}$$

$$\text{体積弾性率}\,K = \frac{1}{\beta} = \frac{1}{4\times10^{-10}} = 2.5\times10^9\,\text{Pa}$$

■例題 3.1.3 飛行機の機内の温度と圧力が地上で $T_1 = 24\text{℃}$，$p_1 = 1$ 気圧であった．離陸後の機内の温度を測ったところ $T_2 = 20\text{℃}$ まで下がった．機体の体積は変化しないものとして，離陸後の機内の圧力 p_2 を求めよ．

【解】

地上での温度と圧力を T_1，p_1，離陸後の機内の温度と圧力を T_2，p_2 とすると，式（3.1.2）より $p/T = R/v =$ 一定となる．また，1 気圧は水銀柱 760 mm の圧力であることから，

$$p_1 = 1\,\text{m}^2\times0.760\times13.6\times10^3\times9.8 \fallingdotseq 101.3\times10^3\,\text{Pa}$$

$$\frac{p_1}{T_1} = \frac{p_2}{T_2}$$

したがって，

$$p_2 = \frac{p_1}{T_1}\cdot T_2 = \frac{101.3\times10^3}{297}\times293 = 99.936\,\text{Pa} = 99.9\,\text{kPa}$$

3.1.3 粘性

実在の流体が運動していると粘性としての抵抗が生じる．たとえば**図**

3.1.1 に示すように二つの壁があると，壁面に接する流れは粘着しているので，固定壁での速度はゼロで可動壁上での速度は U となり，その間隔が Y であるから平均して U/Y の速度勾配をもつ．また，U を主流の速度と考えてもよい．これをより微

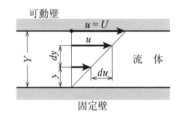

図 3.1.1　せん断応力

視的に考えて，du の速度差が距離 dy で生じていると du/dy の速度勾配が存在することになる．したがって，距離 dy 間ではせん断応力（ずれのために生ずる応力）τ が生じる．せん断応力 τ は次式で求められる．

$$\tau = \mu \frac{du}{dy} \tag{3.1.4}$$

なお，μ を**粘性係数**または**粘度**とよぶ．せん断応力 τ は静止しているときは du が存在しないのでゼロであり，わずかでも du が dy に存在すれば τ は有限の値となる．ここで，τ は比例定数と考えられ，式 (3.1.4) に従う流体を**ニュートン流体**とよび，その式を**ニュートンの粘性法則**という．水，空気および油などはニュートンの粘性法則に従う．一方，高分子溶液など，この法則に従わないものは**非ニュートン流体**とよばれる．

　粘性係数 μ の単位は〔Pa・s〕である．また，μ を密度 ρ で割ったものを**動粘性係数**あるいは**動粘度** ν といい，〔m²/s〕の単位をもつ．

$$\nu = \frac{\mu}{\rho} \tag{3.1.5}$$

　粘性係数 μ は，液体のほうが気体よりもはるかに大きいが，密度 ρ は気体の方が小さいため，動粘性係数 ν は，単純にどちらが大きいとはいえない．

■**例題 3.1.4**　図 3.1.1 において壁面に粘性係数が $\mu = 0.95\,\mathrm{Pa \cdot s}$ の流体が満たされている．壁面間隔 $Y = 5\,\mathrm{mm}$，可動壁の移動速度 $U = 3.0\,\mathrm{m/s}$ のとき，壁に作用するせん断応力 τ を求めよ．

【解】

せん断応力 $\tau = \mu \dfrac{du}{dy} = 0.95 \times \dfrac{3}{0.005} = 570\,\mathrm{Pa}$

3.2 静水力学

運動していない流体では，力は面に垂直に作用する．その力を**圧力**といい，面積に比例する（面積力）．また，体積に比例する力（体積力）も作用し，この代表が重力である．この節では，はじめに静止した流体に働く力，特に圧力と，重力による圧力について述べる．次に，浮力や遠心力のような体積力について述べる．

3.2.1 圧力とその測定

(1) 圧力

圧力 p は，単位面積当たりに働く力の大きさである．静止流体中に面積 A を考え，それに垂直に作用する流体の力を F とすれば，

$$p = \frac{F}{A} \tag{3.2.1}$$

圧力の単位は 〔Pa〕 または 〔N/m²〕 である．

(2) パスカルの原理

密封した容器中の静止している液体の一部に加えた圧力は，液体内の全ての部分に同じ圧力で伝わる．これが**パスカルの原理**である．パスカルの原理の応用として油圧装置などがある．**図 3.2.1** のように二つのタンクを連結したシリンダの

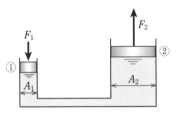

図 3.2.1 パスカルの原理の応用

中に流体（油）が入っている．断面積 A_1 の小さいピストン①に力 F_1 を作用させると，この力によって生じる圧力 $p = F_1/A_1$ となる．この圧力はシリンダ②にも同様に伝達されるので，ピストン②に働く力 F_2 は，$F_2 = (F_1/A_1) \cdot A_2$ であり，力の大きさは A_2/A_1 倍に拡大される．

(3) 重力場の圧力と圧力の基準

重力のみの作用を受けている場合は，圧力は液体の高さに比例する．

　図 3.2.2 のような，z 軸を鉛直にとった底面積 A，高さ dz の微小円柱を考える．下面に作用する圧力を p とすれば，上面の圧力は $p+dp$ と表されるから，両面に働く圧力による力とこの流体柱の重量との間には，流体の密度を ρ として，次の力のつり合い式が成り立つ．

$$pA - (p+dp)A - \rho gA \cdot dz = 0$$

$$\therefore \frac{dp}{dz} = -\rho g \tag{3.2.2}$$

液体の場合など，流体の密度 ρ が一定であれば，図 3.2.3 のように，容器内の液体中の水平断面 2 から 1 まで式 (3.2.2) を積分すると，次式となる．

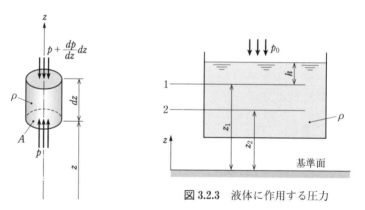

図 3.2.2　微小円柱に働く圧力

図 3.2.3　液体に作用する圧力

$$\int_2^1 dp + \rho g \int_2^1 dz = 0$$

$$\therefore p_2 - p_1 = \rho g(z_1 - z_2) \tag{3.2.3}$$

二つの水平断面における圧力差は高さの差に比例する．したがって，同図において基準の圧力を大気圧 p_0 とする（基準面を大気と接する液表面にとる）と，断面 1 における圧力 p_1 は次式で与えられる．

$$p_1 = p_0 + \rho gh \tag{3.2.4}$$

　図 3.2.3 の水平断面 1 における圧力を大気圧基準の圧力として表すと，式 (3.2.4) を変形して，次式となる．

$$p_G = p_1 - p_0 = \rho g h \qquad\qquad (3.2.5)$$

式 (3.2.4) で示される p_1 を**絶対圧力**または**絶対圧**，式 (3.2.5) の p_G を**ゲージ圧力**または**ゲージ圧**という．つまり，ゲージ圧とは大気圧を基準とした圧力である．

地球の大気の標準気圧は，例題 3.1.3 で示したように絶対圧力で，101.3 kPa である．一方，大気圧を基準としているゲージ圧力では，大気圧は 0 気圧ということになる．大気圧より圧力の低い状態を，真空状態という．真空の圧力は，ゲージ圧ではマイナス（-）で表される．**図 3.2.4** にそれらの関係を示す．

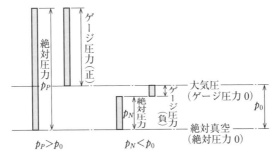

図 3.2.4　絶対圧力とゲージ圧力

■**例題 3.2.1**　水の密度 ρ が，20℃，大気圧で 998 kg/m³ であるとき，水面より $h = 20$ m 下の位置でのゲージ圧力 p_G を求めよ．

【解】

ゲージ圧力 $p_G = \rho g h = 998 \times 9.8 \times 20 = 196$ kPa

3.2.2　マノメータ

式 (3.2.3) で示したように，液体の圧力差は液体の高さに比例することを利用して，流体の圧力を測定するための装置が**液柱計（マノメータ）**である．**図 3.2.5** に示すように，大気圧を測るために，片方の端を閉じた細いガラス管に水銀を満たし，水銀の入った容器に逆さまに立てたものである．ガラス

管の上部に水銀の蒸気が入っているが，
この圧力 p_{Hg} は大気圧に比べて無視で
きる大きさなので，大気圧は次式で求
まる．ここで ρ は水銀の密度である．

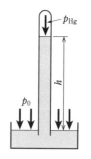

$$p_0 = \rho g h \qquad (3.2.6)$$

■例題 3.2.2　図 3.2.6 に示すような
U 字管マノメータの A 点での圧力 p_A

図 3.2.5　トリチェリのマノメータ

を求めよ．水の密度 $\rho = 1\,000\,\mathrm{kg/m^3}$
とする．また，四塩化炭素の比重 $S = 1.60$ とする．

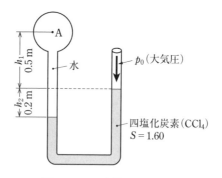

図 3.2.6　U 字管マノメータ

【解】

　A 点の圧力を p_A とすると，

$$p_A + 1\,000 \times 9.8 \times (0.5 + 0.2) = p_0 + 1\,600 \times 9.8 \times 0.2$$

ここで，大気圧 $p_0 = 101.3\,\mathrm{kPa}$ なので，

$$p_A = 97.6\,\mathrm{kPa}$$

3.2.3　平面板に作用する圧力

　静止流体中の平面板に作用する液体の圧力を考える際には，全圧力の大き
さとこれを単一の力に置き換えたときのその作用点である**圧力中心**を求める

ことが必要となる．これは，水をためるダムのような構造物を設計する場合の基礎となる．

図 3.2.7 に示すように傾斜角 α の平面板と液面との交線に沿って x 軸，これに垂直平面板に沿って y 軸をとる．平面板に作用する液体の全圧力は，重心における圧力と平面板の面積の積に等しい．したがって，全圧力 F は，面積を A，重心 G の y 座標を $\bar{y}$ とすれば，以下のようになる．

$$F = \rho g \bar{y} \sin \alpha \cdot A = \rho g h_G A = p_G A \tag{3.2.7}$$

ここで，h_G は重心 G の深さ，$p_G = \rho g h_G$ で重心における圧力である．

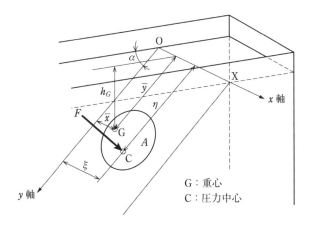

図 3.2.7 平面板に加わる全圧力と圧力中心

圧力中心とは，図 3.2.7 の OX 軸に関する圧力のモーメントの総和が，この点に作用する全圧力のモーメントに等しくなる点である．

圧力中心 C の y 座標 η は，図形の x 軸まわりの断面二次モーメント $I_x = \int y^2 dA$ であり，圧力中心の座標 η は次式で与えられる．

$$\eta = \frac{I_x}{\bar{y} A} \tag{3.2.8}$$

重心 G を通り OX 軸に平行な x 軸まわりの断面二次モーメントを I_{Gx} とすると，

$$I_x = I_{Gx} + \bar{y}^2 A \tag{3.2.9}$$

という関係があるので，これを式 (3.2.8) に代入すると，

$$\eta = \frac{I_{Gx}}{\overline{y}A} + \overline{y} \tag{3.2.10}$$

が得られる．また，圧力中心の x 座標 ξ は，次式で求められる．

$$\xi = \frac{I_{xy}}{\overline{y}A} = \frac{I_{Gxy}}{\overline{y}A} + \overline{x} \tag{3.2.11}$$

ここで I_{xy} は図形の x 軸と y 軸に関する断面相乗モーメント $\int xy dA$ である．また，I_{Gxy} は重心 G を通る軸に関する断面二次モーメントである．

図 3.2.8 に代表的な平面板の重心の位置 $\overline{y}$，面積 A および断面二次モーメント I_{Gx} を示す．

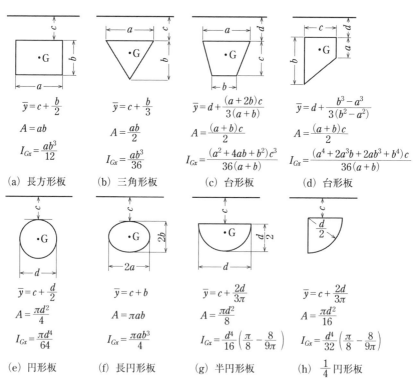

（a）長方形板　（b）三角形板　（c）台形板　（d）台形板

（e）円形板　（f）長円形板　（g）半円形板　（h）$\frac{1}{4}$ 円形板

図 3.2.8　平面板の重心および断面二次モーメント

■例題 3.2.3 図 3.2.9 に示す円形の水門が, 水平面と $\alpha = 45°$ の傾斜をなす平面内に取り付けられている. 水門の重心の水深を $\overline{h} = 5\,\mathrm{m}$ としたとき, 水門にかかる全圧力 F とその圧力中心 C の位置 η を求めよ. ただし, 水の密度は $\rho = 998\,\mathrm{kg/m^3}$ である.

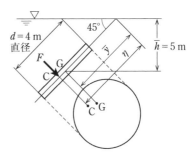

図 3.2.9 円形の水門

【解】

全圧力 $F = \rho g h_G A = 998 \times 9.8 \times 5 \times \dfrac{\pi}{4} \times 4^2 = 615\,\mathrm{kN}$

$$\overline{y} = \frac{\overline{h}}{\sin 45°} = \frac{5}{\sin 45°} = 7.07\,\mathrm{m}$$

圧力中心の位置 $\eta = \dfrac{I_{Gx}}{\overline{y} A} + \overline{y} = \dfrac{\dfrac{\pi}{64} \times 4^4}{7.07 \times \dfrac{\pi}{4} \times 4^2} + 7.07 = 7.21\,\mathrm{m}$

3.2.4 浮力

個体が液体中で静止している場合, 物体が排除する体積の重量に相当する力が上向きに作用する. これは, **アルキメデスの原理**として知られており, 作用する力を**浮力**, 浮力の作用点すなわち排除した液体の重心を浮力の中心という.

液体の密度を ρ, 物体の体積を V とすると, 浮力は $\rho g V$ である. 物体の質量を M とすると重力は Mg となるから,

$Mg > \rho g V$ すなわち $M > \rho V$

のとき, 物体は沈む. $M < \rho V$ のとき, 物体の一部は液面から上に出て静止する. この状態にある物体を**浮揚体**という.

浮いている物体が静止しているとき, 物体の重力と浮力とは大きさが同じ

であるだけでなく，同一の鉛直線上にある．この鉛直線を浮揚軸という．

　浮力の応用例として船がある．船の場合，船体の最下端から水面までの垂直距離を喫水，船が排除した水の体積を排水量という．船のような浮揚体がつり合いの位置から**図 3.2.10** のように θ だけ傾いた場合，浮力の中心は C から C′ に移動する．重心 G を通って浮揚体に作用する重力と，これと大きさが等しく C′ を通る浮力は，平行で逆向きであるから偶力を形成する．

　新しい浮力の中心 C′ の作用線と浮揚軸との交点 M を**メタセンタ**といい，M が G の上（$\overline{\text{MG}} > 0$）なら復元するモーメントが働くために安定，M が G の下（$\overline{\text{MG}} < 0$）なら転倒する方向のモーメントとなるため不安定，M と G が同じ位置（$\overline{\text{MG}} = 0$）なら中立である．

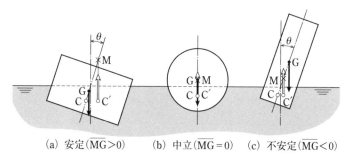

(a)　安定（$\overline{\text{MG}} > 0$）　　(b)　中立（$\overline{\text{MG}} = 0$）　　(c)　不安定（$\overline{\text{MG}} < 0$）

図 3.2.10　浮揚体の安定

■**例題 3.2.4**　密度 $\rho' = 1\,030\ \text{kg/m}^3$ の海水に浮かぶ氷の海面上の体積が 63 m³，氷の密度 $\rho = 920\ \text{kg/m}^3$ とすれば，氷の全重量 W はいくらか．

【解】

　氷の全重量を W〔N〕とすると，氷の排除体積 V は

$$V = \frac{W}{\rho g} - 63 \quad \text{m}^3$$

氷の重量と浮力はつり合っているので，

$$W = \rho' g \left(\frac{W}{\rho g} - 63 \right) = 1\,030 \times 9.8 \times \left(\frac{W}{920 \times 9.8} - 63 \right) = 5.32 \times 10^6\ \text{N}$$

3.2.5 相対的静止

　液体の入った容器が直線運動あるいは回転運動をしても，流体粒子の相互間に相対的な運動がなければ粘性の影響が生じず，静止流体と同様に力のつり合いだけで取り扱うことができる．このような状態を**相対的静止**という．

　図 3.2.11 に示すように，液体の入った容器を水平方向に一定加速度 a で運動させた場合について考える．質量 m の流体に作用する力は，鉛直下向きの重力 mg，加速度 a と逆方向に働く慣性力 ma である．その合力を F とすれば，等圧面は F の方向に垂直となり，水平面からの傾きを θ とすれば，

$$\tan \theta = \frac{a}{g} \tag{3.2.12}$$

　次に，**図 3.2.12** のような液体の入った円筒状の容器を鉛直な z 軸まわりに一定角速度 ω で回転させた場合も相対的静止の状態である．質量 m の液中の粒子に作用する力は鉛直下向きの重力 mg，半径方向の力は，求心加速度に反対方向の遠心力 $mr\omega^2$ であり，等圧面はこれらの合力 F に対して垂直となるはずである．液面の傾きを θ とすれば，$\tan \theta = dz/dr$ であると同時に，力の関係から $\tan \theta = \omega^2 r/g$ と表されることから

$$\frac{dz}{dr} = \frac{\omega^2}{g} r \tag{3.2.13}$$

式（3.2.13）を積分すると，以下の式となる．

$$z = \frac{\omega^2}{2g} r^2 + c \tag{3.2.14}$$

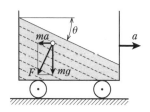

図 3.2.11　等加速度運動する容器内の流体

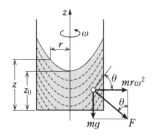

図 3.2.12　回転運動する容器内の流体

この式は等圧面が z 軸を軸とする回転放物面であることを示し, $r = 0$ で $z = z_0$ とすれば, $c = z_0$ となって,

$$z - z_0 = \frac{\omega^2}{2g} r^2 \tag{3.2.15}$$

3.3 流体運動の基礎

前節までは, 静止した流体を扱ってきたが, 自然界では川を流れる水や大気中の空気などは絶えず運動している. 運動している流体には静止流体に働く圧力と重力以外に, 慣性力と粘性力が作用する. 本節では, 運動する流体を扱う第一段階として, 慣性力は作用するが粘性力は作用しない理想流体の運動について述べる.

3.3.1 流れの状態

図 **3.3.1** に示すように, ある瞬間の各流体の速度ベクトルが常に接線方向を向く曲線を**流線**という. 一方, 流体の運動経路を示す曲線を**流跡線**という.

流線の形が, 時間が経っても変わらない流れを**定常流**, 時間とともに変

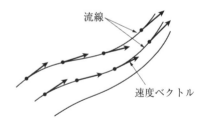

図 **3.3.1** 流線と速度ベクトル

わる流れを**非定常流**という. 定常流では流線と流跡線は一致する. これに対して, ある瞬間における流体の状態が場所によって変わらない流れを**一様流**といい, そうでないものを**非一様流**という.

3.3.2 連続の式

図 **3.3.2** に示すような管路内の定常流について考える. 流れは連続体であるから, 任意の断面 1, 2 で区切ると, その部分の質量は, 流れが定常流である限り増減しないはずである. したがって, 微小時間 Δt の間に断面 1 を

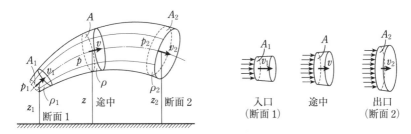

図 3.3.2　連続の式

通って流入する流体の質量は，断面 2 を通って流出する流体の質量に等しくなければならない．各断面において面積 A_1，A_2，平均速度 v_1，v_2，密度 ρ_1，ρ_2 とすると，以下の式が成り立つ．

$$\rho_1 A_1 v_1 t_1 = \rho_2 A_2 v_2 t_2$$

$$\therefore \rho_1 A_1 v_1 = \rho_2 A_2 v_2 \tag{3.3.1}$$

すなわち，定常流の場合，**質量流量** $G = \rho A v \,[\mathrm{kg/s}]$ は管路のどの断面においても等しい．ここで，流体が液体である場合，または気体の場合でも音速と比べるような高速気流でない場合には，密度の変化はきわめて微小であるため $\rho_1 = \rho_2$ とすると，

$$A_1 v_1 = A_2 v_2 \tag{3.3.2}$$

体積流量 $Q = A v \,[\mathrm{m^3/s}]$ はどの断面でも一定で，流速は流れの断面積に反比例することを示している．式 (3.3.1) および式 (3.3.2) を**連続の式**という．

■**例題 3.3.1**　図 3.3.3 に示す円形断面の拡大管内を，水が体積流量 $Q = 0.02$ $\mathrm{m^3/s}$ の割合で流れている．質量流量 G と断面①および②での平均流速 v_1，v_2 を求めよ．

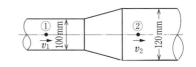

図 3.3.3　例題 3.3.1

【解】

質量流量 $G = \rho Q = 1\,000 \times 0.02 = 20\,\mathrm{kg/s}$

断面①と断面②の断面積をそれぞれ A_1，A_2 とすると，連続の式より，

$$Q = A_1 v_1 = A_2 v_2, \ v_1 = \frac{Q}{A_1}, \ v_2 = \frac{Q}{A_2} \ \text{よって} \ v_1 = 2.55 \ \text{m/s}, \ v_2 = 1.77 \ \text{m/s}$$

3.3.3　ベルヌーイの定理

　図 3.3.4 のような管内を，流体が定常流で流れている場合について考える．流体では圧力が仕事をすることで力学的エネルギが増加する．任意の断面 1，2 において，圧力を p_1，p_2，平均速度を v_1，v_2，質量流量を G_1，G_2，密度を ρ_1，ρ_2，断面の基準面からの高さを z_1，z_2 とすると，エネルギの保存により，次の関係が成り立つ．

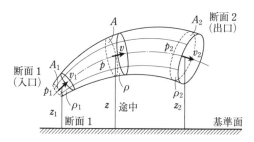

図 3.3.4　ベルヌーイの定理

（入口での押し込み仕事）－（出口での押し出し仕事）

　＝（出口での力学的エネルギ）－（入口での力学的エネルギ）

式で表せば，連続の式 $G_1 = G_2 = G$ より，以下の式が得られる．

$$G\frac{p_1}{\rho_1} - G\frac{p_2}{\rho_2} = \left(\frac{1}{2}Gv_2{}^2 + Ggz_2\right) - \left(\frac{1}{2}Gv_1{}^2 + Ggz_1\right)$$

$$G\frac{p_1}{\rho_1} + \frac{1}{2}Gv_1{}^2 + Ggz_1 = G\frac{p_2}{\rho_2} + \frac{1}{2}Gv_2{}^2 + Ggz_2 \quad (\text{W})$$

上式を G で割って整理すると，

$$\frac{v_1{}^2}{2} + \frac{p_1}{\rho_1} + gz_1 = \frac{v_2{}^2}{2} + \frac{p_2}{\rho_2} + gz_2 \quad (\text{J/kg}) \tag{3.3.3}$$

式 (3.3.3) より，どの断面においても，次式が成り立つことになる．

$$\frac{v^2}{2}+\frac{p}{\rho}+gz = -\text{定} \quad \text{〔J/kg〕} \tag{3.3.4}$$

本式でのエネルギの単位は〔m²/s²〕＝〔J/kg〕となり，流体の単位質量当たりのエネルギを示している．これを**ベルヌーイの定理**という．式 (3.3.4) に密度 ρ をかけると，次式が得られる．

$$\frac{\rho v^2}{2}+p+\rho gz = -\text{定} \quad \text{〔Pa〕} \tag{3.3.5}$$

本式でのエネルギの単位は〔Pa〕＝〔J/m³〕となり，流体の単位体積当たりのエネルギを示している．式 (3.3.4)，式 (3.3.5) はどちらもエネルギに関する式であり，第 1 項は**運動エネルギ**，第 2 項は**圧力エネルギ**，第 3 項は**位置エネルギ**を示している．

また，式 (3.3.4) を g で割ると，次式が得られる．

$$\frac{v^2}{2g}+\frac{p}{\rho g}+z = -\text{定} \quad \text{〔m〕} \tag{3.3.6}$$

本式は流体の単位重量当たりのエネルギで表された式となり，その単位は長さの単位〔m〕を持つ．このエネルギの量を**ヘッド**という．式 (3.3.6) で表されるエネルギの総和を**全ヘッド**，左辺の第 1 項は**速度ヘッド**，第 2 項は**圧力ヘッド**，第 3 項は**位置ヘッド**という．流体が水の場合，ヘッドを**水頭**ということがある．このように，ヘッドはエネルギを高さの次元に換算したものとみることができる．圧力ヘッドは液柱計の高さを示し，圧力の尺度としても用いられる．

3.3.4 ベルヌーイの定理の応用

　ベルヌーイの定理は流体の圧力と流量の間に一定の関係があることを示すもので，流速が変化したときの圧力の変化を知ることができる．あるいは逆に流速計では圧力の変化を知ることで流速や流量を求めるために用いられる．飛行機では圧力の変化を知ることで高度を知ることもできるなど応用範囲は広い．以下にいくつかの応用事例について述べる．

(1) トリチェリの定理

　図 **3.3.5** のように上部を開放したタンクに水
が入っており，水面下 H の位置にオリフィス
という小さな孔があり，そのオリフィスから大
気中に水を放出させるものとする．

　液面①とオリフィス出口②との間にベルヌー
イの式を適用する．損失を無視し，水面の低下
する速度 v_1 が，オリフィスからの噴出する速

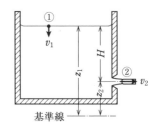

図 3.3.5　トリチェリの定理

度 v_2 に対して非常に小さい場合には，$v_1 = 0$ とする．また，$p_1 = p_2 = $ 大気
圧，$z_1 - z_2 = H$ が成り立つので，これを式 (3.3.6) に代入すると，次式とな
る．

$$v_2 = \sqrt{2gH} \tag{3.3.7}$$

本式は噴出する速度が物体の自由落下する速度に等しいことを示す．式
(3.3.7) は**トリチェリの定理**とよばれる．

(2)　標準ピトー管

　管内の速度や圧力を測定するとき，**図 3.3.6**(a) に示すような方法で測定
される圧力 p_s が，今まで述べてきた圧力である．この圧力は正しくは**静圧**
とよばれる．これに対して同図 (b) のような流速に平行に設置した管に対し
ては，さらに $p_d = \rho v^2/2$ の圧力が作用する．これを**動圧**とよぶ．そして両
者の和は**全圧**とよばれ，通常は静圧を p_s，動圧を p_d，全圧は p_t で表す．

$$p_t = p_s + p_d$$

　図 3.3.7 のように，全圧と静圧の差，すなわち動圧から流速を測定する管
を**ピトー管**という．全圧管と静圧管を組み合わせた 2 重構造になっており，
内側の円管路では全圧 p_t を，外側の環状路では静圧 p_s を検知できる．

　図 3.3.7 の①と②の位置に対してベルヌーイの定理を用いると，

$$\frac{v_1{}^2}{2} + \frac{p_1}{\rho_1} = \frac{v_2{}^2}{2} + \frac{p_2}{\rho_2} \tag{3.3.8}$$

先端では流れがせき止められて速度は $v_1 = 0$ となるから，流体の密度を一
定として，$\rho_1 = \rho_2 = \rho$ とすると，

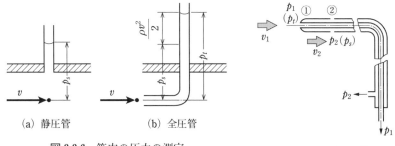

（a）静圧管　　　（b）全圧管

図 3.3.6　管内の圧力の測定

図 3.3.7　ピトー管

$$v_2 = \sqrt{\frac{2(p_1 - p_2)}{\rho}} \ \text{(m/s)} \tag{3.3.9}$$

流体の密度がわかっているとき，①と②の圧力差を測定することにより流速
が測定できることになる．圧力差はマノメータなどを用いて測定できる．

（3）　ベンチュリ管

図 3.3.8 に示すような管路内において流量を測定する装置を**ベンチュリ管**
という．管の途中を絞り滑らかに元の管径にまで拡大する．図の①と②の間
でベルヌーイの定理を適用すると次式となる．

$$\frac{v_1{}^2}{2} + \frac{p_1}{\rho} = \frac{v_2{}^2}{2} + \frac{p_2}{\rho} \tag{3.3.10}$$

d〔m〕はベンチュリ管の**のど部**（断面積の一番小さいところ）の直径，D〔m〕

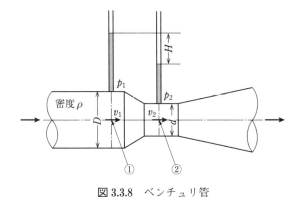

図 3.3.8　ベンチュリ管

は接続されている管の直径とすると，以下の連続の式が成り立つ．

$$\frac{\pi D^2}{4} v_1 = \frac{\pi d^2}{4} v_2$$

①と②の静圧の差 $p_1 - p_2 = \rho g H$ を考慮すれば，式 (3.3.10) から以下のように位置②の速度 v_2 が求められる．

$$v_2 = \sqrt{\frac{2gH}{\left(1 - \dfrac{d^4}{D^4}\right)}} \tag{3.3.11}$$

したがって，管内の体積流量 Q は以下の式で求められる．

$$Q = CA_2 v_2 = C \frac{\pi d^2}{4} \sqrt{\frac{2gH}{1 - \beta^2}} \tag{3.3.12}$$

ここで，$\beta = d^2/D^2$ で**開口比**とよばれている．C は**流量係数**である．流体がベンチュリ管内を流れるとき，いろいろな損失の影響でベルヌーイの定理で表される流量 Q と静圧の差 H の関係とが異なってくる．ベンチュリ管では流量係数 C は，約 0.96〜0.99 である．

■**例題 3.3.2**　図 3.3.8 に示すベンチュリ管において，管径 $D = 100\,\mathrm{mm}$，のど部の径が $d = 50\,\mathrm{mm}$ で，その管内を水が流れている．$H = 120\,\mathrm{mm}$ のとき，体積流量 Q はいくらか．流量係数 $C = 0.97$ とする．

【解】

$$
\begin{aligned}
Q &= C \frac{\pi d^2}{4} \sqrt{\frac{2gH}{1 - \beta^2}} \\
&= 0.97 \times \frac{\pi}{4} \times 0.05^2 \times \sqrt{\frac{2 \times 9.8 \times 0.12}{1 - \left(\dfrac{0.05^2}{0.1^2}\right)^2}} \\
&= 3.02 \times 10^{-3}\,[\mathrm{m^3/s}]
\end{aligned}
$$

3.3.5　運動量の法則

運動方程式はニュートンの第二法則を使って，ベクトルで示すと，

$$\boldsymbol{F} = m\boldsymbol{a} = m\frac{d\boldsymbol{v}}{dt} \tag{3.3.13}$$

これを時間について時刻 t_1 から t_2 の間で積分すると

$$\int_{t_1}^{t_2} \boldsymbol{F}dt = m\int_{t_1}^{t_2} d\boldsymbol{v} = m\boldsymbol{v}_1 - m\boldsymbol{v}_2 \tag{3.3.14}$$

これを**運動量の定理**とよぶ.

　非圧縮性流体の定常流において，**図 3.3.9** のような管内の流れを考える. dt 時間に①〜②にある流体が①′〜②′まで移動したとすると，①′〜②間の流れはそのまま同じなので，①〜①′間と②〜②′間の運動量の変化に着目すればよい. 質量 m は，単位時間当たりの体積流量を用いると，$m = \rho Qdt$ であるので，式 (3.3.14) は次式となる.

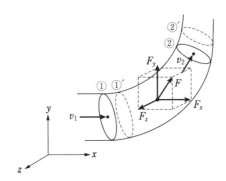

図 3.3.9　運動量の定理

$$\boldsymbol{F}dt = \rho Qdt\boldsymbol{v}_2 - \rho Qdt\boldsymbol{v}_1 \tag{3.3.15}$$

$$\boldsymbol{F} = \rho Q\boldsymbol{v}_2 - \rho Q\boldsymbol{v}_1 \tag{3.3.16}$$

ベクトル $\boldsymbol{F}$ を図 3.3.9 に示すように x, y, z 方向の成分で示すと，

$$F_x = \rho Qv_{2x} - \rho Qv_{1x}$$
$$F_y = \rho Qv_{2y} - \rho Qv_{1y}$$
$$F_z - \rho Qv_{2z} - \rho Qv_{1z} \tag{3.3.17}$$

F は内部の流体が外部から受ける力であって，流体が周囲に及ぼす力はその反力であり，方向は反対で大きさは等しくなる. なお，運動量の変化を引き起こす力 F は，流管の表面や断面に作用する圧力やせん断力（これらを面積力という）の合計と重力や遠心力（これらを体積力という）の総和である.

（1）　曲がり管に作用する流体の力

図 3.3.10 の曲がり管を考えるとき，曲がり管は速度の方向が変わるため，運動量の変化によって流体から力を受ける．同図に示すように，断面①～②間の管が受ける力の x，y 方向成分を求めてみる．ただし，流体は非圧縮性の理想流体で，その流れは定常流とする．

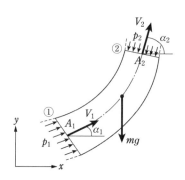

図 3.3.10　曲がり管に働く力，流体に働く力

x 方向と y 方向に働く力はそれぞれ，

x 方向：$p_1 A_1 \cos\alpha_1 - p_2 A_2 \cos\alpha_2$

y 方向：$p_1 A_1 \sin\alpha_1 - p_2 A_2 \sin\alpha_2 - mg$　　　　　　(3.3.18)

ここで，曲がり管を考えるとさらに流れによる力を受けており，これを式 (3.3.17) で示す力の反力として，x 方向に $-F_x$，y 方向に $-F_y$ の力とする．周囲の圧力を 0（ゲージ圧力）とし，

x 方向：$p_1 A_1 \cos\alpha_1 - p_2 A_2 \cos\alpha_2 - F_x$

y 方向：$p_1 A_1 \sin\alpha_1 - p_2 A_2 \sin\alpha_2 - mg - F_y$　　　　　　(3.3.19)

ここで，式 (3.3.17) より

$F_x = \rho Q (V_2 \cos\alpha_2 - V_1 \cos\alpha_1)$

$F_y = \rho Q (V_2 \sin\alpha_2 - V_1 \sin\alpha_1)$

本式により，管の流れによって曲がり管が受ける力の強さが求まる．

（2）　固定平板に作用する力

図 3.3.11 に示すように流速 v の噴流が十分広い固定平板に対して斜めに衝

突する場合を考える．流体は衝突後板面
に沿って四方に流れるものとし，摩擦と
重力の影響を無視する．噴流は大気にさ
らされているので，流体の静圧は噴流が
板面に衝突する部分を除いて大気圧と等
しい．また，ベルヌーイの定理により衝
突後の流速 v も一定である．以上のこと
から固定板に作用する力は，運動量の変

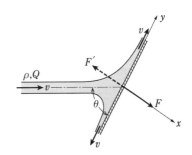

図 3.3.11　固定平板に当たる噴流

化による力を考える．また，流体と平板とは平板に接線方向の力は及ぼし合
わないから，図 3.3.11 に示すように垂直方向（x 方向）の力だけ考えればよ
い．大気圧は 0 として，平板に働く力 F' は，x 方向と反対方向に F の反力
だけ考えればよい．したがって，式 (3.3.17) の x 方向の式に $v_{1x} = v \sin \theta$,
$v_{2x} = 0$ を代入すれば，次式が得られる．

$$F' = -F_x = \rho Q v \sin \theta \tag{3.3.20}$$

　図 **3.3.12** は，噴流が固定曲板の一方
から接線方向に流入し，二次元の曲板
によって流れの方向が変化する場合で
ある．摩擦と重力による影響を無視し，
式 (3.3.19) の運動量の法則から，$p_1 =$
$p_2 = 0$, $\alpha_1 = 0$, $\alpha_2 = \theta$, $mg = 0$ と
して，次式が得られる．

$$F_x = \rho Q v (1 - \cos \theta)$$

$$F_y = \rho Q v \sin \theta \tag{3.3.21}$$

図 3.3.12　曲面に当たる噴流

　次に，この曲板が速度 $U(<v)$ で x 方向に運動している場合を考える．曲
板とともに運動する座標系を考えると，噴流が流入する相対速度 $v' = v - U$,
相対流量 $Q' = Av' = Q(v-U)/v$ となる．式 (3.3.21) の v, Q の代わりに
v', Q' を用いると，次式となる．

$$F_x = \rho \frac{Q}{v}(v-U)^2(1-\cos\theta)$$

$$F_y = \rho \frac{Q}{v}(v-U)^2 \sin\theta \tag{3.3.22}$$

■**例題 3.3.3**　図 3.3.12 のような内径 60 mm の管に，フランジでボルト締めされた内径 20 mm のノズルから，水が 15 m/s の速度で噴出している．このとき，フランジ面にかかる力 F を求めよ．ただし損失の影響は無視する．

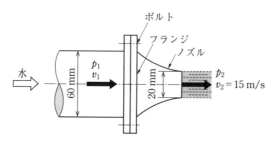

図 3.3.13　例題 3.3.3

【解】

連続の式より，

$$v_1 = \left(\frac{0.02}{0.06}\right)^2 \cdot v_2 = \frac{1}{9} \times 15 = 1.67 \, \text{m/s}$$

ベルヌーイの定理をノズルの入口および出口で適用すると，

$$\frac{\rho v_1{}^2}{2} + p_1 = \frac{\rho v_2{}^2}{2} + p_2$$

$$p_1 = \frac{\rho(v_2{}^2 - v_1{}^2)}{2} = \frac{1\,000 \times (15^2 - 1.67^2)}{2} = 111\,106 \, \text{Pa}$$

式 (3.3.19) より，運動量の法則を適用すると，

$$F = p_1 A_1 - p_2 A_2 + \rho Q(v_1 - v_2)$$

$$= 111\,106 \times \frac{\pi}{4} \times 0.06^2 - 0 \times A_2 + 1\,000 \times \frac{\pi}{4} \times 0.02^2 \times 15 \times (1.67 - 15)$$

$$= 251 \, \text{N}$$

3.4 流れとエネルギ損失

前節までは，主に，粘性がないものとした理想流体を用いて流体の基本的な性質について説明した．しかし実際には，固定壁に沿う流れや管内を流れる流体は，粘性の影響で流体と流体，流体と個体との間に働く摩擦力による抵抗（**流体摩擦**）によって損失が生じる．流体力学では，実験から得られた経験則によって流れの損失を見積もっている．本節では，その方法のいくつかについて述べる．

3.4.1 レイノルズ数，層流と乱流

図 3.4.1 のような装置で，ガラス管の中に水を流し，流れを観察する．明確に流れがわかるように管の入口から着色水を流し水の流量を徐々に増加させていくと，平均流速がある限度以下では同図(a) のように，着色水は 1 本のまっすぐな糸のようになって流れることがわかる．そして，平均流速がある限度を超えて速くなると，糸状の着色水は同図(b) のように乱れて管全体に広がりながら全体として整然と流れていることがわかる．同図(a) の流れを**層流**，同図(b) の場合を**乱流**という．

レイノルズは，管の直径 d，動粘度 ν の個々の値を用いて次式で求められる**レイノルズ数** Re という無次元数が，流れの状態を強く支配していることを発見した．ここで，v は速度である．

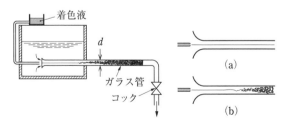

図 3.4.1 レイノルズの実験

$$Re = \frac{vd}{\nu} = \frac{\rho vd}{\mu} \tag{3.4.1}$$

円形断面以外の流路については，d の代わりに**流体平均深さ** $m = \dfrac{A}{s}$ を用いてレイノルズ数 Re を求める．

$$Re = \frac{v(4m)}{\nu} \tag{3.4.2}$$

ここで，A は流れの断面積，s は流路断面で流体が接触している部分壁の長さで**ぬれぶち長さ**という．

層流から乱流へ遷移が起こる速度とレイノルズ数を**臨界速度** v_c，**臨界レイノルズ数** Re_c という．乱流から層流へ変化するときのレイノルズ数は，シラーによれば，$Re_c = 2\,320$ といわれている．実用上は Re_c を $2\,000$ と考えてよい．

■**例題 3.4.1**　直径 $d = 10\,\mathrm{cm}$ の円管内を 20℃の水が速度 $v = 5\,\mathrm{m/s}$ で流れている．このとき，レイノルズ数 Re はいくらか．ただし，動粘度 $\nu = 1.01 \times 10^{-6}\,\mathrm{m^2/s}$ とする．

【解】

$$Re = \frac{vd}{\nu} = \frac{5 \times 0.01}{1.01 \times 10^{-6}} = 4.95 \times 10^{4}$$

3.4.2 円管内の層流

図 **3.4.2** に示すように内径 $d\,(=2R)$ の水平円管内を，粘性流体が層流の状態で定常的に流れる場合を考える．いま，円管内に同図(a) のような管軸を軸とする半径 r，長さ l の円柱部分を考え，二つの面①，②に作用する圧力をそれぞれ一様に p_1，p_2 とする．

円柱側面に作用するせん断応力を τ とすると，力のつり合いの式（$2r\pi l\tau = 2\pi r^2(p_1 - p_2)$）から，

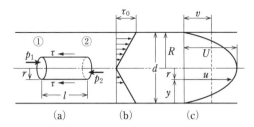

図 3.4.2 円管内の層流

$$\tau = \frac{r}{2l}(p_1 - p_2) \tag{3.4.3}$$

が得られ，壁面上でのせん断応力を τ_0 とすれば，τ は図 3.4.2(b) のような直線分布となる．

また，流速分布は以下の式で表される．

$$u = \frac{p_1 - p_2}{4\mu l}(R^2 - r^2) \tag{3.4.4}$$

式 (3.4.4) は放物線を表すから，流速分布は図 3.4.2(c) に示すような回転放物面となる．

一方，圧力差（または圧力損失ともいう）を $\Delta p = p_1 - p_2$ とすると，以下の式で表される．

$$\Delta p = \frac{32\mu lv}{d^2} = \frac{128\mu lQ}{\pi d^2} \tag{3.4.5}$$

これより，圧力損失が流速に比例することがわかる．式 (3.4.5) を**ハーゲン・ポアズイユの式**という．

3.4.3 円管内の乱流

円管内の乱流の速度分布に対する実用的な近似式としては，次式のような**指数法則**が使用されている．

$$\frac{u}{U} = \left(\frac{y}{R}\right)^{\frac{1}{n}} \tag{3.4.6}$$

ここで，**図 3.4.3** に示すように u は管壁から y の距離における速度，U は管の中心 $y = R$ における速度である．指数 n はレイノルズ数によって変わる．プラントルと**カルマン**によって導かれた $n = 7$ としたものが，1/7 乗法則としてよく知られているが，ニクラーゼの実験によると，n は**表 3.4.1** のように与えられている．図 3.4.3 のように円管内の乱流の速度分布は，層流の場合に比べて平らになり，レイノルズ数が大きくなるほどその傾向が強い．

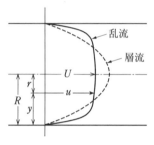

図 3.4.3　円管内の速度分布

表 3.4.1　レイノルズ数と n の値の関係

Re	n
4×10^3	6.0
2.3×10^4	6.6
1.1×10^5	7.0
1.1×10^6	8.8
2.0×10^6	10.0
3.2×10^6	10.0

3.4.4　管摩擦

　円管内の層流に対しては式 (3.4.5) のハーゲン・ポアズイユの式によって圧力降下と平均流速の関係が与えられたが，一般に管内流れの圧力降下（圧力損失）Δp あるいは損失ヘッド Δh は，次の**ダルシー・ワイスバッハの式**で表される．

$$\Delta p = p_1 - p_2 = \lambda \frac{l}{d} \frac{\rho v^2}{2} \tag{3.4.7}$$

ヘッドで表せば，

$$\Delta h = \frac{\Delta p}{\rho g} = \lambda \frac{l}{d} \frac{v^2}{2g} \tag{3.4.8}$$

ここで，λ は**管摩擦係数**とよばれ，一般にはレイノルズ数と管壁の表面粗さとによって変化する．円管内の層流の場合は，式 (3.4.5) (3.4.7) と式 (3.4.1) から

$$\lambda = \frac{64}{Re} \tag{3.4.9}$$

となり，λ はレイノルズ数のみの関数となり，表面粗さとは無関係であることがわかる.

滑らかな円管内の乱流の管摩擦係数として，以下のブラジウスの式がよく用いられる.

$$\lambda = 0.3164 Re^{-0.25} (3\,000 < Re < 1 \times 10^5) \tag{3.4.10}$$

粗い円管の場合の管摩擦係数を求めるには，**ムーディ線図**が現在最もよく活用されており，レイノルズ数と管の相対粗さ ε/d によって λ が決定される. ε は管の内表面の粗さである.

3.4.5 管路抵抗

管路内を流体が流れるとき，前節で述べた摩擦損失の他に，管路入口，管路出口，急拡大管，急縮小管，エルボ，ベンド，分岐管，合流管，弁など多くの管路要素による圧力損失 Δp あるいは損失ヘッド Δh が生じる. これらの損失は一般に，以下の式で求められる.

$$\Delta p = \zeta \frac{\rho v^2}{2} \tag{3.4.11}$$

ヘッドで表せば，

$$\Delta h = \zeta \frac{v^2}{2g} \tag{3.4.12}$$

ここで，ζ を**損失係数**という. v は管路断面での平均流速であるが，断面変化のある場合には，平均流速の大きい方の値を用いる.

各種損失と管摩擦損失とによって，管路の入口から出口に至る間の総損失（$\sum \Delta p$ および $\sum \Delta h$）が求められる. **図 3.4.4** のような管路によって流体を管外に流出させるとき必要となる圧力 p は，損失を考慮して①②間にベルヌーイの式を使うと，以下の式で求められる.

$$p = \frac{\rho v^2}{2} + \sum \Delta p = \left(1 + \lambda \frac{l}{d} + \sum \zeta\right) \frac{\rho v^2}{2} \tag{3.4.13}$$

または，ヘッドで表せば，

$$h = \frac{v^2}{2g} + \sum \mathit{\Delta}h = \left(1 + \lambda\frac{l}{d} + \sum \zeta\right)\frac{v^2}{2g} \tag{3.4.14}$$

通常，管路が $l/d > 2\,000$ と長くなると，実用上摩擦損失に比べて他の損失は無視できるほどになる．管路の流速が大きいと損失は大きくなり，小さくするためには管を太くする必要がある．そこで経済的な面から用途に応じて流速が選ばれており，一般の管路では 2.5 m/s 程度である．

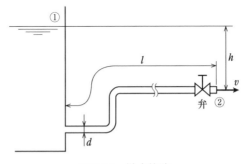

図 3.4.4　送水管路

■**例題 3.4.2**　図 3.4.5 に示すような配管で，非常に大きな水槽からの水を大気中に自由に噴出させている．管路入口の深さを 50 m，管路長さ $l_1 = l_3$ = 50 m，$l_2 = 20$ m のとき，管内径 $d = 100$ mm の市販鋼管を用いると，管路を流れる体積流量 Q はいくらになるか．ただし，管路入口，エルボおよび管摩擦による損失係数をそれぞれ $\zeta_1 = 0.05$，$\zeta_2 = 0.90$，$\lambda = 0.016$ とす

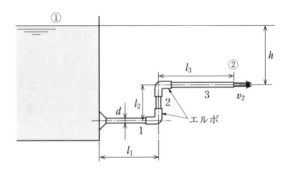

図 3.4.5　例題 3.4.2

る．ただし，助走区間の付加損失は無視する．

【解】

配管における損失は，入口損失，エルボ，管摩擦損失による損失がある．①と②にベルヌーイの定理を適用すると，

$$\frac{\rho v_1^2}{2}+p_1+\rho g z_1 = \frac{\rho v_2^2}{2}+p_2+\rho g z_2+\left(\zeta_1+2\times\zeta_2+\lambda\frac{l}{d}\right)\frac{\rho v_2^2}{2}$$

ここで，$p_1 = p_2 = 0$（大気圧），$v_1 = 0$（水槽が大きいので v_2 に比べて非常に小さい）および，$l = l_1+l_2+l_3$ として変形すると，

$$z_1-z_2 = h = \left(1+\zeta_1+2\times\zeta_2+\lambda\frac{l}{d}\right)\frac{v_2^2}{2}$$

これより，

$$v_2 = \sqrt{\frac{2g(z_1-z_2)}{1+\zeta_1+2\times\zeta_2+\lambda\dfrac{l}{d}}}$$

$$= \sqrt{\frac{2\times9.8\times(50-20)}{1+0.05+2\times0.90+0.016\times\dfrac{120}{0.1}}}$$

$$= 5.16\,\mathrm{m/s}$$

$$Q = Av_2 = \frac{\pi}{4}\times0.1^2\times5.16 = 0.0406\,\mathrm{m/s}$$

3.5 物体のまわりの流れ

第3節，第4節で取り扱った流れは主に管内流れなどの内部流れであった．これに対して，本節では物体のまわりを流れる流れ，外部流れについて述べる．

3.5.1　境界層

一様な速度分布をもつ流れの中に物体を置いたとき，流体の粘性の影響は，物体の表面に接する薄い速度勾配をもった層内に限られる．その影響が及ぼす一様な速度分布をもった主流では，粘性のない完全流体の流れとみなして差し支えない．この物体表面に接する薄い粘性の影響が及ぶ領域を**境界層**という．

図 3.5.1 に示すように，平板を例にすると，境界層の発達は，前縁からはじまり，下流方向にその厚さを増やしていく．一般に，最初は層流からはじまり，下流に進んだところで乱流になる．前者を**層流境界層**，後者を**乱流境界層**という．また，層流から乱流へ流れが変化していく領域を**遷移域**という．境界層内の流れが乱流でも，壁面に極めて近い部分では粘性の影響によって層流部分が存在し，それを**粘性底層**という．

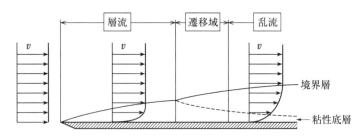

図 3.5.1　平板に沿う境界層の流れ

曲板に沿う流れでは，物体表面に境界層が存在するが，境界層は圧力勾配が正のある値を超えると物体表面からはがれ，逆流を生じる．これを流れのはがれ，または**はく離**という．この様子を**図 3.5.2** に示す．はく離点より下

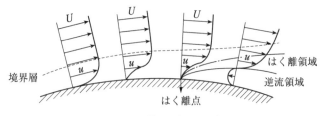

図 3.5.2　境界層のはく離

流ではこのはく離にも層流はく離と乱流はく離が存在し，一般に層流境界層の場合には，はく離しやすいが，乱流境界層の場合ははく離を起こしにくい．

3.5.2 円柱まわりの流れ

図 **3.5.3** は半径 R の円柱が速度 U の定常で一様な流れの中に，その軸を流れに直角に置いた場合の，理想流体の流線を示したものである．このとき，円柱全面のよどみ点 A から測った任意の角度 θ における円柱断面の流速 v_θ は，理論的に，以下の式で表される．

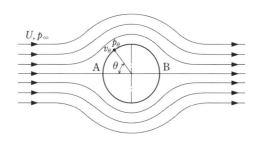

図 3.5.3 円柱まわりの流れ（理想流体）

$$v_\theta = 2U \sin \theta \tag{3.5.1}$$

この式から，$\theta = 0°$ では $v_\theta = 0$，$\theta = 30°$ で $v_\theta = U$，$\theta = 90°$ で $v_\theta = 2U$ となる．また，上流側の圧力を p_∞，円柱表面の圧力を p_θ として，ベルヌーイの式を適用すると，次式が得られる．

$$\frac{\rho U^2}{2} + p_\infty = \frac{\rho v_\theta{}^2}{2} + p_\theta$$

$$\therefore p_\theta = \frac{\rho}{2}(U^2 - v_\theta{}^2) + p_\infty$$

$$= \frac{\rho U^2}{2}(1 - 4 \sin^2 \theta) + p_\infty \tag{3.5.2}$$

ここで，物体まわりの圧力分布を無次元量として**圧力係数** C_p を導入すると，以下の関係が求められる．

$$C_p = \frac{p_\theta - p_\infty}{\dfrac{\rho U^2}{2}} = 1 - 4 \sin^2 \theta \tag{3.5.3}$$

点 A では

$$C_p = \frac{p_\theta - p_\infty}{\frac{\rho U^2}{2}} = 1 \tag{3.5.4}$$

実際には流体の粘性による摩擦が生じるので円柱に**抗力**が働く. 抗力とは流体中の物体に働く力のうち, 流れの方向と逆に働く力をいう. 抗力は, **摩擦抵抗**によるものと, 円柱のように物体の形状によって物体の表面に圧力分布が生じ, これによって生じる**圧力抵抗**の二つに分けて考える. 物体の全抵抗は摩擦抵抗に圧力抵抗を加えたものであるといえる. 理想流体では, 摩擦抵抗はなく**図 3.5.4** に示されるような流れに対して x 軸, y 軸に対して対称となることがわかる. したがって, 円柱のまわりの圧力の合力は 0 で, 円柱は流体から力を受けないことになる. この結論は事実と矛盾し, 理想流体によっては実際に生じる抗力を導くことができないことを示すもので, **ダランベールのパラドックス**とよばれる.

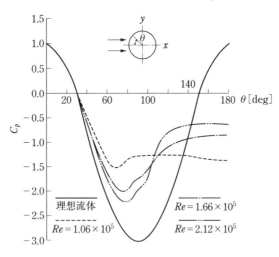

図 3.5.4 円柱まわりの圧力分布

3.5.3 流れの中の物体の抵抗

前述のように抗力は, 摩擦抵抗と圧力抵抗の二つに分けて考える. 物体の

形状が異なる場合の抗力だけでは比較がしにくいため，基準とする面積 A として，**抗力係数** C_D を定義すると比較しやすい．全抗力を D とすると，以下の関係が成り立つ．

$$C_D = \frac{D}{\frac{\rho U^2}{2} A} \tag{3.5.5}$$

各種の抗力係数を**表 3.5.1** に示す．基準面積 A は流れに垂直な面への物体の投影面積をとるが，翼等では翼弦を含む平面への投影面積である．抗力係数 C_D は表 3.5.1 に示す値がとられているが，厳密にはレイノルズ数の関数

表 3.5.1 抗力係数

物　　体	寸法の割合	基準面積 A	$C_D = \dfrac{D}{\rho U^2 A/2}$
円　柱	$\dfrac{l}{d} = 1$ 2 4 7	$\dfrac{\pi d^2}{4}$	0.9 0.85 0.87 0.90
円　柱	$\dfrac{d}{h} = 1$ 2 5 10 40 ∞	dh	0.63 0.68 0.74 0.82 0.98 0.20
長方形板（流れに直角）	$\dfrac{a}{b} = 1$ 2 4 10 18 ∞	ab	1.12 1.15 1.19 1.29 1.40 2.01
半球（底なし）	Ⅰ（凸） Ⅱ（凹）	$\dfrac{\pi d^2}{4}$	0.34 1.33
円すい	$\alpha = 60°$ $\alpha = 30°$	$\dfrac{\pi d^2}{4}$	0.51 0.34
円　板		$\dfrac{\pi d^2}{4}$	0.12

である.

■**例題 3.5.1**　直径 $d = 2\,\mathrm{m}$, 高さ $h = 20\,\mathrm{m}$ の円柱の煙突に $U = 25\,\mathrm{m/s}$ の強風が真横から吹いているとき, 塔が受ける力 D を求めよ. ただし, 空気の密度は $\rho = 1.18\,\mathrm{kg/m^3}$ とする.

【解】

抗力係数 C_D は $h/d = 10$ なので, 表 3.5.1 より 0.82 とすると,

$$D = C_D \times \frac{\rho U^2}{2} A = 0.82 \times \frac{1.18 \times 25^2}{2} \times 2 \times 20 = 12.1\,\mathrm{kN}$$

カルマン渦

柱状の物体のまわりを流れる流れでは, 物体のあとの流れに大きな渦が生じる. 柱状の物体が空気中を動いたり, あるいは空気が円柱のまわりを流れたりするとき, ある条件（風速, 円柱の直径, 空気の密度, 空気の粘性など）が合うとその物体の後方には渦が交互に発生する. これをカルマン渦とよぶ. 風の強い日に電線から音がなったり, 竿の旗が風にはためいたりするのはカルマン渦が発生しているからである.

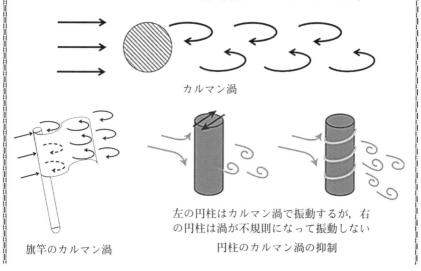

カルマン渦

左の円柱はカルマン渦で振動するが, 右の円柱は渦が不規則になって振動しない

旗竿のカルマン渦　　　円柱のカルマン渦の抑制

　渦は物体の左右で交互に発生するため，円柱形の物体は振動し，場合によっては折れることがある．そのため，柱状の物体のまわりに螺旋状の物を付けて，渦の発生を不規則にすることで振動しないような対策をする．高い煙突の外側に付いている，螺旋階段などの物体が正にその例で，カルマン渦の発生を抑えて，煙突の揺れを防いでいる．

　また，カルマン渦による振動は，自動車，船，飛行機など高速で動く物に伴って発生し，横揺れの振動を引き起こし，騒音や金属疲労の原因となることがある．

3.5.4 物体の揚力

　抗力に対して，流れに垂直な方向の力の成分があるとき，これを**揚力**という．また，揚力を有効に発生させるように作った物体を**翼**という．翼の断面形状を**翼型**といい，翼型の各部の名称を**図 3.5.5**に示す．翼断面の奥行方向の長さを**翼幅**，上流および下流の縁をそれぞれ**前縁，後縁**，翼幅の 2 乗を翼面積で割った値を**アスペクト比**という．なお，流れに対する翼の傾きを**迎え角**という．

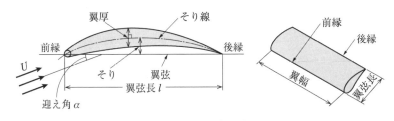

図 3.5.5 翼の各部の名称

　図 3.5.6に迎え角 α の翼に作用する力の関係を示す．翼に働く抗力 D と揚力 L は以下で与えられる．

$$L = C_L A \frac{\rho U^2}{2}$$

$$D = C_D A \frac{\rho U^2}{2} \tag{3.5.6}$$

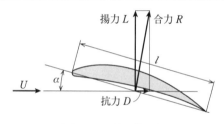

図 3.5.6　翼に働く力

ここで，C_L，C_D は**揚力係数**，抗力係数で基準面積 A は，翼弦を含む平面への翼の投影面積である．C_L，C_D は翼の形状，迎え角，レイノルズ数，翼面の表面粗さなどによって影響される．ただし，レイノルズ数が十分大きいときには，ほぼ迎え角だけで決まる．また，揚力と抗力の比を**揚抗比** ε といい

$\varepsilon = D/L = C_D/C_L$ となる．この値が小さい方が翼性能として望ましい．**図 3.5.7** に翼の性能曲線の一例を示す．迎え角 α が $12°$ を超えた付近で C_L が急激に減少しており（ε は増大），これは**失速**とよばれ，**図 3.5.8** に示すように迎え角が大きくなるにつれて翼上面におけるはく離する位置 S が翼前縁に近づき，揚力を得ることができなくなる．

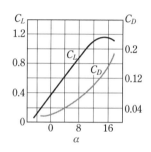

図 3.5.7　翼の性能曲線

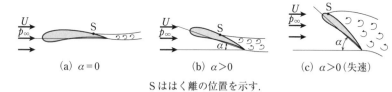

(a) $\alpha = 0$　　　　(b) $\alpha > 0$　　　　(c) $\alpha > 0$（失速）

S ははく離の位置を示す．

図 3.5.8　迎え角 α のときの翼面上のはく離

■**例題 3.5.2**　翼面積 $A = 30\ \mathrm{m^2}$ の飛行機が $U = 300\ \mathrm{km/h}$ の速さで水平飛行している．このときエンジンの推力が $5.6\ \mathrm{kN}$ であったとすると，この翼の抗力係数 C_D はいくらになるか．ただし，空気の密度は $\rho = 1.16\ \mathrm{kg/m^3}$ とする．

【解】

飛行機の速度 $U = 300\,\mathrm{km/h} = 83.3\,\mathrm{m/s}$, 水平飛行なのでエンジン推力が抗力 D となるので,

$$C_D = \frac{D}{\dfrac{\rho U^2}{2}A} = \frac{5.6 \times 10^3}{\dfrac{1.16 \times 83.3^2}{2} \times 30} = 4.63 \times 10^{-2}$$

竹とんぼ

竹とんぼで遊んでいるとき, 何故竹とんぼは飛ぶのかを考えたことがある人も多いと思う. 竹とんぼが飛ぶのは飛行機やヘリコプターが飛ぶ仕組みと同じで, 揚力が深く関係している.

揚力を得るために回転翼を傾けていくことで, 揚力は大きくなっていくが, あ

竹とんぼ

る角度の時点で突然, 抗力の影響が揚力より大きくなる. すると, 揚力は小さくなって行き, やがて飛ばなくなってしまう. したがって, 傾きをつけるときは一番飛びやすい角度を見つけることが大事である. 揚力は回転翼が風を受けることで得ることができ回転翼が何度も風を切ることで大きな揚力が働き, 飛び続けることができる.

竹とんぼを作る際, 竹とんぼ自体の重さよりも揚力が大きくなければならない. 良く飛ぶ竹とんぼを作るためには揚力を大きく, 重さはできるだけ軽くすると良い. また, 竹とんぼが飛び続けるためには, 回転翼の質量が大きく, 回転している速度が速いことが必要である. つまり, 竹とんぼの回転の運動量をできるだけ大きくすることで, 高く遠くに飛ばすことが可能となる. そのため, 竹とんぼの翼の構造や形状を工夫することも必要となる.

最後に考えなければならないことは, 竹とんぼを飛ばす動力源は, 竹

とんぼを回す自分の力であるということである．したがって，一人ひとりの回す力と速さに適した竹とんぼを作ることが，結局は最も良く飛ぶ竹とんぼということになる．

3.6 流体機械における相似則

　大型の機器の現象，たとえば航空機，船舶，大型の水車やポンプなどの実機についての現象をあらかじめ模型を使用して推定することは，しばしば行われる．このとき，実機と模型との間にはその現象を支配する項目について次の相似性が成立していなければならない．

（1）　**幾何学的相似**　実機と模型との間で，相対応する長さの比が全て等しいことが必要である．幾何学的相似比には，代表長さの比，面積比および体積比がある．

（2）　**運動学的相似**　幾何学的に相似な実機と模型との間で，相対応する流線上の，対応する位置での速度の比が全て等しくなければならない．運動学的相似比には，速度比，加速度比および流量比がある．

（3）　**力学的相似**　幾何学的相似および運動学的相似が成り立つ 2 つの現象の間で，相対応する点に作用する力の比が等しくなければならない．

　流れ場に働く力には，圧力による力，重力加速度による力，慣性力，粘性による力，表面張力による力，弾性力などがある．しかし，これらの力の影響を全て同等に扱うのは一般に不可能である．このため，幾何学的相似および運動学的相似の成立する中で，その現象において最も支配的な 2 つの力に着目して，この 2 つの力の比が等しければ力学的に相似の条件が成り立つとする．

　相似則に利用できる無次元数を以下に示す．

　レイノルズ数

$$Re = \frac{慣性力}{粘性力} = \frac{UL\rho}{\mu} \tag{3.6.1}$$

フルード数

$$Fr = \sqrt{\frac{慣性力}{重力}} = \frac{U}{\sqrt{gL}} \tag{3.6.2}$$

オイラー数

$$E = \frac{慣性力}{圧力} = \frac{U}{\sqrt{\dfrac{\varDelta p}{\rho}}} = \frac{1}{C_p} \quad (C_p：圧力係数) \tag{3.6.3}$$

抗力係数

$$C_D = \frac{外力}{慣性力} = \frac{F}{\dfrac{\rho U^2}{2} L^2} \tag{3.6.4}$$

マッハ数

$$M = \frac{慣性力}{弾性力} = \frac{U}{\sqrt{\dfrac{K}{\rho}}} = \frac{流速}{音速} \tag{3.6.5}$$

ここで，L：代表長さ，U：速度，ρ：密度，p：圧力，μ：粘性係数，K：体積弾性係数である．

模型実験によって動力学的相似を得るためには，実物との間に無次元数を一致させることが必要である．たとえば，レイノルズ数を一致させる場合，次式が成り立つ．

$$Re = \frac{U_m L_m \rho_m}{\mu_m} = \frac{U_p L_p \rho_p}{\mu_p}$$

ここで，添字 m は模型の値，p は実物の値を表す．したがって，実物と模型の間の速度の比は，次のようになる．

$$\frac{U_p}{U_m} = \frac{\dfrac{\mu_p}{L_p \rho_p}}{\dfrac{\mu_m}{L_m \rho_m}}$$

ポンプ，タービン，圧縮機，ファンなどの流体機械においては，流量 Q，密度 ρ，粘性係数 μ，体積弾性係数 K，単位質量当たりの揚程 H のような物理量をもつ流体を取り扱う．発生したり供給されたりする動力を P，機械の大きさを D，回転数を N とするとき，非圧縮性流体では K は無関係で，

同じ流体を用いた場合，レイノルズ数が等しいとして，以下の 3 つの無次元数を考える.

体積流量 Q に関しては

$$\pi_1 = \frac{Q}{D^3 N} \tag{3.6.6}$$

水頭 H に関しては

$$\pi_2 = \frac{gH}{D^2 N^2} \tag{3.6.7}$$

動力 P に関しては

$$\pi_3 = \frac{P}{D^5 N^3 \rho} \tag{3.6.8}$$

これら 3 つの無次元数を同じに保つことによって，たとえば，相似なポンプを設計することができる. 添字 p, m を実物および模型の値とすると，次式が成り立つ.

$$\frac{Q_p}{Q_m} = \left(\frac{D_p}{D_m}\right)^3 \frac{N_p}{N_m} \tag{3.6.9}$$

$$\frac{H_p}{H_m} = \left(\frac{D_p}{D_m}\right)^2 \left(\frac{N_p}{N_m}\right)^2 \tag{3.6.10}$$

$$\frac{P_p}{P_m} = \left(\frac{D_p}{D_m}\right)^5 \left(\frac{N_p}{N_m}\right)^3 \tag{3.6.11}$$

この式より，流量 Q，揚程 H および動力 P の比はそれぞれ回転速度 N の比の 1 乗，2 乗および 3 乗に比例することがわかる.

■**例題 3.6.1**　遠心ポンプの 1/4 の模型が $P_m = 6\,\mathrm{kW}$ の動力で，回転速度が $N_m = 600\,\mathrm{rpm}$，揚程が $H_m = 4\,\mathrm{m}$ で運転している. 実物を $H_p = 40\,\mathrm{m}$ の揚程で運転する場合，その動力 P_p，回転速度 N_p および実物と模型との流量の比 Q_p/Q_m を求めよ.

【解】

回転速度 N_p は，

$$N_p = N_m \left(\frac{H_p}{H_m}\right)^{\frac{1}{2}} \frac{D_m}{D_p} = 600 \times \left(\frac{40}{4}\right)^{\frac{1}{2}} \times \frac{1}{4} = 474 \,\mathrm{rpm}$$

動力 P_p は $\rho_p = \rho_m$ として，

$$P_p = P_m \frac{D_p{}^5 N_p{}^3 \rho_p}{D_m{}^5 N_m{}^3 \rho_m} = 6 \times 4^5 \times \left(\frac{474}{600}\right)^3 \times 1 = 3\,029\,\mathrm{kW}$$

流量比は，

$$\frac{Q_p}{Q_m} = \left(\frac{D_p}{D_m}\right)^3 \frac{N_p}{N_m} = 4^3 \times \frac{474}{600} = 50.6$$

3.7 ポンプ

　ポンプは低いところから高いところへ液体を押し上げたり，液体に圧力を与える流体機械である．エネルギの伝達方法によりターボ式と容積式に大別されるがこの他にも特殊な種類がある．この節では一般的に使用されているターボ式ポンプについて述べる．

3.7.1 ポンプの全揚程と効率

　図 3.7.1 にポンプによって揚水している状態を示す．液体を押し上げる高さを**揚程**という．ポンプの揚程の基準面は一般にはポンプ主軸の中心位置と考えて差し支えない．したがって，吸込み水面からポンプ基準面までの高さを吸込み高さ h_s，ポンプ基準面から吐出し水面までの高さを吐出し高さ h_d といい，この両水面間の高さ h_a を**実高さ（実揚程）**という．これらの関係を次式で示す．

$$h_a = h_d + h_s \tag{3.7.1}$$

　しかし，実際にポンプを運転したとき，吸込み管路，吐出し管路，あるいは管路入口，出口等に種々の損失 $\varDelta h$ が生じる．この実高さにこれら管路系の損失を加えたものが，ポンプが液体に与える**全揚程** H と等しくなる．し

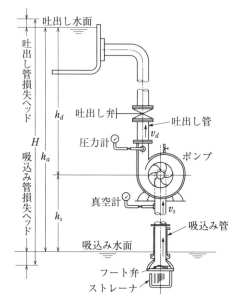

H：全揚程
h_a：実高さ
h_s：吸込み高さ
h_d：吐出し高さ
v_s：吸込み平均流速
v_d：吐出し平均流速

図 3.7.1　ポンプの全揚程

たがって,

$$H = h_d + h_s + \Delta h = h_a + \Delta h \tag{3.7.2}$$

　また, ポンプを基準面として換算した吐出し圧力と吸込み圧力をそれぞれ p_d, p_s として, ベルヌーイの定理を適用すると以下の式となる.

$$H = \frac{p_d - p_s}{\rho g} + \frac{v_d^2 - v_s^2}{2g} \tag{3.7.3}$$

ここで, v_d, v_s はポンプの吐出しおよび吸込み管路における圧力測定位置の管断面における平均流速を表す. 吸込み管と吐出し管の直径が等しい場合は $v_d = v_s$ であるから, 次式となる.

$$H = \frac{p_d - p_s}{\rho g} \tag{3.7.4}$$

　体積流量 Q を全揚程 H だけ揚水するとき, ポンプが単位時間当たりに液体に与える有効エネルギ P_w を**水動力**といい, 以下の式で求められる.

$$P_w = \frac{\rho g Q H}{1\,000} \,〔\mathrm{kW}〕 \tag{3.7.5}$$

ポンプ軸を駆動するために必要な動力 P は，ポンプ効率 η を考慮すると次のようになる．

$$P = \frac{P_w}{\eta} \tag{3.7.6}$$

ポンプ効率は，65〜85％程度である．

■**例題 3.7.1**　図 3.7.2 のポンプにおいて管内を①点から②点に向かって体積流量 $Q = 0.01\ \mathrm{m^3/s}$ の割合で水が流れている．①および②点での静圧がそれぞれ $p_1 = -50\ \mathrm{kPa}$，$p_2 = 300\ \mathrm{kPa}$ であるとき，ポンプのヘッド H と水動力 P_w を求めよ．

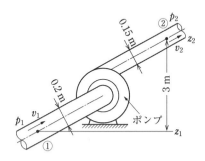

図 3.7.2　ポンプ

【解】

①点および②点に動力によるエネルギを考慮してベルヌーイの定理を適用すると，

$$\frac{\rho v_1^2}{2} + p_1 + \rho g z_1 + \frac{P_w}{Q} = \frac{\rho v_2^2}{2} + p_2 + \rho g z_2$$

ここで，

$$p_2 - p_1 = 300 - (-50) = 350\ \mathrm{kPa}$$

また，連続の式より，

$$Q = A_1 v_1 = A_2 v_2$$

$$v_1 = \frac{Q}{A_1} = \frac{0.01}{\pi (0.2)^2/4} = 0.32\ \mathrm{m/s},\ v_2 = \frac{Q}{A_2} = \frac{0.01}{\pi (0.15)^2/4} = 0.57\ \mathrm{m/s}$$

したがって，上述のベルヌーイの式より

$$P_w = Q \left\{ \frac{\rho}{2} (v_2^2 - v_1^2) + (p_2 - p_1) + \rho g (z_2 - z_1) \right\}$$

$$= 0.01 \times \left\{ \frac{1\,000}{2} (0.57^2 - 0.32^2) + 350 \times 1\,000 + 1\,000 \times 9.8 \times 3 \right\}$$

$$= 3.79\ \mathrm{kW}$$

$$H = \frac{P_w}{\rho g Q} = \frac{3.79 \times 10^3}{1\,000 \times 9.8 \times 0.01} = 38.7\ \text{m}$$

3.7.2 ポンプの種類

　ポンプの種類には，羽根車，案内羽根，ケーシング等の構造，段数，軸の配置および吸込口や吐出口の取付け位置によって分類される．**図 3.7.3** に主なポンプの種類の構造例を示す．**遠心ポンプ**（渦巻きポンプ）は羽根車から吐出された流体を直接渦巻ケーシングへ導く形式のものであって，流体は羽根へ軸方向から流入し，半径方向に流出する．図 3.7.3(a) のように案内羽根がないものを**ボリュートポンプ**といい，同図(b) のように羽根車とケーシングの間に案内羽根を有するものを**ディフューザポンプ**という．流量は少ないが揚程が高い使用条件に適している．同図(c) は**軸流ポンプ**といい，流れは羽根車に軸方向に流入し，流出する．流量が多く揚程が低い使用条件に適している．同図(d) は横軸の**斜流ポンプ**である．流れは羽根車軸に対して斜め

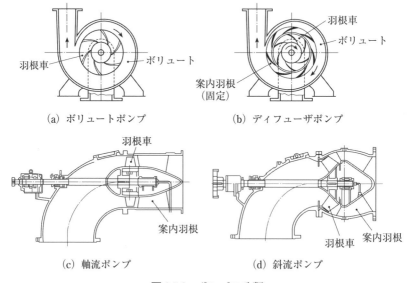

（a）ボリュートポンプ　　　（b）ディフューザポンプ

（c）軸流ポンプ　　　（d）斜流ポンプ

図 3.7.3　ポンプの分類

の方向に流出する．遠心ポンプと軸流ポンプの中間的な性能を有する．

　ポンプの形式を決定するために，まず圧力上昇（または全揚程），流量，回転速度および所要動力を決定し，これらに対して効率が最も高くなるように寸法や形状などを決定する必要がある．ポンプの形状は一般に以下の無次元数を用いて整理されている．ただし，n は回転数，Q は流量，H は全揚程である．

$$n_s = n \frac{Q^{\frac{1}{2}}}{H^{\frac{3}{4}}} \tag{3.7.7}$$

この無次元数を**比速度**とよび，**図 3.7.4** に示すように，軸流，斜流および遠心式などの構造によってその値がおおよそ定まっており，また，達成される効率の値も経験的に知られている．

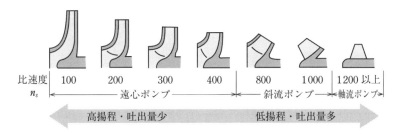

図 **3.7.4**　比速度とポンプの形式

3章　章末問題

3.1 原油の体積が 5.2 m³ で，そのときの重量が 46.8 kN だったとき，この油の密度 ρ，比体積 v および比重 S を求めよ．

3.2 自動車のタイヤの空気が，はじめ 20℃ で 294 kPa であった．運転してタイヤ内の空気の温度が上昇して 40℃ になったとき，タイヤの内部圧力はいくらになるか．

3.3 問題図 **3.1** に示すようなタンクの底面の圧力計 A の指示値を求めよ．

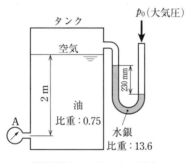

問題図 **3.1**　タンクの圧力

3.4 問題図 **3.2** に示す円形断面の縮小管内を水が流れており，断面①および②に静圧管が取り付けられている．管内を流れる断面①および②での平均流速 v_1，v_2，体積流量 Q を求めよ．

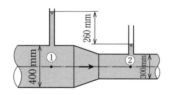

問題図 **3.2**　円形断面の縮小管

3.5　問題図 3.3 に示す円形断面の縮小管内を水が流れており，断面①に静圧測定管，断面②に全圧測定管が取り付けられている．断面②での平均流速 v_2 を求めよ．

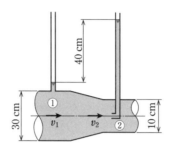

問題図 3.3　円形断面の縮小管

3.6　ピトー管において，その圧力の測定に水を用いた示差圧力計を使っている．その圧力差が $h = 5.0\,\mathrm{cm}$ であった．測定流体である空気の密度が，$1.205\,\mathrm{kg/m^3}$ のとき，空気の流速を求めよ．

3.7　問題図 3.4 のスプリンクラにおいて，開口穴の直径 $d = 16\,\mathrm{mm}$ のノズルより流量 $Q = 0.3\,\ell/\mathrm{s}$ の水が噴出しているとき，定常状態におけるスプリンクラの回転数 n を求めよ．ただし，回転部分の摩擦は無視する．

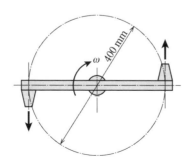

問題図 3.4　スプリンクラ

3.8　$Q = 100\,\ell/\text{s}$ の流量の原油（密度 $\rho = 950\,\text{kg/m}^3$, 粘性係数 $\mu = 8 \times 10^{-2}\,\text{Pa·s}$）を層流の状態で輸送するための管の直径 d を求めよ. ただし, 臨界レイノルズ数は 2 100 とする.

3.9　20℃の水が平均流速 $v = 1.50\,\text{m/s}$ で内径 $d = 200\,\text{mm}$ の鋳鉄管を流れる場合, 長さ $l = 500\,\text{m}$ の間の損失水頭 $\varDelta h$ を求めよ. ただし, 管摩擦損失係数は $\lambda = 0.018$ とする.

3.10　ベンチュリ計が, 直径 $d_p = 1\,\text{m}$ の管に接続されている. 水の流速 $v_p = 2.0\,\text{m/s}$ である. このベンチュリ計の試験を 1/5 の大きさの模型で空気を用いて行った. この模型の流速 v_m を求めよ. ただし, 水の動粘性係数は $\nu_p = 1 \times 10^{-6}\,\text{m}^2/\text{s}$, 空気の動粘性係数は $\nu_m = 1.5 \times 10^{-5}\,\text{m}^2/\text{s}$ である.

3.11　直径 2 m, 高さ 20 m の円柱の塔に $U = 20\,\text{m/s}$ の強風が真横から吹きつけるとき, 塔が受ける力を求めよ. ただし, 空気の密度 $\rho = 1.17\,\text{kg/m}^3$ とし, 抗力係数 $C_D = 0.82$ とする.

3.12　$20\,\ell/\text{s}$ の割合で**問題図 3.5** のような管路系に水が送られているとき, ポンプの軸動力 P を求めよ. ただし, ポンプ損失を除いた管路の損失は $10\,(v^2/2g)$〔N·m/N〕, 管直径 $d = 150\,\text{mm}$, 水位差 $H = 20\,\text{m}$, ポンプ効率 $\eta = 75\%$ とする.

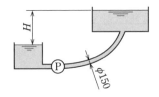

問題図 3.5　管路系

3. 13　ポンプの回転数 n が 1 450 rpm のとき，揚程 H が 20 m，流量 Q が 1.1 m³/min の渦巻きポンプの比速度 n_s を求めよ.

熱力学

人類が火を手に入れてから，熱の利用技術の歴史が始まった．そして，17世紀には，トリチェリ，ボイル，パスカルらが気体の圧力や体積などの関係を体系付け，18世紀にジェームズ・ワットにより蒸気機関が，バーバによりガスタービンの原形が登場する．熱力学は，最も歴史が長い学術分野のひとつで，人類の生活や社会を支えてきた科学原理のひとつである．そして，熱力学は私たちの生活の身近にある事象，とりわけ機械の性能に直接的に関与することが多い．したがって，機械設計の初期段階から機械製品の改良に至るまで，設計のあらゆる工程で必要となる知識である．

4.1 温度と熱量

鉄の棒などの金属に熱を加えると熱くなる（温度が上昇）．このときの加える熱と温度には一定の基本関係がある．ここでは，熱力学の根本である温度と熱量について述べる．

4.1.1 温度と熱

温度は物質の状態量のひとつで，熱力学では頻繁に登場する．SI 単位系では，「熱力学温度」が熱力学の法則に基づいて決定した温度と定義され，**絶対温度**ともいう．水の三重点を基準として，その値を 273.16 K，または 0.01℃として表している．**三重点**とは，ひとつの成分で成り立っている物質（一成分系物質）において，気，液，固の三相が平衡状態にあり共存する条件のことで，圧力 p と温度 T の p–T 線図上では 1 点となる．この点は物質固有の値であり水の場合は，273.16 K，610.6 Pa である．

一方，熱はエネルギの形態のひとつで，エネルギの単位 J（ジュール）で表される．また，仕事も熱と同じ単位を有している．これは，熱も仕事もエネルギの一形態であることを示している．この事実は熱力学では重要であり，エンジンや冷凍機が成り立つ根本原理である．

■**例題4.1.1**　次の単位を換算しなさい．

(1)　115 MJ = _____ J　　(2)　6.2℃ = _____ K

(3)　250 TW = _____ W

W は動力の単位で，単位時間当たりの仕事である．

【解】

(1)　1.15×10^8　　(2)　279.35　　(3)　2.50×10^{14}

金属棒の一端加熱

金属棒の一端を手で持ち，反対側をアルコールランプなどで加熱すると，次第に熱が金属棒を伝わり，とうとう手で持っていられなくなる．これは，マクロ的には，静止媒体中で，温度が均一化する方向に熱移動する現象であると説明できる．これをミクロ的に説明すると，金属中の

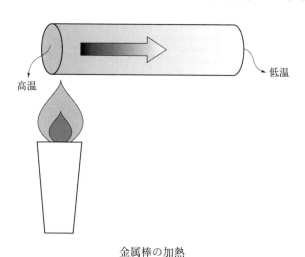

金属棒の加熱

分子運動が激しい方から少ない方へと分子運動のエネルギが拡散していく現象であると説明される．気体や液体のエネルギの拡散は，ほとんどが分子の弾性衝突のみによるが，固体の場合は，結晶格子の振動による．電気良導体の固体では，それに加えて自由電子も寄与しているのである．

4.1.2 熱量と比熱

ある物質 1 kg の温度が T_1〔K〕から T_2〔K〕に上昇したとすると，そのときの物質の温度上昇に要した熱量 Q は物質の上昇温度 $(T_2 - T_1)$〔K〕に比例する．物質の質量を M〔kg〕とすれば次のような式になる．

$$\frac{Q}{M} \propto T_2 - T_1 \tag{4.1.1}$$

このときの比例定数を c とすれば，式 (4.1.1) は次式となる．

$$Q = M \times c \times (T_2 - T_1) \tag{4.1.2}$$

この c を**比熱**といい，単位は〔J/(kg·K)〕となる．比熱は，ある物質 1 kg の温度を 1 K だけ上昇させるのに必要な熱量を示しており，この値は物質ごとに特定の値（物性値）になる．物質の比熱が大きいと比熱が小さい物質と比較して 1 K 温度上昇させるために必要な熱量が多くなる．逆に 1 K 温度が低下する際には，より大きな熱量が放出されることになる．比熱が大きいということは，暖まりにくく冷めにくいということができる．

■**例題 4.1.2** 出力 1 250 MW の石炭焚き火力発電所がある．この発電所の発電効率は 41.0%，石炭の高発熱量は 29.3 MJ/kg とすると，1 時間当たりの石炭の消費量は何 t になるか．

【解】────────────────

1 時間当たりの石炭の消費量を M〔t/h〕とすると，

$$M \times 10^3 \times 29.3 \times 10^6 \times 0.41 = 1\,250 \times 10^6 \times 3\,600$$

よって，

$$M = 374.6 \text{ t/h}$$

■**例題4.1.3**　ある熱交換器では，温液によってベンゼンの冷液が25℃から50℃に加熱されるという．ベンゼンの質量流量を1.2 kg/sとすると，単位時間当たりにベンゼンが温液から受ける受熱量はいくらか．ただし，ベンゼンの比熱を1.757 kJ/(kg·K)とする．

【解】

ベンゼンが受け取る熱量をQ〔kW〕とすると，

$$Q = 1.2 \times 1.757 \times 10^3 \times (50-25) = 52.7 \, \text{kW}$$

 海風と陸風

　夏に海岸の砂浜で昼寝をしていると，海の方から暖かい風が吹いてくるのを感じる．しかし，夜砂浜へ行くと，今度は反対に陸側から海に向かって風が吹いていることに気づくだろう．海から陸に吹く風を海風といい，陸から海に向かう風を陸風という．この風は，海の水の方が陸地にある土や構造物よりも比熱が大きいことによって引き起こされている．昼間の太陽が照りつけるときに，海水は陸地よりも暖まりにくいので，

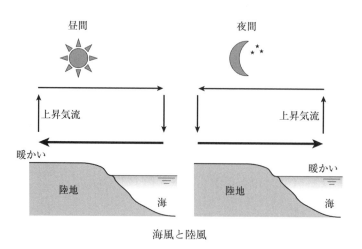

海風と陸風

陸地の方の温度が海よりも高くなる．すると陸地には上昇気流が生じ，
海側から空気が陸地に流れ込むのである．夜間は逆に海水の方が冷めに
くいので，陸地よりも温度が高くなる海上に上昇気流が生じ，陸地から
海へ向かって風が起こるのである．すると，1日に2回ほど海水と陸地
の温度が等しくなるときが生じる．このときは，風向きが変わるときで，
一瞬風が止まるのである．これを凪といい，朝凪・夕凪といっている．
この無風状態を指す言葉は，古くから日本人に親しみがある言葉である．

4.2 熱力学の第1法則と第2法則

　熱力学の法則は，自然界の根本原理のひとつで，工業分野においても重要
である．ここでは，熱力学の法則に基づく**機械エネルギと熱エネルギの関係**
について述べる．

4.2.1 熱力学の法則

　一般に，熱力学の第1法則，第2法則を熱力学の法則という．これに加え
て，第0法則，第3法則を含める場合もある．それらの概要を**図4.2.1**に示
す．熱力学の第1法則は，エネルギ保存の法則の中で，熱と仕事もエネルギ
の一形態であり，互いに等価に保存されることを表している．熱力学の第2
法則は，熱エネルギの本質を述べた法則で，自然界における不可逆現象の存
在を表した法則である．

4.2.2 熱力学の第1法則

　自然科学の原理のひとつにエネルギ保存の法則がある．それは，『ひとつ
の系において，外部との間にエネルギの出入りがないかぎり，エネルギの総
和は一定で不変である．』というものである．ここでいう系とは，着目する
あるエネルギを有する空間のことをいう．この法則は，エネルギが形態を変

223

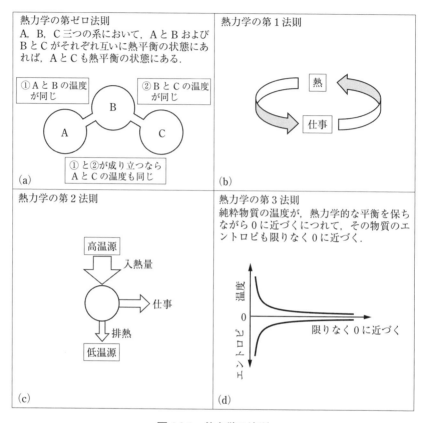

図 4.2.1 熱力学の法則

えても同じである．この系のエネルギ量は，外部との間にエネルギの交換があれば，交換した量と同じ量だけ増加，あるいは減少する．この法則は，自然界のエネルギの総量は変化がなく一定であるという事実を示しているのである．

熱力学の第 1 法則は，これを熱と仕事に着目していい換えたものであり，熱も仕事もエネルギの一形態であり，両者間にエネルギ保存則が成り立つことを示している．すなわち，熱力学の第 1 法則によれば，「熱と仕事はいずれもエネルギの一形態であり，熱を仕事に変えることもその逆も可能」なのである．

■**例題 4.2.1** 落差 75 m の滝の落下エネルギを利用して水力発電を行いたい. 滝の下の水温は, 発電を行うことにより何度温度が低下するか求めよ. ただし, 水車の効率を 65%, 水の比熱を 4.19×10^3 J/(kg·K) とする.

【**解**】

m：単位時間当たりの質量〔kg〕　　g：重力加速度〔m/s^2〕

h：滝の高さ〔m〕　　　　　　　　η：水車の効率

c：水の比熱〔J/(kg·K)〕　　　　　ΔT：温度差〔K〕

とすると,

$$mgh\eta = mc\Delta T \text{ より, } \Delta T = \frac{9.8 \times 75}{4.19 \times 10^3} \times 0.65 \fallingdotseq 0.11$$

よって, 0.11 K 低下する.

4.2.3 エネルギ式

(1) 閉じた系と開いた系

　熱と仕事の間には密接な関係がある. たとえば, 自動車はガソリンの化学エネルギを熱エネルギに変換して仕事（力学的エネルギを取り出すこと）をなし, 走行することができる. そして排気ガスと一緒に熱も放出されている. 機械はなんらかのエネルギを得てその一部を運動エネルギに変換して仕事を行うが, 熱エネルギはその際に必ず介在するのである.

　さて, いま着目するエネルギを有する空間が, 自動車のエンジンのように弁により吸気, あるいは排気され, 冷却水やシリンダブロック壁面を介して放熱している場合, 外部との物質の出入りがありかつエネルギのやりとりがあると考えることができる. また, 吸気も排気もされず壁面が完全に断熱されている空間では外部との物質の出入りがなくかつエネルギのやりとりもないと考えることができる. これを模式的に示すと**図 4.2.2** のように表すことができる. そして, いまこの系に対して, 熱力学の基本となるエネルギ式を考える. 系は物質の出入りのない場合と境界を通して外界との間に物質のや

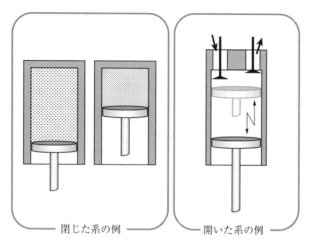

図 4.2.2　閉じた系と開いた系

りとりをする場合の 2 通りを考える．前者を**閉じた系**といい，後者を**開いた系**という．

(2)　閉じた系のエネルギ式

　閉じた系が持っているエネルギを考える．系の内部に存在する物質は，運動エネルギあるいは位置エネルギの片方もしくは両方を持っている．これらを**力学的（機械）エネルギ**という．また，系の中は主に熱エネルギが含まれている．これを**内部エネルギ**という[注]．系が有する全てのエネルギは大きく分けると，力学的エネルギと内部エネルギの 2 つに分けることができる．そして，内部エネルギは，その系の瞬間的な状態によって定まる値である．したがってこの値は系の状態を表す指標のひとつといえる．このような，ある状態によって定まる値を**状態量**といい，温度や圧力も状態量のひとつである．

　圧縮機や内燃機関で用いられるピストン–シリンダ系において，吸気弁も排気弁も閉じている場合は，閉じた系とみなすことができる．このような系を考えるとき，シリンダの外界から熱を得た場合，エネルギ式は，次のよう

注）内部エネルギには化学エネルギなども含まれるが，系内の内部エネルギの変化に注目したときに，化学変化を伴わない場合は含めなくてもよい．

になる.

$$\delta Q = dU + \delta W$$

ここで,δQ は加えられた熱量,dU は内部エネルギの増加量,δW は外部へなした仕事量である[注].

シリンダ内部に加えられた熱の一部は,シリンダ内のガスの温度を上昇させ,顕熱としてエネルギが蓄えられ,内部エネルギを増加させる.このとき,シリンダ内部に水,あるいは氷が存在すれば,蒸発,あるいは融解といった相変化により潜熱としてエネルギが蓄えられ内部エネルギを増加させる.また,シリンダ内に加えられた熱の一部は,シリンダ内のガスを膨張させてピストンを押し下げ,熱エネルギが力学的エネルギに変換されて外界へ仕事をする.加熱前の状態を1,加熱後の状態を2とすれば,状態1から状態2へ変化する間の内部エネルギの増加量と授受されるエネルギ量の関係式として次式が得られる.

$$U_2 - U_1 = Q_{12} - W_{12} \tag{4.2.1}$$

ここで,U_1,U_2 は状態1,状態2のときの内部エネルギである.また Q_{12},W_{12} はそれぞれ状態1から状態2までの加熱量と外界への仕事量でこれらは状態量ではない.したがって,状態1から状態2へ変化するときにどのような変化経路をたどったかによって変わる値である.たとえば,シリンダ内に一様でシリンダの外と同じ圧力 p が作用しているときにシリンダ内の体積が dV だけ増加したとすると,外界へした仕事 δW は,次のようになる.

$$\delta W = pdV \tag{4.2.2}$$

いま,状態1から状態2へシリンダ内の体積が増加したとすると,この間に外部へなした仕事 W_{12} は次式となる.

$$W_{12} = \int_1^2 pdV \tag{4.2.3}$$

この関係を,圧力 p を縦軸,体積 V を横軸にとったグラフ(**p-V 線図**とい

注)δQ,dU,δW は変化量を示しているが,状態量ではない.Q,W に関しては,これを区別するために,この節においては δ を用いて表記した.

う）で示すと**図 4.2.3** のようになる．仕事量はこの図の状態 1，2，3，4 で囲まれた面積に相当する．しかし，状態 1 から状態 2 へ状態変化するときに，その経路が①の経路をとった場合と②の経路をたどる場合で面積が異なり，仕事量が変わることがわかる．これは，仕事量 W_{12} が状態量ではなく変化の過程により異なる値となることを示している．

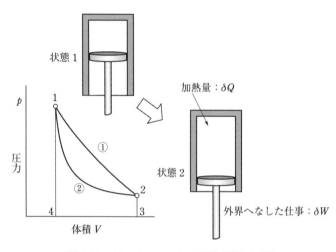

図 4.2.3　ピストン-シリンダ系（閉じた系）

(3)　開いた系のエネルギ式

　開いた系の例として，圧縮機や内燃機関に用いられているピストン-シリンダ系などがある．**図 4.2.4** に示すような吸気弁から燃料と空気の混合ガスが流入し，排気弁から燃焼ガスが流出する開いた系のエネルギ式を考える．系の全エネルギは，内部エネルギ U と力学的エネルギ（運動エネルギと位置エネルギの和）の和となる．ここで，動作流体が流入する入口の状態を状態 1，流出する出口の状態を状態 2 とする．また，系の外界から Q の熱量を受け取り，外界へ W の仕事を行うものとする．このとき，系に入るエネルギ量は，動作流体とともに流入するエネルギ量と外界から受ける熱量の和である．また，系から出るエネルギ量は，動作流体とともに流出するエネルギ量と外界へなす仕事量の和である．この両者は等しいので，エネルギ量のバ

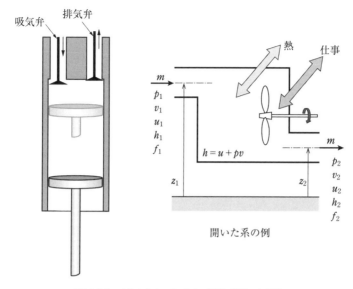

図 **4.2.4** ピストン-シリンダ系 (開いた系)

ランス式を立てると以下のようになる.

$$U_1 + E_{K1} + E_{P1} + Q = W + W_f + U_2 + E_{K2} + E_{P2} \tag{4.2.4}$$

U_1：入口の内部エネルギ　　E_{K1}：入口の運動エネルギ

E_{P1}：入口の位置エネルギ　　Q：外界から受ける熱量

W：外界へなす仕事 (動力)　　W_f：動作流体の流動仕事

U_2：出口の内部エネルギ　　E_{K2}：出口の運動エネルギ

E_{P2}：出口の位置エネルギ

ここで, 動作流体が気体の場合は位置エネルギが他に比べて小さいので無視することができる. さらに, 単位質量当たりの内部エネルギである**比内部エネルギ**を u, 圧力を p, 密度を ρ, 単位質量当たりの体積である**比体積**を v $\left(\dfrac{1}{\rho}\right)$ として,

$$h = u + \frac{p}{\rho} = u + pv \tag{4.2.5}$$

で定義される状態量である**比エンタルピ** h (単位質量当たりのエンタルピ) を導入すれば, エネルギバランス式は次のようになる.

$$Q + m\left(h_1 + \frac{f_1^2}{2}\right) = W + m\left(h_2 + \frac{f_2^2}{2}\right) \tag{4.2.6}$$

ここで, 図 4.2.4 の記号を参照に f_1：入口の流速, f_2：出口の流速, h_1：入口の比エンタルピ, h_2：出口の比エンタルピ, m：単位時間当たりの流入質量（質量流量）

エンタルピとは, 物質が保有するエネルギ状態を示す状態量である. さらに, 全エンタルピ h_0 は流速を f として

$$h_0 = h + \frac{f^2}{2} \tag{4.2.7}$$

を用いれば, 単位質量当たりの外界への仕事 W は h_{01}, h_{02} を入口と出口における全エンタルピとして, 最終的に以下のように整理できる.

$$W = m(h_{01} - h_{02}) + Q \tag{4.2.8}$$

これは, 閉じた系の場合, 仕事量は内部エネルギの差によるものであったのに対して, 開いた系ではエンタルピの差によることを示している.

(4) 外界へする仕事

動作流体が気体の場合, 図 4.2.2 に示すピストン-シリンダ系において, 閉じた系における外界への仕事 dW は,

$$dW = pdV = dQ - dU \tag{4.2.9}$$

であり, 外界との熱の授受と内部エネルギの変化のみにより外界に仕事を行う. 一方, 開いた系では, 気体の流入と流出における流動仕事を考慮すればよい. 力学的エネルギや内部発熱は無視できるとすれば, 開いた系の外界への仕事 dW_t は,

$$dW_t = -Vdp = dQ - dH \tag{4.2.10}$$

ここで, H をエンタルピ, 質量を m とすると

$$H = mh = m(u + pv)$$

これは, 開いた系では, 系が外界へする仕事は, 外界からの熱の授受とエンタルピの変化によることを示している.

また, 仕事量 W, W_t は**図 4.2.5** の圧力 p と体積 V の関係を示した p-V 線

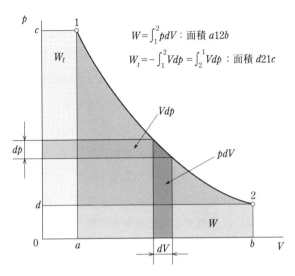

$$W = \int_1^2 p\,dV : 面積\ a12b$$

$$W_t = -\int_1^2 V\,dp = \int_2^1 V\,dp : 面積\ d21c$$

図 4.2.5 外界にする仕事

図において，状態1から状態2へ変化した曲線と軸とで囲まれる面積に相当する．実際の機関では，動作流体を吸気して仕事をした後に排気するサイクルを構成するので，開いた系で得られる仕事量 W_t を**動力**という．またこれを閉じた系と区別して**工業仕事**という．

■**例題 4.2.2** 1時間当たり $m = 1\,600\,\mathrm{kg}$ の蒸気でタービンを回すことができる発電所がある．タービン入口の蒸気の圧力は $3.5\,\mathrm{MPa}$，温度 $550\,℃$，出口の蒸気の圧力は $0.30\,\mathrm{MPa}$，温度 $150\,℃$ であるという．系は十分に外界と断熱されているものとし，また出入口の流れの速度による運動エネルギの差を無視すると，このとき得られる動力はいくらか．ただし，蒸気の比エンタルピは，$3.5\,\mathrm{MPa}$，$550\,℃$ において $h_1 = 3\,563.4\,\mathrm{kJ/kg}$ であり，$0.30\,\mathrm{MPa}$，$150\,℃$ において $h_2 = 2\,760.4\,\mathrm{kJ/kg}$ とする．

【解】

得られる動力を W とすると，

$$W = \frac{m(h_1 - h_2)}{3\,600} = 1\,600 \times \frac{1}{3\,600} \times (3\,563.4 - 2\,760.4) = 356.9\,\mathrm{kW}$$

4.2.4 熱力学の第 2 法則

図 4.2.6 に示すような金属棒の一端を加熱し，ある瞬間に熱源を取り去る．すると，金属棒を介して熱移動が起こる．この熱移動は温度差がある限り続き，しかるべき時間の経過後に温度差がなくなり熱移動がなくなる．このときどちらも金属棒の温度は均一になり平衡状態となる．もう片方の温度が上がったり，一端の温度が下がったりするということはない．一般に，系にはその条件により定まる平衡状態があり，平衡状態にない系が自然に放置されると，条件に応じた平衡状態へ向かって変化を続け，最終的には平衡状態に達して変化が止まり，ひとりでに元に戻ることはない．ほとんど全ての自然現象において，自発的に進行する変化は平衡状態へ向かって進むのであり，逆方向には進まない不可逆変化である．

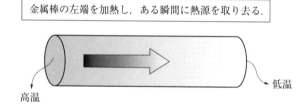

平衡状態に向かって棒全体が均一な温度になる．

図 4.2.6　不可逆変化の例

エネルギには多くの形態があるが，これらが自然に変換される場合，その変化にも方向性があり，しかるべき平衡状態に向かって変化する．

熱力学の第 2 法則とは，この変化の方向性について法則化したもので，『熱はそれ自身では低温部より高温部に向かって流れることはない．』(Clausius) あるいは，『自然界に何らの変化も残さないで，一定温度の熱源の熱を全部仕事に変える機械を造ることはできない．』(Thomson，後の Kelvin) 等と表現される．

熱エネルギと力学的エネルギ

　エンジンに代表される熱機関は，燃料の化学エネルギを熱エネルギに変換して，そこから動力すなわち力学的エネルギを取り出す．このとき，残念ながら 100 ％熱エネルギを力学的エネルギに変換することができず，必ず廃熱が発生する．一方，力学的エネルギから熱エネルギに，たとえばヒートポンプを用いて変換する場合，機械の動作に伴い摩擦などの損失が発生する．しかし，これらは最終的には全て熱として放出されるので，全ての力学的エネルギが熱エネルギに変換されることになる．このことは，熱エネルギは力学的エネルギよりも低質であることを表している．

4.3 理想気体の状態変化

　気体を理想気体（完全ガス）として取り扱った場合の動作流体の状態変化について述べる．

4.3.1 理想気体

　気体は，圧力，温度，体積の間に一定の関係があり，**図 4.3.1** に示すように**ボイルの法則**と**シャルルの法則**によって示されている．**理想気体（完全ガス）**とは，これらの法則に厳密に従う仮想の気体をいう．

　理想気体は実際には存在しないが，多くの気体は理想気体に近い振る舞いをする．たとえば，空気や燃焼ガス，水素，ヘリウム，窒素などの気体は，通常の温度，圧力では理想気体とみなして取り扱うことができる．理想気体として取り扱うことができれば，エンジンや圧縮機などの設計時に容易に動作流体の状態変化を知ることが可能となる．ところで，水蒸気や空調機などに用いられるフロン系蒸気，炭化水素系蒸気，アンモニア蒸気などは常温域

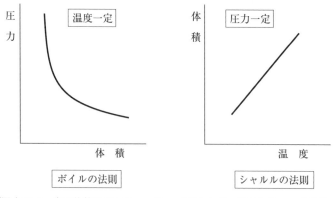

図 4.3.1　ボイルの法則，シャルルの法則

では理想気体の性状から離れている．これはこれらのガスが常温域で飽和状態に近く，分子間力が大きくなるためである．このような気体を，理想気体に対して，**蒸気**あるいは**実在気体**という．一方，空調機や冷凍機などで動作流体として用いられる蒸気は，一般的に低圧力，高温域で用いられており，この領域では，蒸気の性状は理想気体の状態に近づいてくるので，理想気体として取り扱うことができる．

4.3.2 状態方程式

ボイルの法則とシャルルの法則を結合させると，理想気体の質量 m〔kg〕について，圧力 p〔Pa〕，温度 T〔K〕，体積 V〔m³〕の関係は次式となる．

$$pV = mRT \tag{4.3.1}$$

これを**理想気体の状態方程式**という．また，比体積 v〔m³/kg〕を用いて表せば，式 (4.3.1) の両辺を m で除することで次式となる．

$$pv = RT \tag{4.3.2}$$

R 〔J/(kg·K)〕は，**気体定数**といい，気体の種類によって異なる定数である．代表的な気体の気体定数をはじめとする特性値を**表 4.3.1** に示す．

表 4.3.1 代表的な気体の特性値

気体	化学式	モル質量 M 〔kg/mol〕 $\times 10^{-3}$	気体定数 R 〔J/(kg·K)〕	密度 ρ 〔kg/m³〕	定圧比熱 c_p 〔J/(kg·K)〕	定容比熱 c_v 〔J/(kg·K)〕	比熱比 κ
ヘリウム	He	4.002	2 077.2	0.166	5 197	3 120	1.67
アルゴン	Ar	39.948	208.13	1.783	523	315	1.66
水素	H_2	2.0158	4 124.6	0.083	14 288	10 162	1.41
窒素	N_2	28.013	296.80	1.165	1 041	743	1.40
酸素	O_2	31.998	259.83	1.331	919	658	1.40
水蒸気	H_2O	18.015	461.52	—	—	—	—
二酸化炭素	CO_2	44.009	188.92	1.839	847	658	1.29
アンモニア	NH_3	17.030	488.20	0.771	2 056	1 566	1.31
メタン	CH_4	16.042	518.27	0.668	2 226	1 702	1.31
エタン	C_2H_6	30.070	276.50	1.356	1 729	1 445	1.20
空気	—	28.967	287.03	1.024	1 007	720	1.40

(101.325 kPa，20℃)

4.3.3 定容比熱と定圧比熱

ジュールの法則によれば，理想気体の内部エネルギ U は温度 T だけに依存して決まり，圧力 p や体積 V には関係しない．したがって，理想気体の内部エネルギ U，エンタルピ H，比内部エネルギ u，比エンタルピ h は，いずれも温度 T のみの関数となる．

一般に，質量 1 kg の物質に熱量 dq〔J〕を与えたときの温度上昇が dT〔K〕であるとすると，物質の比熱 c は，次式となる．

$$c = \frac{dq}{dT} \; 〔\mathrm{J/(kg \cdot K)}〕 \tag{4.3.3}$$

しかし，比熱 c は熱量 dq の変化が体積一定の下の変化と圧力一定の変化

235

によって異なる値となる．体積一定の下で変化する場合の比熱を**定容比熱** c_v といい，圧力一定の下で変化する場合の比熱を**定圧比熱** c_p という．

気体は，等圧の下では熱を受けることにより，膨張により外界へ仕事を行うので，その分だけ定容比熱 c_v は，定圧比熱 c_p よりも大きくなり，その差は気体定数 R となる．また，定圧比熱 c_p と定容比熱 c_v の比を**比熱比** κ という．

$$c_p - c_v = R \tag{4.3.4}$$

$$\kappa = \frac{c_p}{c_v} \tag{4.3.5}$$

■**例題 4.3.1**　ある理想気体 $m = 7\,\text{kg}$ を圧力一定の元に $\Delta T = 260\,\text{K}$ 温度上昇させるのに要した熱量 Q_p は，体積一定の場合に要する熱量 Q_v より 480 kJ 大きかった．この理想気体のガス定数 R はいくらか．

【解】

圧力一定の場合に要する熱量 $Q_p = mc_p\Delta T$

体積一定の場合に要する熱量 $Q_v = mc_v\Delta T$

よって，

$$R = c_p - c_v = \frac{Q_p - Q_v}{m\Delta T} = \frac{480 \times 10^3}{7 \times 260} = 263.7\,\text{J/(kg·K)}$$

4.3.4 状態変化

(1)　等圧変化

気体が，圧力が一定のまま状態が変わることを**等圧変化**という．等圧変化では，気体の状態方程式は，次式となる．

$$\frac{T}{V} = \frac{p}{mR} = [\text{一定}] \tag{4.3.6}$$

また，状態 1 から状態 2 へ等圧変化するときの仕事量 W_{12}，W_{t12} は，閉じた系，開いた系によって異なりそれぞれ次式で示される．

①閉じた系：$W_{12} = \displaystyle\int_1^2 pdV = p_1(V_2 - V_1) = mR(T_2 - T_1)$ $\tag{4.3.7}$

②開いた系：$W_{t12} = -\displaystyle\int_1^2 Vdp = 0$ （4.3.8）

したがって，等圧変化の下では，開いた系では外界へ仕事をすることはできない．このような開いた系の状態変化の例として，**図 4.3.2** に示す熱交換器が挙げられる．熱交換器の中を理想的に流れる流体は等圧の下に状態変化している．

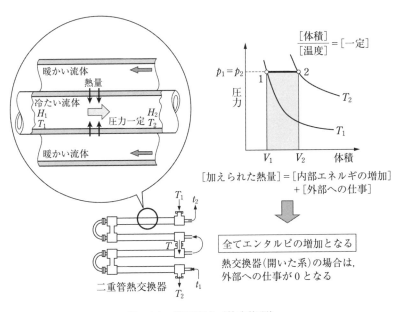

図 4.3.2 等圧変化（熱交換器）

(2) 等容変化

気体の体積が一定のまま状態が変わる変化を**等容変化**という．等容変化では気体の状態方程式は次式となる．

$$\frac{T}{p} = \frac{V}{mR} = [一定]$$ （4.3.9）

状態1から状態2へ等容変化するときの仕事量 W_{12}，W_{t12} は，閉じた系，開いた系によって異なりそれぞれ次式で示される．

①閉じた系： $W_{12} = \displaystyle\int_1^2 pdV = 0$ (4.3.10)

②開いた系： $W_{t12} = -\displaystyle\int_1^2 Vdp = V_1(p_1 - p_2) = mR(T_1 - T_2)$ (4.3.11)

　したがって，静止した閉じた系では外界へ仕事をすることはない．開いた系の等容変化の例として，**図4.3.3** に示す風車や水車が挙げられる．気体が風車を理想的に流れる場合（比容積一定，定常流），風車を流れる気体は外界へ仕事をする．また，外界より受け取る熱は，全て気体に保有され内部エネルギの増加となる．

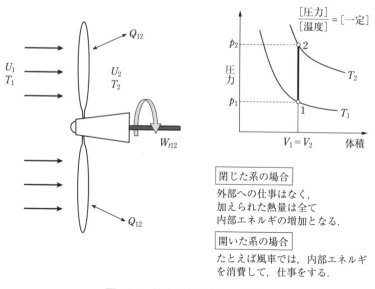

図4.3.3　等容変化（風車や水車）

（3）　等温変化

　気体の温度が一定のまま状態が変わる変化を**等温変化**という．状態1から状態2へ等温変化するときの圧力と体積の関係は**図4.3.4** に示すように直角双曲線になる．等温変化では，気体の状態方程式は次式となる．

　　　$pV = mRT = [一定]$ (4.3.12)

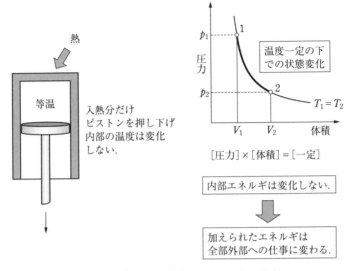

図 4.3.4　等温変化（ピストン-シリンダ系）

また，閉じた系と開いた系の仕事量 W_{12}，W_{t12} はそれぞれ次式で示される．

①閉じた系：$W_{12} = \displaystyle\int_1^2 p\,dV = mRT_1 \ln \dfrac{V_2}{V_1} = mRT_1 \ln \dfrac{p_1}{p_2}$ 　　　(4.2.13)

②開いた系：$W_{t12} = -\displaystyle\int_1^2 V\,dp = W_{12}$ 　　　(4.3.14)

したがって，等温変化では，定常流れを伴う開いた系から外界に取り出される仕事と，静止した閉じた系がする仕事は等しくなる．また，変化の前後で内部エネルギが同じであるので，外界から受ける熱は，全て仕事に変換されて外界へ放出される．

■**例題 4.3.2**　質量 $m - 4.0\,\mathrm{kg}$ の空気が，容積 $V_1 = 0.7\,\mathrm{m}^3$ の密閉容器に充填されている．圧力 $p_1 = 1.0\,\mathrm{MPa}$ から $p_2 = 0.15\,\mathrm{MPa}$ まで等温膨張したとき，膨張後の容積 V_2，膨張前の温度 T_1，外部にした仕事 W_{12}，加えられた量 Q_{12} を求めよ．ただし，空気のガス定数は $R = 0.2872\,\mathrm{kJ/(kg \cdot K)}$ とする．

【解】

膨張前を 1，膨張後を 2 とすると，等温膨張後の容積 V_2 は次のようにな

る．

$$p_1V_1 = p_2V_2$$

$$V_2 = \frac{p_1V_1}{p_2} = \frac{1.0\times10^6\times0.7}{0.15\times10^6} = 4.7\ \mathrm{m}^3$$

また，等温膨張前の温度 T_1 は次のようになる．

$$T_1 = \frac{p_1V_1}{mR} = \frac{1.0\times10^6\times0.7}{4.0\times0.2872\times10^3} = 609.3\ \mathrm{K}$$

外部にした仕事 W_{12} は，次のようになる．

$$W_{12} = \int_1^2 pdV = mRT_1\ln\frac{V_2}{V_1} = mRT_1\ln\frac{p_1}{p_2} = p_1V_1\ln\frac{p_1}{p_2}$$

$$= 1.0\times10^6\times0.7\times\ln\frac{1.0\times10^6}{0.15\times10^6} = 1\,328.0\ \mathrm{kJ}$$

加えられた熱量は，$Q_{12} = W_{12}$ なので，$1\,328.0\ \mathrm{kJ}$

（4）　断熱変化

系と外界の間に熱の授受はなく，準静的に状態が変わる変化を**断熱変化**という．この場合には，比熱比を κ として以下の関係式が成立する．

$$pV^\kappa = [\text{一定}] \tag{4.3.15}$$

$$TV^{\kappa-1} = [\text{一定}] \tag{4.3.16}$$

$$\frac{T}{p^{\frac{\kappa-1}{\kappa}}} = [\text{一定}] \tag{4.3.17}$$

これらの関係式をまとめると，次式となる．

$$\frac{T}{T_1} = \left(\frac{V_1}{V}\right)^{\kappa-1} = \left(\frac{p}{p_1}\right)^{\frac{\kappa-1}{\kappa}} \tag{4.3.18}$$

状態 1 から状態 2 へ断熱変化するとき，この変化の間に外界より供給される熱は 0 である．したがって，そのときの仕事量 W_{12}，W_{t12} は，次のようになる．

①閉じた系：

$$W_{12} = \int_1^2 p\,dV = p_1 V_1^\kappa \int_1^2 \frac{dV}{V^\kappa} = \frac{p_1 V_1^\kappa}{\kappa-1}\left(\frac{1}{V_1^{\kappa-1}} - \frac{1}{V_2^{\kappa-1}}\right)$$

$$= \frac{1}{\kappa-1}mRT_1\left[1-\left(\frac{V_1}{V_2}\right)^{\kappa-1}\right] = \frac{1}{\kappa-1}mRT_1\left[1-\left(\frac{p_2}{p_1}\right)^{\frac{\kappa-1}{\kappa}}\right]$$

$$= \frac{1}{\kappa-1}mRT_1\left[1-\left(\frac{T_2}{T_1}\right)\right] = mc_v[T_1-T_2] \tag{4.3.19}$$

②開いた系：

$$W_{t12} = -\int_1^2 V\,dp = -p_1^{\frac{1}{\kappa}}V_1\int_1^2 \frac{dp}{p^{\frac{1}{\kappa}}} = \frac{\kappa}{\kappa-1}p_1^{\frac{1}{\kappa}}V_1\left(p_1^{\frac{\kappa-1}{\kappa}} - p_2^{\frac{\kappa-1}{\kappa}}\right)$$

$$= \frac{\kappa}{\kappa-1}mRT_1\left[1-\left(\frac{p_2}{p_1}\right)^{\frac{\kappa-1}{\kappa}}\right] = \frac{\kappa}{\kappa-1}mRT_1\left[1-\left(\frac{V_1}{V_2}\right)^{\kappa-1}\right]$$

$$= \frac{\kappa}{\kappa-1}mRT_1\left[1-\left(\frac{T_2}{T_1}\right)\right] = mc_p[T_1-T_2]$$

$$= H_1-H_2 \tag{4.3.20}$$

断熱変化では，外界へ仕事をするとその分だけ内部エネルギが減少する．このときの圧力と体積の関係は**図4.3.5**に示すようになる．

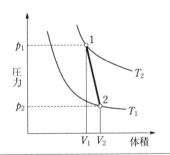

熱の出入りがない下での状態変化である．

$pV^\kappa = [一定]$

$\kappa = $ 断熱指数（比熱比と同じ）

外部への仕事は内部エネルギを
消耗して行われる．

図4.3.5 断熱変化

（5）　ポリトロープ変化

　実際のエンジンなどの熱機関や圧縮機などの流体機械では，熱損失等が存在するために，厳密な断熱変化を実現することが困難である．しかし，断熱変化と似た関係式が成立することが多い．断熱変化の関係式 (4.3.15) の比熱比 κ の代わりに，ポリトロープ指数 n を用いると，式 (4.3.21) の関係式となる．このような変化を**ポリトロープ変化**という．

$$pV^n = [\text{一定}] \tag{4.3.21}$$

　ポリトロープ指数は，適当な値を選ぶことによりいろいろな状態変化を表すことができる．等温変化，等圧変化，等容変化はポリトロープ変化のひとつとみなすことができ，そのときのポリトロープ指数は次のようになる．

$n = 1$ ：等温変化

$n = 0$ ：等圧変化

$n = \infty$ ：等容変化

$n = \kappa$ ：断熱変化

ポリトロープ変化の関係式を次式に示す．

$$\frac{T}{T_1} = \left(\frac{V_1}{V}\right)^{n-1} = \left(\frac{p}{p_1}\right)^{\frac{n-1}{n}} \tag{4.3.22}$$

　さらに，仕事 W_{12}，工業仕事 W_{t12}，外界からの熱 Q_{12}，ポリトロープ変化における比熱 c_n は以下に示す式で求められる．

$$W_{12} = \int_1^2 p\,dV = p_1 V_1{}^n \int_1^2 \frac{dV}{V^n} = \frac{p_1 V_1{}^n}{n-1}\left(\frac{1}{V_1{}^{n-1}} - \frac{1}{V_2{}^{n-1}}\right)$$

$$= \frac{1}{n-1} mRT_1\left[1 - \left(\frac{V_1}{V_2}\right)^{n-1}\right] = \frac{1}{n-1} mRT_1\left[1 - \left(\frac{p_2}{p_1}\right)^{\frac{n-1}{n}}\right]$$

$$= \frac{1}{n-1} mRT_1\left[1 - \left(\frac{T_2}{T_1}\right)\right] = U_1 - U_2 \tag{4.3.23}$$

$$W_{t12} = -\int_1^2 V\,dp = -p_1{}^{\frac{1}{n}} V_1 \int_1^2 \frac{dp}{p^{\frac{1}{n}}} = \frac{n}{n-1} p_1{}^{\frac{1}{n}} V_1\left(p_1{}^{\frac{n-1}{n}} - p_2{}^{\frac{n-1}{n}}\right)$$

$$= \frac{n}{n-1} mRT_1 \left[1 - \left(\frac{p_2}{p_1} \right)^{\frac{n-1}{n}} \right] = \frac{n}{n-1} mRT_1 \left[1 - \left(\frac{V_1}{V_2} \right)^{n-1} \right]$$

$$= \frac{n}{n-1} mRT_1 \left[1 - \left(\frac{T_2}{T_1} \right) \right] = n W_{12} \tag{4.3.24}$$

$$Q_{12} = (U_2 - U_1) + W$$

$$= \left(\frac{n-\kappa}{n-1} \right) c_v m (T_2 - T_1) = m c_n (T_2 - T_1) \tag{4.3.25}$$

$$c_n = \left(\frac{n-\kappa}{n-1} \right) c_v \tag{4.3.26}$$

ポリトロープ変化における圧力と体積の関係は**図 4.3.6** に示すようになる.

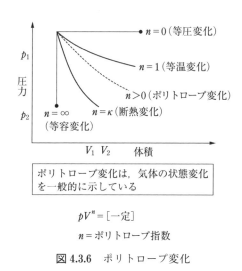

図 **4.3.6** ポリトロープ変化

4.4 湿り空気

　自然界に存在する空気は，水蒸気を含む湿り空気である．湿り空気は，熱機関や空気調和機に影響を与えるので，湿り空気を理解することは工業上重要である．湿り空気における湿度，圧力，温度の関係について述べる.

4.4.1 空気の組成

　自然界にある大気は完全に乾燥していることはなく，水蒸気を含んでいる．水分を全く含まない空気を**乾き空気**といい，乾き空気と水蒸気が混合している気体を**湿り空気**という．また，一般的に水蒸気と湿り空気はそれぞれ完全気体とみなすことができ，理想気体として扱うことができる．乾き空気の体積組成は，**表 4.4.1** に示すように，大半が窒素であり，窒素と酸素で大部分を占めている．他に少量のアルゴン，炭酸ガスなどが含まれている．自然界に存在する空気は，これらの成分と水蒸気との混合気体と考えれば良い．空気に含まれる水蒸気は，エンジンや熱交換器の熱効率などに大きな影響を与えたり，タービンなどの耐久性能にも影響を与えたりするため，湿り空気の特性を知ることは工業上重要である．

表 4.4.1　乾き空気の体積組成

	化学式	体積組成 %	質量割合 %
窒素	N_2	78.09	75.53
酸素	O_2	20.95	23.14
アルゴン	Ar	0.93	1.28
炭酸ガス	CO_2	0.03	0.05
見かけの分子量：28.966 （圧力 0.1013 MPa，温度 0℃）			

4.4.2 絶対湿度と相対湿度

　絶対湿度と相対湿度について**図 4.4.1** に示す．

（1）　絶対湿度

　m〔kg〕の湿り空気があるとして，その中に含まれる水蒸気の質量を m_m〔kg〕，乾き空気の質量を m_d〔kg〕とする．このときの水蒸気と乾き空気の質量比のことを**絶対湿度** φ という．これは，1 kg の乾き空気に対して，混合している水蒸気質量を示している．

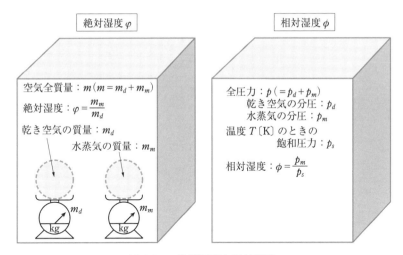

図 4.4.1 絶対湿度と相対湿度

(2) 相対湿度

全圧力が p〔Pa〕の湿り空気において，乾き空気の分圧を p_d〔Pa〕，水蒸気の分圧を p_m〔Pa〕，温度 T〔K〕の水蒸気の**飽和圧力**を p_s〔Pa〕とすると，p_m と p_s の比を，この湿り空気の**相対湿度** ϕ という．

(3) 絶対湿度と相対湿度の関係

絶対湿度 φ，相対湿度 ϕ，水蒸気分圧 p_m の諸量の間には特定の関係が成立する．この関係式を，**図 4.4.2** に示す．したがって，いずれかひとつが定まると他の量も決まる．いま，部屋の空気の温度を一定に保って，空気と同じ温度の水蒸気で加湿する場合を考える．大気圧下なので全圧力は一定で変わらないとすれば，加湿を続けると水蒸気の分圧が上昇して，部屋の空気の温度に対する水蒸気の飽和圧力に達する．このとき，水蒸気の分圧は水蒸気の飽和圧力と等しくなり，相対湿度は 1 になる．この状態の空気を**飽和湿り空気**という．飽和圧力は，空気の温度が高くなると増加するので，大気中に含むことができる水蒸気の量は温度の上昇によって増加することになる．そして，全圧力（この場合大気圧）が高くなると逆に減少する．

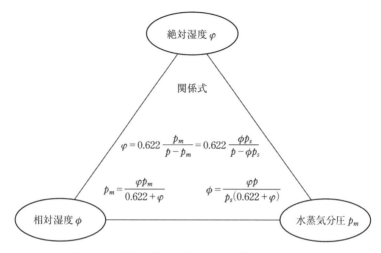

図 **4.4.2** 絶対湿度と相対湿度と水蒸気分圧の関係

■**例題 4.4.1** 圧力 $p = 0.101\,\mathrm{MPa}$，温度 20℃，相対湿度 $\phi = 0.729$ の湿り空気について，絶対湿度 φ および露点温度 T_d（4.4.3 参照）を求めよ．ただし，14℃，16℃，20℃の飽和蒸気圧 p_s をそれぞれ，1.5973 kPa，1.8168 kPa，2.3366 kPa とする．

【**解**】

20℃の水蒸気分圧 p_m は，

$$p_m = \phi \cdot p_s = 0.729 \times 2.3366 = 1.703\ \mathrm{kPa}$$

絶対湿度 φ は，図 4.4.2 より

$$\varphi = 0.622 \times \frac{p_m}{p - p_m} = 0.622 \times \frac{1.703}{101.0 - 1.703} = 0.0107$$

p_m が水蒸気の飽和蒸気圧に等しくなるときに飽和空気となり，露点となる．

したがって，$T_{d1} = 14℃$，$p_{s1} = 1.5973\ \mathrm{kPa}$

$$T_{d2} = 16℃,\ p_{s2} = 1.8168\ \mathrm{kPa}$$

であるので，$p_m = 1.703\ \mathrm{kPa}$ はこの間にある．よって，露点温度 T_d は以下により求めることができる．

$$T_d = T_{d1} + \frac{(T_{d2}-T_{d1})}{(p_{s2}-p_{s1})} \times (p_m - p_{s1})$$

$$= 14 + \frac{(16-14)}{(1.8168-1.5973)} \times (1.703 - 1.5973)$$

$$= 14 + \frac{2 \times 0.1057}{0.2195} = 15.0°\mathrm{C}$$

4.4.3　湿度の計測

(1)　露点温度と湿度の計測

　湿度は，熱機関の運転や空気調和に重要な状態量である．しかし，絶対湿度 φ，相対湿度 ϕ，水蒸気分圧 p_m を直接的に測定することは簡単ではない．一般的に，実際の湿度を把握するために湿球温度（後述）を測定して，これから露点温度や水蒸気分圧を算出し，間接的に湿度を求める方法がとられている．

　湿り空気の温度を下げていくと過飽和状態となり，やがて結露が起こる．このときの温度を**露点温度**という．露点温度は，湿り空気中に含まれる水蒸気の分圧が飽和水蒸気圧となるような温度である．したがって，露点温度は，気温，相対湿度，あるいは水蒸気分圧から算出することができる．逆に，湿度は，気温と露点温度あるいは水蒸気分圧から算出することができる．露点温度を測定することができると，空気中の水蒸気の分圧は露点温度に対する水蒸気の飽和温度として水蒸気表より求めることができるので，ただちに絶対湿度を算出することができることになる．

(2)　湿り空気線図

　空気の状態変化を把握して熱力学的な計算を行う場合，**湿り空気線図**を用いると便利である．湿り空気線図は，ある相対湿度における露点温度，乾球温度，湿球温度，比エンタルピが一目でわかるようになっている．たとえば，**図 4.4.3** に示す A 点における絶対湿度 φ は左側に水平線を引いたときの軸の

読みになる．また，垂直線に近い傾斜の等温線が引かれていて，この線に沿って下方の目盛りを見ると乾球温度 T や露点温度 T_d を知ることができる．比エンタルピ h は斜めに左上方から右下に引かれている直線で示されていて，湿球温度 T' もこれに近い斜めの線で示されている．

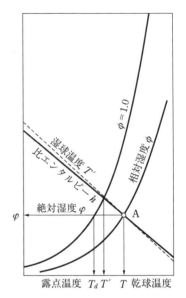

図 4.4.3　湿り空気線図の読み方

（3）　湿球温度

図 4.4.4 に示すように，温度計の感温部を湿らせた布で覆ったときに測定される温度を**湿球温度**という．感温部の空気の流速が約 5 m/s 以上になると，湿球温度は**断熱飽和温度**とほぼ等しくなる．

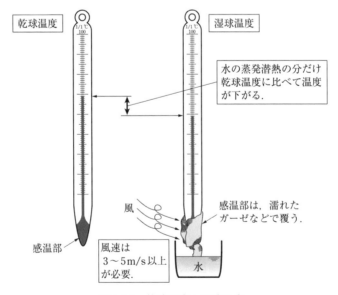

図 4.4.4　乾球温度と湿球温度

断熱飽和温度とは，**図4.4.5**に示すように，十分によく接触する気体と液体が断熱的に同じ温度で平衡状態にあるときの温度のことで，気温と湿度の関数となる．一般に湿度測定に広く用いられているのは，乾球温度と湿球温度を測定する方法である．湿球温度の水で濡れた感温部分の温度は，水の蒸発により蒸発熱を奪われるので，乾球温度よりも低くなる．空気の湿度が低いほど水の蒸発は盛んになるため湿球温度はより低くなる．乾球温度は気温を示していると考えられるので，乾球温度と湿球温度から，湿り空気中の水蒸気分圧や露点温度を間接的に見つけることができる．

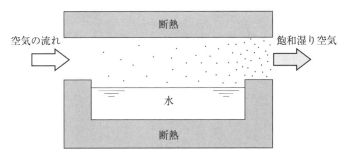

図4.4.5 断熱飽和温度

4.5 カルノーサイクル

あらゆる熱機関の基準となるのが**カルノーサイクル**である．カルノーサイクルを理解することで，その他の工業上実用される熱機関の特性を正確に評価することが可能となる．ここでは，カルノーサイクルの特性と状態変化について述べる．

4.5.1 カルノーサイクルの熱効率

熱機関は，仕事をなすときに同時に熱が放出される．この廃熱をできる限り小さくし，外界へなす仕事量をできる限り大きくできれば熱効率が大きくなり，工業的に有用である．カルノーは，このような熱効率が最大となり得

る理想サイクルを1824年に考案した．これを，カルノーサイクルという．

カルノーサイクルでは，図**4.5.1**に示すように，理想気体を動作流体として用い，ピストンはシリンダとの間にすきまがなく摩擦なしに動くものとし，シリンダ頭部のみが外界との熱授受をするものと仮定している．したがって，頭部に断熱材を置くときは熱の出入りはなく，外界と仕事のみを交換し，また頭部に熱源が接触したときには外界への仕事と熱の両方の交換をする．カルノーサイクルはこれらの過程が準静的に行われる可逆サイクルである．このサイクルを，一定温度の高温源と，一定温度の低温源の間で作動させると，

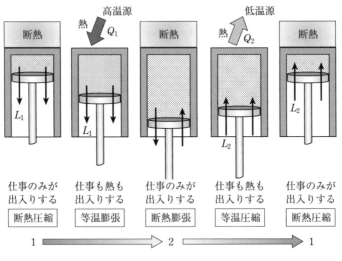

図**4.5.1**　カルノーサイクル

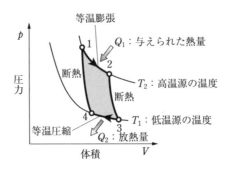

図**4.5.2**　カルノーサイクルのp-V線図

図4.5.2に示すように，等温膨張過程，断熱膨張過程，等温圧縮過程，断熱圧縮過程の4過程を組み合わせた可逆サイクルが構成される．

カルノーサイクルは，膨張や圧縮を温度一定の下あるいは完全な断熱の下で短時間に行うことが実現困難であるなどのため，実際にカルノーエンジンを製作することは不可能である．しかし，工業上では，他の実用サイクルの効率の比較の基準サイクルとして有用である．

図4.5.2に示す与えられた熱量 Q_1 と放熱量 Q_2 の比は，高温源温度 T_1 と低温源温度 T_2 の比で表すことができる．

$$\frac{Q_2}{Q_1} = \frac{T_2}{T_1}$$

したがって，カルノーサイクルの熱効率 η は，

$$\eta = \frac{Q_1 - Q_2}{Q_1} = 1 - \frac{Q_2}{Q_1} = 1 - \frac{T_2}{T_1}$$

■**例題4.5.1** 高温熱源温度が1 000℃，低温熱源温度が45℃の間で作動するカルノーサイクルの熱効率 η を求めよ．

【解】

$$\eta = 1 - \frac{Q_2}{Q_1} = 1 - \frac{T_2}{T_1} = 1 - \frac{45 + 273.15}{1\,000 + 273.15} = 0.750$$

4.5.2 エントロピの概要

熱力学の第2法則によれば，自然現象は不可逆現象として，高温源から低温源への熱移動，あるいは仕事から熱へのエネルギ変換など，平衡状態となる自然な方向へ変化が進むことになる．その変化の事実を示す状態量が**エントロピ**である．

可逆変化では，エントロピは一定となる．

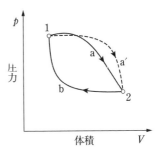

図4.5.3 可逆変化のエントロピ

絶対温度 T の物質に対して，微小熱量 dQ が出入りするとき，物質の温度 T に変化がないものとする．図 4.5.3 に示す状態 1 から状態 2 まで変化経路に沿って可逆変化をしたとすると，dQ/T を積分した値はその変化経路に関係なく一定値となる．したがって，この積分値 $\int \dfrac{dQ}{T}$ は，状態量といえる．そこで，

$$dS = \frac{dQ}{T} \; \text{〔J/K〕} \tag{4.5.1}$$

とおき，このときの S を動作流体のエントロピという．状態 1 から状態 2 までのエントロピの変化は，次式となる．

$$S_2 - S_1 = \int_1^2 \frac{dQ}{T} \; \text{〔J/K〕} \tag{4.5.2}$$

このとき，状態 1 を基準点として，$S_1 = 0$ とおけば，任意の状態 2 のエントロピは，次式を積分することにより求めることができる．

$$S_2 = \int_1^2 \frac{dQ}{T} \tag{4.5.3}$$

　また，単位質量当たりのエントロピ s を**比エントロピ**〔J/(kg·K)〕という．

　ところで，不可逆変化におけるエントロピは必ず可逆変化におけるエントロピよりも大きくなる．自然界では普通に起こる現象は全て不可逆変化なので，系の全エントロピは増加する方向に進行する．したがって，可逆変化を生じる場合のエントロピは一定で不変であるが，どのような場合においてもエントロピが減少することはない．これは，全てのエネルギは熱に変わろうとし，その熱により温度が平衡するようになり，全てが同じ温度になるまでエントロピは増大していくことを示している．そして，全てが同じ温度になったときが，エントロピの総和が最大となる．

　理想気体のエントロピは，固体や液体と同様に絶対温度の対数に比例し増加する．温度が同一の場合は，体積の増大とともにエントロピも増加し，圧力の上昇とともに減少する．

4.5.3 有効エネルギ

エネルギには，仕事に変換しやすいエネルギと，しにくいエネルギがあり，実際に我々が普通に利用できるエネルギについても仕事に変換して利用できるエネルギ量に注目する必要がある．**有効エネルギ**とは，工業仕事として有効に利用できるエネルギのことで，熱力学の第2法則の制約の下に理論的に仕事に変換しうる最大のエネルギである．

カルノーサイクルにより熱エネルギから仕事を取り出すことを考える．カルノーサイクルは高温源から熱エネルギを受け取り，仕事を行うとともに低温源に放熱する．このとき，低温源の温度が絶対零度でない限り，常に仕事を取り出すことが可能である．ここで，一般に地球上で熱を仕事に変換する場合，最も低い低温源は大気と考えられる．これは，河川や海洋などを利用して何らかの方法で大気の温度よりも低い温度を低温源とすることができたとしても，長時間にわたってその状態を保つことは不可能で，最終的には大気と同温度となるからである．熱の有効エネルギは，その系の周囲環境温度を基準にしている．また，系が膨張して外界へ仕事をすることを考える．系は地球上においては大気に包まれており，大気圧下にある．したがって，気体が外部に対して行う仕事から大気圧下で押しつぶされないように抵抗する仕事を差し引いた分が膨張仕事の有効エネルギと考えられる．一般に，地球上では大気圧力が自然の最低の圧力であり，有効エネルギはこれを周囲環境圧力として基準としている．

図 4.5.4 に示すように，周囲環境が圧力 p_0，温度 T_0 である静止した閉じた系が状態変化する場合の，系が保有する有効エネルギ E は物体の状態変化の経路によらない状態量であり，次式で求められる．ここで，小文字はそれぞれの単位質量当たりの値を示す．

$$E = (U - U_0) - T_0(S - S_0) + p_0(V - V_0) \tag{4.5.4}$$

$$e = (u - u_0) - T_0(s - s_0) + p_0(v - v_0) \tag{4.5.5}$$

U：状態変化前の系内の内部エネルギ，

U_0：周囲環境と平衡状態の内部エネルギ，

S：状態変化前の系内のエントロピ，

S_0：周囲環境と平衡状態のエントロピ，

V：状態変化前の系内の体積，

V_0：周囲環境と平衡状態の体積

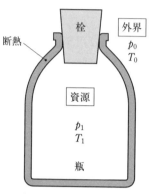

閉じた系の有効エネルギ

外界の環境下に圧力 p_1，温度 T_1 の
気体が入った瓶があるとする．

栓を開けると，時間とともに外界と
平衡状態になる．

有効エネルギとは，平衡状態に
なるまでに，最大限に取り出し
うる仕事である．

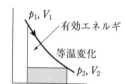

体積変化に伴う圧力の有効エネルギ

図 4.5.4　有効エネルギ

■**例題 4.5.2**　高温熱源温度 $1\,000℃$，受熱量 $Q_1 = 1\,000\,\mathrm{kJ}$ で作動している
熱機関の有効エネルギ Q_a と無効エネルギ Q_0 を求めよ．ただし，この熱機
関の周囲環境温度は $45℃$ とする．

【解】

有効エネルギを Q_a，無効エネルギを Q_0 とすれば，

$$Q_a = \left(1 - \frac{T_0}{T_1}\right) Q_1 = \left(1 - \frac{318.15}{1\,273.15}\right) \times 1\,000 = 750.1\,\mathrm{kJ}$$

$$Q_0 = 1\,000 - 750.1 = 249.9\,\mathrm{kJ}$$

4.6 ガスサイクル

　ガソリンエンジンやディーゼルエンジンは**ガスサイクル**であり，最も広く用いられている熱機関のひとつである．ここでは，ガスサイクルの特性やガスサイクルにおける状態変化について述べる．

4.6.1 原動機の分類

　一般に流体のエネルギを機械エネルギに変換する機械を**原動機**という．これに対して，得られた機械エネルギにより実際に作業をする装置を作業機といい，原動機と作業機の間にあって，動力の伝達をする機械，たとえば歯車装置，巻掛け伝動装置などは伝達装置という．また，熱エネルギを機械エネルギに変換する原動機を**熱機関**といい，その中に，ガソリンエンジンやガスタービンなどのように気体燃料と空気を混合させて混合ガスを利用する熱機関がある．動作流体として気体を利用してエネルギ変換の際に相変化を伴わ

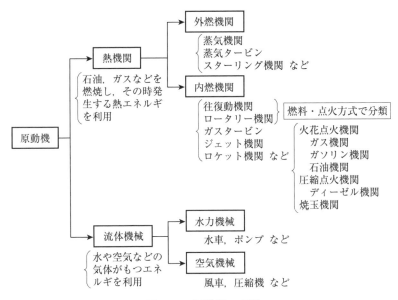

図 4.6.1　原動機の分類

ない熱機関をガスサイクルといい，ガスサイクルでは，動作流体を理想気体として取り扱うことができる．原動機の分類を，**図 4.6.1** に示す．

4.6.2 ガソリン機関

（1）　オットーサイクル

ガソリン機関は，ピストン等の運動を用いて熱エネルギを機械エネルギに変換するガスサイクルのひとつで，シリンダ内の燃焼により生じる圧力でピストンを駆動するガスエンジンである．ガソリン機関の作動状態は次の4行程により成り立っており，これが繰り返されてサイクルが構成される．

① 　吸気行程：ガソリンと空気の混合気をシリンダ内に吸い込む

② 　圧縮行程：混合気を圧縮する

③ 　膨張行程：混合気に点火・燃焼し，その燃焼ガスが膨張する

④ 　排気行程：燃焼ガスをシリンダ外へ排出する

この4行程をピストンの往復運動を利用して行う場合，2回転で1サイクルを完了するエンジンを4ストロークサイクルエンジン（4サイクルガソリ

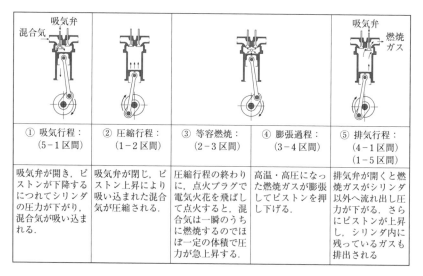

① 吸気行程： （5-1区間）	② 圧縮行程： （1-2区間）	③ 等容燃焼： （2-3区間）	④ 膨張過程： （3-4区間）	⑤ 排気行程： （4-1区間） （1-5区間）
吸気弁が開き，ピストンが下降するにつれてシリンダの圧力が下がり，混合気が吸い込まれる．	吸気弁が閉じ，ピストン上昇により吸い込まれた混合気が圧縮される．	圧縮行程の終わりに，点火プラグで電気火花を飛ばして点火すると，混合気は一瞬のうちに燃焼するのではぼ一定の体積で圧力が急上昇する．	高温・高圧になった燃焼ガスが膨張してピストンを押し下げる．	排気弁が開くと燃焼ガスがシリンダ以外へ流れ出し圧力が下がる．さらにピストンが上昇し，シリンダ内に残っているガスも排出される

図 4.6.2　4サイクルガソリン機関の行程

ン機関）といい，1回転で1サイクルを完了するエンジンを2ストロークサイクルエンジン（2サイクルガソリン機関）という．熱効率を検討する上で両者は理論上の差異はないが，実際にはそれぞれに長短所がある．

　4サイクルガソリン機関は，受熱および放熱が等容過程で行われるエンジンで，現在のガス機関やガソリン機関の基準サイクルとなっていて，オットー（Otto）により発案されたことから**オットーサイクル**ともよばれている． **図4.6.2** に行程を，**図4.6.3** に p-V 線図を示す．行程2–3で等容燃焼が行われるため，オットーサイクルは等容サイクル（定容サイクル）ともよばれる．

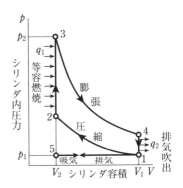

図4.6.3　4サイクルガソリン機関の p-V 線図

　2サイクルガソリン機関の原理は4サイクルと同じであるが，作動方式が異なっていて，ピストンが1往復する間に1サイクルを完了する．**図4.6.4** に2サイクルの行程を，**図4.6.5** に p-V 線図を示す．

(2)　理論効率

　4サイクルガソリン機関の **T-s 線図**（温度 T を縦軸，比エントロピ s を横

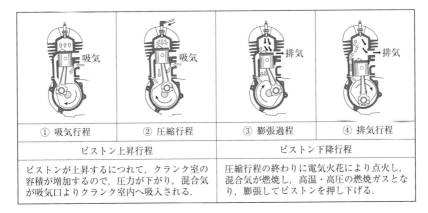

① 吸気行程	② 圧縮行程	③ 膨張過程	④ 排気行程
ピストン上昇行程		ピストン下降行程	
ピストンが上昇するにつれて，クランク室の容積が増加するので，圧力が下がり，混合気が吸気口よりクランク室内へ吸入される．		圧縮行程の終わりに電気火花により点火し，混合気が燃焼し，高温・高圧の燃焼ガスとなり，膨張してピストンを押し下げる．	

図4.6.4　2サイクルガソリン機関の行程

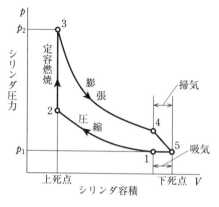

図 4.6.5　2 サイクルガソリン機関
　　　　　の p-V 線図

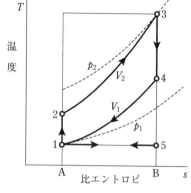

図 4.6.6　4 サイクルガソリン機関
　　　　　の T-s 線図

軸にとったグラフ）を図 4.6.6 に示す．この図において，単位質量当たりの動作ガスを考えると，受熱量 q_1 と放熱量 q_2 はそれぞれ次式となる．

$$q_1 = [受熱量（等容 2 \to 3）] = c_v(T_3 - T_2) \tag{4.6.1}$$

$$q_2 = [放熱量（等容 4 \to 1）] = c_v(T_4 - T_1) \tag{4.6.2}$$

よって，比熱が一定である場合の理論熱効率 η_{th} は次式で求められる．

$$\eta_{th} = 1 - \frac{q_2}{q_1} = 1 - \frac{T_4 - T_1}{T_3 - T_2} \tag{4.6.3}$$

また，圧縮比 ε，比熱比 κ を用いると，理論熱効率 η_{th} は次式で示される．

$$\eta_{th} = 1 - \left(\frac{1}{\varepsilon}\right)^{\kappa - 1} \tag{4.6.4}$$

圧縮比 ε とは，圧縮行程において，シリンダ内に吸い込まれた混合気が圧縮される圧縮の度合いのことで，たとえば，**図 4.6.7** においては，次式となる．

$$\varepsilon = \frac{V_1}{V_2} = \frac{V_s + V_2}{V_2} = 1 + \frac{V_s}{V_2} \tag{4.6.5}$$

ここで，V_s：行程容積，V_2：すきま容積，V_1：シリンダ容積（ $= V_s + V_2$ ）

圧縮比と圧力比の間の関係式 (4.6.6) を用いれば，理論熱効率 η_{th} は式

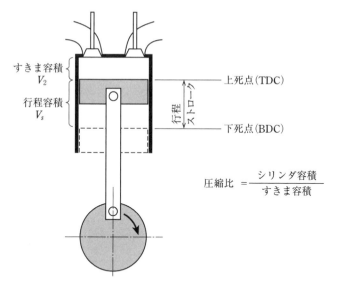

上死点（TDC）

行程ストローク

下死点（BDC）

すきま容積 V_2

行程容積 V_s

$$圧縮比 = \frac{シリンダ容積}{すきま容積}$$

図 4.6.7　圧縮比

(4.6.7) のように整理される.

$$\frac{p_2}{p_1} = \frac{p_3}{p_4} = \varepsilon^\kappa \tag{4.6.6}$$

$$\eta_{th} = 1 - \left(\frac{p_1}{p_2}\right)^{\frac{\kappa-1}{\kappa}} = 1 - \left(\frac{p_4}{p_3}\right)^{\frac{\kappa-1}{\kappa}} \tag{4.6.7}$$

■**例題 4.6.1**　理想的に動作する動作媒質を空気とするオットーサイクルがある. このオットーサイクルの行程容積（掃気容積）$V_s = 2\,100\,\mathrm{cc}$, 圧縮比 $\varepsilon = 7.5$ であるとする. 圧縮はじめの圧力が $0.1\,\mathrm{MPa}$, 温度 30℃, 燃焼後の最高温度 $2\,000$℃ であるとき, 得られる仕事と理論熱効率 η_{th} を求めよ. なお, ガス定数は $R = 0.287\,\mathrm{kJ/(kg \cdot K)}$, 定圧比熱は $c_p = 1.170\,\mathrm{kJ/(kg \cdot K)}$ で一定であるとする.

【解】

行程容積 $V_s = V_1 - V_2 = 2.1 \times 10^{-3}\,\mathrm{m}^3$

圧縮比 $\varepsilon = 7.5 = \dfrac{V_1}{V_2}$

これより V_1, V_2 はそれぞれ以下のようになる.

259

$$V_2 = \frac{V_1 - V_2}{\varepsilon - 1} = \frac{2.1 \times 10^{-3}}{7.5 - 1} = 3.23 \times 10^{-4} \, \mathrm{m}^3$$

$$V_1 = (V_1 - V_2) + V_2 = 2.42 \times 10^{-3} \, \mathrm{m}^3$$

空気の全質量 m は，

$$m = \frac{p_1 V_1}{R T_1} = \frac{0.1 \times 10^6 \times 2.42 \times 10^{-3}}{0.287 \times 10^3 \times 303} = 2.78 \times 10^{-3} \, \mathrm{kg}$$

定容比熱 c_v は，

$$R = c_p - c_v$$

$$c_v = c_p - R = 1.170 - 0.287 = 0.883 \, \mathrm{kJ/(kg \cdot K)}$$

$$\kappa = \frac{c_p}{c_v} = \frac{1.170}{0.883} = 1.325$$

圧縮後の温度 T_2，等容燃焼後の温度 T_3，断熱膨張後の温度 T_4 は，それぞれ以下のように求めることができる．

$$T_2 = T_1 \varepsilon^{\kappa-1} = 303 \times 7.5^{0.325} = 583 \, \mathrm{K}$$

$$T_3 = 273 + 2\,000 = 2\,273 \, \mathrm{K}$$

$$T_4 = T_3 \times \left(\frac{1}{\varepsilon}\right)^{\kappa-1} = 2\,273 \times \left(\frac{1}{7.5}\right)^{0.325} = 1\,181 \, \mathrm{K}$$

1サイクル当たりの仕事 W は，

$$
\begin{aligned}
W &= Q_1 - Q_2 = mc_v(T_3 - T_2) - mc_v(T_4 - T_1) \\
&= mc_v\{(T_3 - T_2) - (T_4 - T_1)\} \\
&= 2.78 \times 10^{-3} \times 0.883 \times \{(2\,273 - 583) - (1\,181 - 303)\} = 1.993 \, \mathrm{kJ}
\end{aligned}
$$

理論効率 η_{th} は，

$$\eta_{th} = 1 - \left(\frac{1}{\varepsilon}\right)^{\kappa-1} = 1 - \left(\frac{1}{7.5}\right)^{0.325} = 0.480$$

4.6.3 ディーゼル機関

　シリンダ内に空気のみを吸い込み，断熱圧縮して高温・高圧の空気になったところへ燃料を噴射すると，自動着火する．そして，等圧燃焼させたのちに断熱膨張により仕事を取り出し，等容で排気するサイクルを創案者にちなんで**ディーゼルサイクル**という．ディーゼル機関は，ガソリン機関の圧縮比

6〜10 に比べて 15〜22 と高くする必要がある．高圧縮された空気は約 500℃ となる．軽油は 260℃で自動着火するので，この高温空気中に噴射するだけで自然着火する．ディーゼル機関は，ガソリン機関のような点火装置が必要ないが，耐圧性能を高くする必要がある．

ディーゼル機関は，低速ディーゼルと高速ディーゼル（サバテサイクル）の 2 種類がある．また，ガソリン機関と同様に 4 サイクルディーゼル機関と 2 サイクルディーゼル機関がある．

4 サイクルディーゼル機関の低速ディーゼル機関と高速ディーゼル機関について，図 4.6.8，図 4.6.9 に p-V 線図，T-s 線図をそれぞれ示す．

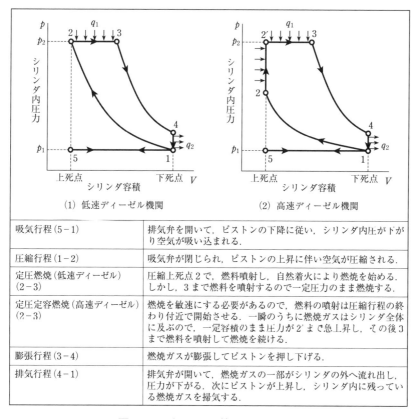

(1) 低速ディーゼル機関　　(2) 高速ディーゼル機関

吸気行程 (5-1)	排気弁を開いて，ピストンの下降に従い，シリンダ内圧が下がり空気が吸い込まれる．
圧縮行程 (1-2)	吸気弁が閉じられ，ピストンの上昇に伴い空気が圧縮される．
定圧燃焼 (低速ディーゼル) (2-3)	圧縮上死点 2 で，燃料噴射し，自然着火により燃焼を始める．しかし，3 まで燃料を噴射するので一定圧力のまま燃焼する．
定圧定容燃焼 (高速ディーゼル) (2-3)	燃焼を敏速にする必要があるので，燃料の噴射は圧縮行程の終わり付近で開始させる．一瞬のうちに燃焼ガスはシリンダ全体に及ぶので，一定容積のまま圧力が 2' まで急上昇し，その後 3 まで燃料を噴射して燃焼を続ける．
膨張行程 (3-4)	燃焼ガスが膨張してピストンを押し下げる．
排気行程 (4-1)	排気弁が開いて，燃焼ガスの一部がシリンダの外へ流れ出し，圧力が下がる．次にピストンが上昇し，シリンダ内に残っている燃焼ガスを掃気する．

図 4.6.8　ディーゼル機関の p-V 線図

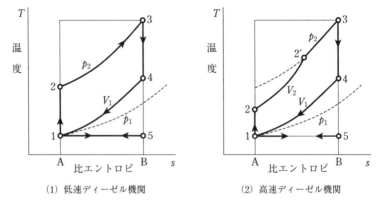

図 4.6.9　ディーゼル機関の T-s 線図

(1) 低速ディーゼル機関　　　　(2) 高速ディーゼル機関

　低速ディーゼルの熱効率は，図 4.6.9 において，単位質量当たりの動作ガスの受熱量 q_1 と放熱量 q_2 は次式で示される.

$$q_1 = [受熱量（等圧 2 \to 3）] = c_p(T_3 - T_2) \tag{4.6.8}$$

$$q_2 = [放熱量（等容 4 \to 1）] = c_v(T_4 - T_1) \tag{4.6.9}$$

よって，比熱が一定である場合の理論熱効率 η_{th} は次式で求められる.

$$\eta_{th} = 1 - \frac{q_2}{q_1} = 1 - \frac{c_v(T_4 - T_1)}{c_p(T_3 - T_2)} = 1 - \frac{1}{\kappa}\frac{T_4 - T_1}{T_3 - T_2} \tag{4.6.10}$$

　また，等圧膨張比（噴射比）$\sigma = v_3/v_2$，圧縮比 $\varepsilon = v_1/v_2$，比熱比 κ を用いると，次のようになる. ここで小文字の v は比体積を表す.

$$\eta_{th} = 1 - \left(\frac{1}{\varepsilon}\right)^{\kappa-1}\left[\frac{\sigma^\kappa - 1}{\kappa(\sigma - 1)}\right] \tag{4.6.11}$$

　一方，高速ディーゼルは，創案者にちなんで**サバテサイクル**，あるいは二段燃焼サイクルともいう. 現在広く使われている高速圧縮点火機関の基準サイクルである. 同様に，1 サイクル間において，動作ガスの量を一定とすれば，図 4.6.9 において，受熱量 q_1 と放熱量 q_2 は，単位質量当たりの動作ガスを考えると，次のようになる.

$$q_1 = \{受熱量[（等容 2 \to 2'）+（等圧 2' \to 3）]\}$$

$$= c_v(T_{2'} - T_2) + c_p(T_3 - T_{2'}) \tag{4.6.12}$$

$$q_2 = [放熱量（等容 4 \rightarrow 1）] = c_v(T_4 - T_1) \tag{4.6.13}$$

よって，比熱が一定である場合の理論熱効率 η_{th} は次式で求められる．

$$\eta_{th} = 1 - \frac{q_2}{q_1} = 1 - \frac{c_v(T_4 - T_1)}{c_v(T_{2'} - T_2) + c_p(T_3 - T_{2'})}$$

$$= 1 - \frac{T_4 - T_1}{(T_{2'} - T_2) + \kappa(T_3 - T_{2'})} \tag{4.6.14}$$

また，等圧膨張比（噴射比）$\sigma = v_4/v_3 = v_4/v_2$，圧縮比 $\varepsilon = v_1/v_2$，等容圧力上昇比（温度上昇比）$\alpha = p_3/p_2 = T_3/T_2$，比熱比 κ を用いると，次のように示される．

$$\eta_{th} = 1 - \frac{(\alpha\sigma^\kappa - 1)T_1}{(\alpha\varepsilon^{\kappa-1} - \varepsilon^{\kappa-1})T_1 + \kappa(\sigma\alpha\varepsilon^{\kappa-1} - \alpha\varepsilon^{\kappa-1})T_1}$$

$$= 1 - \left(\frac{1}{\varepsilon}\right)^{\kappa-1} \frac{\alpha\sigma^\kappa - 1}{(\alpha - 1) + \alpha\kappa(\sigma - 1)} \tag{4.6.15}$$

式（4.6.15）より，サバテサイクルにおいて，$\sigma = 1$ のときがオットーサイクル，$\alpha = 1$ のときが低速ディーゼルサイクルに相当する．

4.6.4 スターリングサイクルおよびエリクソンサイクル

ガソリン機関やディーゼル機関は，内燃機関でありシリンダ内部で燃料を燃焼させているのに対して，**スターリングサイクルやエリクソンサイクル**はシリンダの外部で燃焼させる外燃機関である．基本構成要素は，機関の外に熱の投入を行うための加熱器あるいは燃焼器，熱を取り除くための冷却器，加熱器と冷却器の間に設置される再生器とよばれる蓄熱・再生型熱交換器，圧縮空間と膨張空間を構成するためのシリンダ-ピストン系，これらの要素を接続する配管などから構成される．**図 4.6.10** にスターリングサイクル，**図 4.6.11** にエリクソンサイクルの $p\text{-}V$ 線図，$T\text{-}s$ 線図を示す．動作ガスは加熱器に移送される前に再生器内を通過し，高温源 T_1 まで温度上昇した後に加熱器内で受熱してシリンダ内で等温膨張し，外部に仕事を行う．再生器内の熱授受を等容の下で行うのがスターリングサイクルで，等圧の下で行うの

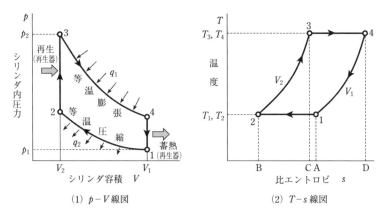

(1) $p-V$ 線図 (2) $T-s$ 線図

等温膨張行程 (3 → 4)	高温源から受熱量 q_1 を受熱する．その際に，ピストンを押し下げ外部に仕事が取り出される．	$q_1 = [面積(\mathrm{C34D})] = RT_3 \ln\left(\dfrac{V_4}{V_3}\right)$
等容移送行程 (4 → 1)	膨張空間から圧縮空間へ作動ガスを移送する．その時に再生器を通過させ，再生器内に熱量 r_1 を蓄熱させる．	$r_1 = [面積(\mathrm{D41A})] = c_v(T_4 - T_1)$
等温圧縮行程 (3 → 4)	冷却器へ放熱量 q_2 を放熱する．その際に，ピストンが上昇して等温で圧縮される．	$q_2 = [面積(\mathrm{A12B})] = RT_1 \ln\left(\dfrac{V_1}{V_2}\right)$
等容移送行程 (2 → 3)	圧縮空間から膨張空間へ作動ガスを移送する．その時に再生器を通過させ，再生器内から熱量 r_2 を回収（再生）する．	$r_2 = [面積(\mathrm{B23C})]$ $= c_v(T_3 - T_1) = c_v(T_4 - T_1)$

図 4.6.10　スターリングサイクルの p-V 線図と T-s 線図

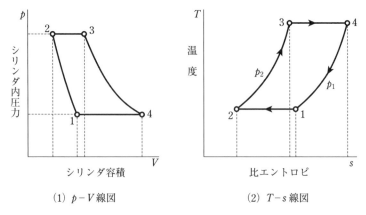

(1) $p-V$ 線図 (2) $T-s$ 線図

図 4.6.11　エリクソンサイクルの p-V 線図と T-s 線図

がエリクソンサイクルである.

理論熱効率 η_{th} は等温圧縮比 $\gamma = V_4/V_3 = V_1/V_2$ が成立するので,$T_1 = T_2$,$T_3 = T_4$ となり,次式で求められる.

$$\eta_{th} = 1 - \frac{q_2}{q_1} = \frac{q_1 - q_2}{q_1} = \frac{R(T_4 - T_1)\ln\gamma}{RT_4\ln\gamma} = 1 - \frac{T_1}{T_4} \tag{4.6.16}$$

式 (4.6.16) より,スターリングサイクルとエリクソンサイクルの理論熱効率は,カルノー効率に等しくなる.実際には再生器において蓄熱した熱量が100%回収できることはない.したがって,再生器効率 e を加味すると熱効率 η' は次式となる.

$$\eta' = \frac{R(T_4 - T_1)\ln\gamma}{RT_4\ln\gamma + (1-e)c_v(T_4 - T_1)} \tag{4.6.17}$$

実際のスターリングエンジンでは,等温膨張,等温圧縮の各行程を厳密に再現することは困難であり,実機で高効率を実現させるには多くの課題がある.

■**例題 4.6.2** 高温源温度 620℃,低温源温度 55℃で作動するスターリングサイクル機関の理論効率を求めよ.

【解】

カルノー効率と等しくなるので,以下のようになる.

$$\eta_{th} = 1 - \frac{T_1}{T_4} = 1 - \frac{55 + 273}{620 + 273} = 0.633$$

4.6.5 ガスタービンサイクル

ガスタービンは内燃機関と同様に燃料と空気とを混合して燃焼させ,燃焼ガスを動作ガスとして活用するが,空気や冷媒を高圧に昇圧して熱交換器などを介して加熱し,この高温・高圧のガスを空気タービンや膨張機に導き動力を得る場合もある.燃焼ガスを用いる場合は,大気に排ガスを放出するが,空気タービンや膨張機を用いる場合は,動力を得た後に冷却を行うことによ

り同一の動作ガスを循環させて用い，サイクルを構成して活用することが多い．前者を開放サイクル，後者を密閉サイクルといって区別している．

(1)　単純ガスタービンサイクル

図 **4.6.12** に単純ガスタービンサイクルの系統図を示す．空気は圧縮機によって昇圧され燃焼器に送られる．燃焼器では燃料をノズルから噴射して等圧で燃焼させて高温の燃焼ガスとし，これをタービンに導き熱エネルギを回転の運動エネルギに変換する．タービンには同軸に結んである圧縮機と発電機があり，この運動エネルギを利用してこれらを駆動する．このようなサイクルを**ブレイトンサイクル**という．

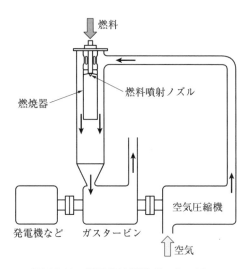

図 4.6.12　等圧燃焼単純ガスタービン

図 **4.6.13** に p–V 線図，T–s 線図を示す．サイクルは，圧縮機およびタービンにおける断熱圧縮および断熱膨張，燃焼器内における等圧変化により構成されている．単位質量当たりの動作ガスについて，得られる機械仕事 w は，受熱量 q_1，放熱量 q_2 とすれば以下のように示される．

$$q_1 = [受熱量（等圧 2 \rightarrow 3）] = [面積（A'23C'）] = c_p(T_3 - T_2)$$

$$(4.6.18)$$

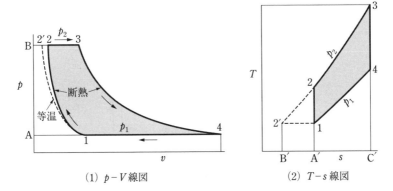

(1) p-V 線図　　　　　(2) T-s 線図

図 4.6.13　等圧燃焼単純ガスタービンサイクルの p-V 線図，T-s 線図

$$q_2 = [放熱量（等圧 4 \rightarrow 1）] = [面積（C'41A'）] = c_p(T_4 - T_1)$$
(4.6.19)

$$w = q_1 - q_2 = [面積（1234）] = c_p[(T_3 - T_2) - (T_4 - T_1)]$$
(4.6.20)

w は単位質量のガスが単位時間にする仕事率〔W/kg〕を表しており，**比出力**という．理論熱効率 η_{th} は次式で求められる．

$$\eta_{th} = 1 - \frac{q_2}{q_1} = 1 - \frac{T_4 - T_1}{T_3 - T_2}$$
(4.6.21)

さらに，圧力比 $\varphi = \dfrac{p_2}{p_1}$ とすれば，以下のように整理される．

$$w = c_p\left[T_3\left(1 - \frac{1}{\varphi^{(\kappa-1)/\kappa}}\right) - T_1(\varphi^{(\kappa-1)/\kappa} - 1) \right]$$
(4.6.22)

$$\eta_{th} = 1 - \left(\frac{1}{\varphi}\right)^{\frac{\kappa-1}{\kappa}}$$
(4.6.23)

理論熱効率は圧力比の上昇に伴って上昇する．

(2)　再生を行うガスタービンサイクル

単純ガスタービンサイクルでは，まだ十分高温なままの排気ガスを放出しており熱損失が大きい．そこで，排気ガスから熱を回収して利用し効率の向上を図ることが考えられる．再生を行うガスタービンサイクルは，**図 4.6.14** に示すように排気ガスによって燃焼用空気の加熱を行い，排熱の一部を回収して再生利用するサイクルである．

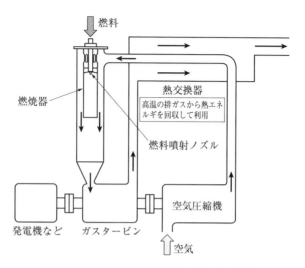

図 4.6.14　再生を行うガスタービンサイクル

図 **4.6.15** に再生を行うガスタービンサ
イクルの T-s 線図を示す．サイクルの
全排熱量は，図の面積（C′41A′）で示さ
れ，面積（C′42″A″）で示される放熱量
を回収し，面積（C″4″2A′）の部分に相
当する受熱量として再生する．この再生
熱量は，次に示すようになる．

$$[\text{面積}（C′42″A″）]$$
$$= [\text{面積}（C″4″2A′）]$$
$$= c_p（T_4 - T_2）\qquad (4.6.24)$$

サイクルにおける受熱量と放熱量は，
再生熱量を加味すると次のようになる．

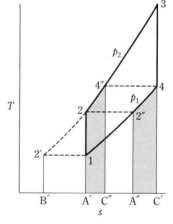

図 4.6.15　再生を行うガスタービ
ンの T-s 線図

$$q_1′ = [\text{受熱量}（\text{等圧 } 4″ \to 3）] = q_1 - c_p（T_4 - T_2）= c_p（T_3 - T_4）$$

$$(4.6.25)$$

$$q_2′ = [\text{放熱量}（\text{等圧 } 2″ \to 1）] = q_2 - c_p（T_4 - T_2）= c_p（T_2 - T_1）$$

$$(4.6.26)$$

よって，得られる機械仕事 w' は次式で求められる．

$$w' = q_1' - q_2' = c_p[(T_3 - T_4) - (T_2 - T_1)]$$

$$= c_p\left[T_3\left(1 - \frac{1}{\varphi^{(\kappa-1)/\kappa}}\right) - T_1(\varphi^{(\kappa-1)/\kappa} - 1)\right] \tag{4.6.27}$$

また理論熱効率 η_{th} は次式で求められる．

$$\eta_{th} = 1 - \frac{q_2'}{q_1'} = 1 - \frac{T_2 - T_1}{T_3 - T_4} = 1 - \frac{T_1\left(\dfrac{T_2}{T_1} - 1\right)}{T_3\left(1 - \dfrac{T_4}{T_3}\right)}$$

$$= 1 - \frac{T_1\left[\left(\dfrac{p_2}{p_1}\right)^{\frac{\kappa-1}{\kappa}} - 1\right]}{T_3\left[1 - \left(\dfrac{p_1}{p_2}\right)^{\frac{\kappa-1}{\kappa}}\right]} = 1 - \frac{\varphi^{\frac{\kappa-1}{\kappa}}}{t} \tag{4.6.28}$$

φ：圧力比 $(= p_2/p_1)$，t：温度比 $(= T_3/T_1)$

比出力 w' は，再生の有無に関係なく単純ガスタービンサイクルの出力 w と同一になる．

4.7 気液二相サイクル

気液二相サイクルは，気相液相のそれぞれの長所を利用して実用的なサイクルを構築することが可能で，工業上多く利用されている．ここでは，気液二相物質の代表である蒸気などを動作流体としたサイクルについて述べる．なお，本節に関しては 4.4 湿り空気も参照されたい．

4.7.1 蒸気

(1) 蒸気の性質

液体，固体と共存する気体を蒸気という．蒸気は，気体の中でも工業利用上重要で，冷凍機や空気調和機器の動作流体として広く用いられている．蒸気には水蒸気，アンモニア，フロン，炭酸ガス，ガソリンなどがあり，これらはおおよそ同様な振る舞いをする．縦軸を圧力 p〔MPa〕，横軸を比エン

タルピ h〔kJ/kg〕として，蒸気の飽和曲線を描くと**図 4.7.1** に示されるようになる．比エンタルピとは，物質（この場合蒸気）1 kg が保有している全エネルギ量をいう．液相との境界と気相との境界の二つの飽和曲線は高圧領域で合致している．この点 K は**臨界点**といい，これ以上圧力が高い状態ははっきりとした相を形成せず不安定な状態となる．たとえば，炭酸ガスを冷媒に用いる例のように，冷媒や用途によっては臨界領域で動作させる場合もある．代表的な臨界温度と臨界圧力を**表 4.7.1** に示す．蒸気は，飽和に近い状

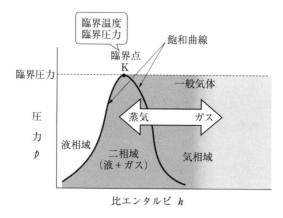

図 4.7.1　蒸気の領域

表 4.7.1　代表的な臨界温度，臨界圧力

物質名	化学記号	臨界圧力〔MPa〕	臨界温度〔℃〕
水	H_2O	22.1	374.1
アルコール	C_2H_6O	6.38	243
アンモニア	NH_3	11.3	132.4
プロパン	C_3H_8	4.22	96.8
ブタン	C_4H_{10}	4.36	95.6
炭酸ガス	CO_2	7.43	31.0
メタン	CH_4	4.63	-82.5
空気	—	3.78	-140.7

態領域にあるので，分子間力が働き厳密には理想気体の性状と異なるが，蒸気の過熱度（次項参照）を高めるとその特性式はガスの特性式に近づき，理想気体として扱うことができる．

(2) 乾き度

一般的な物質は，一定圧力下で蒸発や凝縮の際に一定の温度となるが，その温度を**飽和温度**という．また，その温度に対する圧力を**飽和圧力**という．物質により飽和圧力と飽和温度の関係は異なっており，一般に，圧力の上昇とともに飽和温度は高くなる．一定圧力のもとで加熱し，ちょうど蒸発が終了し水滴がなくなった状態を蒸気の**乾き飽和蒸気**といい，その中間の状態の蒸気を**湿り蒸気**，乾き飽和蒸気をさらに過熱した状態の蒸気を**過熱蒸気**という．過熱蒸気の温度とその時の圧力に対応する乾き飽和蒸気の飽和温度との差を**過熱度**という．**図 4.7.2** に示すように，気液二相域では，比エンタルピの増加に従い蒸発が進み，このときの湿り蒸気の状態は次に示す**乾き度** x により示される．

$$x = \frac{1\,\mathrm{kg}\,\text{の湿り蒸気内に含まれる乾き飽和蒸気量}}{\text{湿り蒸気}\,1\,\mathrm{kg}} \tag{4.7.1}$$

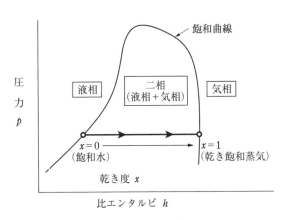

図 4.7.2 乾き度

4.7.2 ランキンサイクル

同じ温度差で同じ熱量を交換する際に，**潜熱**[注] が利用できると相変化を伴わない**顕熱**[注] のみの熱交換よりも必要となる伝熱面積が小さくなるなど有利である．気相と液相の長所をうまく組み合わせてサイクルを構成すれば工業上有用である．このような，気相と液相を利用するサイクルを気液二相サイクルあるいは**蒸気動力サイクル**という．

湿り蒸気でカルノーサイクルを動かしたとすると，湿り蒸気状態から等エントロピ圧縮（断熱圧縮）を実現するのが困難であるので，気液二相サイクルでは基準サイクルとして**ランキンサイクル**を用いることが多い．しかし，高温熱源から受熱する過程で不可逆過程を含むので，効率は，同一の最高温度と最低温度で動作するカルノーサイクルの効率よりも常に低くなる．

図 4.7.3 にランキンサイクルの系統図を示す．ポンプによって昇圧された水はボイラと過熱機により高温，高圧の過熱蒸気になる．そして，蒸気タービンに導かれた過熱蒸気はタービンにより回転動力を発生させつつ断熱膨張して低温，低圧の湿り蒸気となる．その後，復水器で冷却され，完全に水になった後に再びポンプに戻されて昇圧される．これらの一連の動作を T–s

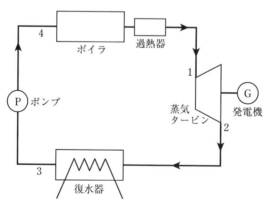

図 4.7.3　ランキンサイクルの系統図

注）熱を加えると温度変化が表れるものを顕熱，温度変化のないもの（たとえば蒸発熱）を潜熱という．

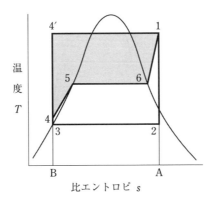

図 4.7.4　ランキンサイクルの T-s 線図

線図として図 **4.7.4** に示す．ただし，ここでは，構成要素を接続する配管の圧力損失，放熱による熱損失，ポンプにおける各種損失を含まない理想サイクルとして示している．図中の（4561）はボイラおよび過熱器内での等圧受熱過程で，（45）が不飽和水の受熱，（56）がボイラ本体での蒸気，（61）が過熱器内での受熱を示している．また，（12）は損失のない蒸気タービン内での可逆断熱膨張，（23）は復水器内における等圧凝縮，（34）が復水をポンプで可逆断熱圧縮する過程である．同じ温度範囲で作動するカルノーサイクルに比べて，ランキンサイクルの方が図中の面積分（16544′）だけ仕事が少なく，効率が低くなっている．

　ボイラおよび過熱器での受熱量 q_1 は図中の面積（B4561A）で示される．また，復水器への放熱量 q_2 は面積（B32A）となる．したがって，有効仕事 w は q_1 から q_2 を差し引いた面積（123456）で求められる．ランキンサイクルでは，サイクルの検討をする際には縦軸を圧力 p〔MPa〕，横軸をエンタルピ h〔kJ/kg〕にとったグラフである p-h 線図がよく用いられる．図 **4.7.5** に p-h 線図の例を示す．等圧の下での単位蒸気量当たりの熱の出入りは，比エンタルピの増減となるので，次のように示される．

$$q_1 = h_1 - h_4 \tag{4.7.2}$$

$$q_2 = h_2 - h_3 \tag{4.7.3}$$

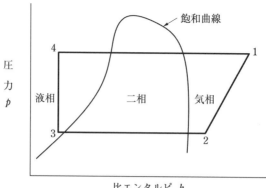

図 4.7.5　ランキンサイクルの p-h 線図

$$w = q_1 - q_2 = (h_1 - h_4) - (h_2 - h_3) = (h_1 - h_2) - (h_4 - h_3) \quad (4.7.4)$$

ここで，h は蒸気の比エンタルピで，添え字 1，2，3，4 は，状態 1，2，3，4 を示す．

$h_1 - h_2$ は，蒸気タービンのなす仕事である．また，$h_4 - h_3$ はポンプに要する仕事 w_p で，ポンプ入口圧力を p_3，ポンプ出口圧力を p_4，水の比体積を v' とすると，次式で求められる．

$$w_p = h_4 - h_3 = (p_4 - p_3)v' \quad (4.7.5)$$

よって，この場合のランキンサイクルの効率 η_R は次式となる．

$$\eta_R = \frac{w}{q_1} = \frac{h_1 - h_2 - w_p}{h_1 - h_3 - w_p} \quad (4.7.6)$$

一般に，w_p の値は，$h_1 - h_2$ に比べて小さいので，省略する場合が多い．

■例題 4.7.1　タービン入口において圧力 4.0 MPa，温度 450℃の過熱蒸気がある．この復水温度は 42℃であるとき，理想ランキンサイクルの熱効率 η_R を求めよ．また，蒸気 1 kg 当たりの仕事 w を求めよ．

【解】

温度基準飽和蒸気表（表 4.7.2）より，

タービン入口における過熱蒸気の比エンタルピ $h_1 = 3\,331.2$ kJ/kg

比エントロピ $s_1 = 6.9388$ kJ/(kg·K)

表 4.7.2 圧縮水および過熱蒸気表 （1980 SI 日本機械学会「蒸気表」から抜粋）

圧力 [MPa] 飽和温度 [℃]	40	60	80	100	120	150	180	200	300	350	400	450	500
1.8 (207.11)	0.0010070	0.0010163	0.0010283	0.0010428	0.0010597	0.0010899	0.0011268	0.0011562	0.1402	0.1546	0.1684	0.1820	0.1954
	169.0	252.6	336.3	420.3	504.8	633.0	763.5	852.5	3030.7	3142.7	3251.9	3360.4	3469.5
	0.5714	0.8300	1.0741	1.3055	1.5261	1.8402	2.1382	2.3303	6.8257	7.0131	7.1816	7.3372	7.4830
2.0 (212.37)	0.0010069	0.0010162	0.0010282	0.0010427	0.0010596	0.0010897	0.0011267	0.0011560	0.1255	0.1386	0.1511	0.1634	0.1756
	169.2	252.7	336.5	420.5	505.0	633.1	763.6	852.6	3025.0	3138.6	3248.7	3357.8	3467.3
	0.5713	0.8299	1.0740	1.3054	1.5260	1.8399	2.1379	2.3300	6.7696	6.9596	7.1295	7.2859	7.4323
2.5 (223.94)	0.0010067	0.0010160	0.0010280	0.0010425	0.0010593	0.0010894	0.0011262	0.0011555	0.09893	0.1098	0.1200	0.1300	0.1399
	169.7	253.2	336.9	420.9	505.3	633.4	763.9	852.8	3010.4	3128.2	3240.7	3351.3	3461.7
	0.5711	0.8297	1.0736	1.3050	1.5255	1.8394	2.1372	2.3292	6.6470	6.8442	7.0178	7.1763	7.3240
3.0 (233.84)	0.0010065	0.0010158	0.0010278	0.0010422	0.0010590	0.0010890	0.0011258	0.0011550	0.08116	0.09053	0.09931	0.1078	0.1161
	170.1	253.6	337.3	421.2	505.7	633.7	764.1	853.0	2995.1	3117.5	3232.5	3344.6	3456.2
	0.5709	0.8294	1.0733	1.3046	1.5251	1.8388	2.1366	2.3284	6.5422	6.7471	6.946	7.0854	7.2345
4.0 (250.33)	0.0010060	0.0010153	0.0010273	0.0010417	0.0010584	0.0010883	0.0011249	0.0011540	0.05883	0.06645	0.07338	0.07996	0.08634
	171.0	254.4	338.1	422.0	506.4	634.3	764.6	853.4	2962.0	3095.1	3215.7	3331.2	3445.0
	0.5706	0.8289	1.0726	1.3038	1.5241	1.8377	2.1352	2.3268	6.3642	6.5870	6.7733	6.9388	7.0909
5.0 (263.91)	0.0010056	0.0010149	0.0010268	0.0010412	0.0010579	0.0010877	0.0011241	0.0011530	0.04530	0.05194	0.05779	0.06325	0.06849
	171.9	255.3	338.8	422.7	507.1	635.0	765.2	853.8	2925.5	3071.2	3198.3	3317.5	3433.7
	0.5702	0.8283	1.0720	1.3030	1.5233	1.8366	2.1339	2.3253	6.2105	6.4545	6.6508	6.8217	6.9770

温 度 [℃]

注）表中の数値は，上段：比体積 v [m³/kg]，中段：比エンタルピ h [kJ/kg]，下段：比エントロピ s [kJ/kg·K] である．

42℃における飽和比エンタルピ $h' = 175.811\,\mathrm{kJ/kg}$, $h'' = 2\,577.9\,\mathrm{kJ/kg}$

比エントロピ $s' = 0.59873\,\mathrm{kJ/(kg \cdot K)}$, $s'' = 8.22093\,\mathrm{kJ/(kg \cdot K)}$

なお，表 4.7.2 で飽和液および飽和蒸気の比エンタルピ，比エントロピは，それぞれ h', s' および h'', s'' を示している．

タービン出口の乾き度 x は，

$$x = \frac{(s_1 - s')}{(s'' - s')} = \frac{(6.9388 - 0.59873)}{(8.22093 - 0.59873)} = 0.8318$$

よって，タービン出口の比エンタルピ h_2 は，

$$h_2 = (1 - x)h' + xh''$$

$$= (1 - 0.8318) \times 175.811 + 0.8318 \times 2\,577.9 = 2\,173.9\,\mathrm{kJ/kg}$$

ポンプ出口の比エントロピは $s' = 0.59873\,\mathrm{kJ/(kg \cdot K)}$ となる．

このときの温度は，表 4.7.2 の圧縮水の値から算出する．すなわち，

4.0 MPa，40℃の比エントロピは，$0.5706\,\mathrm{kJ/(kg \cdot K)}$，

4.0 MPa，60℃の比エントロピは，$0.8289\,\mathrm{kJ/(kg \cdot K)}$，

より，ポンプ出口温度 t_4 は，

$$t_4 = 40 + 20 \times \frac{0.59873 - 0.5706}{0.8289 - 0.5706} = 42.18℃$$

同様に比エンタルピ h_4 を求める．

4.0 MPa，40℃の比エンタルピは，$171.0\,\mathrm{kJ/kg}$，

4.0 MPa，60℃の比エンタルピは，$254.4\,\mathrm{kJ/kg}$，

$$h_4 = 171.0 + \left(\frac{2.18}{20}\right) \times (254.4 - 171.0) = 180.1\,\mathrm{kJ/kg}$$

蒸気 1 kg 当たりの仕事 w は，

$$w = (h_1 - h_2) - (h_4 - h_3)$$

$$= (3\,331.1 - 2\,173.9) - (180.1 - 175.811) = 1\,152.9\,\mathrm{kJ/kg}$$

熱効率 η_R は，

$$\eta_R = 1 - \frac{2\,173.9 - 175.811}{3\,331.1 - 180.1} = 0.366$$

4.7.3 再熱サイクル

　ガスタービンの場合と同じ考え方で，蒸気タービンの途中から蒸気をタービンの外へ取り出してボイラで加熱し，ほぼ初温近くまで温度上昇させた後に再びタービンに送り込んで膨張を続行させるサイクルを**再熱サイクル**という．このようなサイクルでは，初温を一定値以下にすることができ，臨界域での動作を避けることができる．また，熱落差を大きくとることができるので，サイクルの理論効率を向上させることができる．さらに，タービン出口の状態の乾き度を大きくとることができるので，システムの保守，メンテナンス上も有利になる．**図 4.7.6** に系統図を示す．

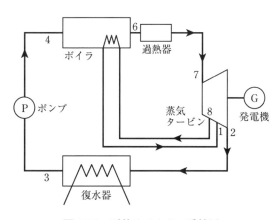

図 4.7.6　再熱サイクルの系統図

4.7.4 再生サイクル

　気液二相サイクル，特にランキンサイクルでは，凝縮に伴う放熱量は大きいため効率低下の原因のひとつになっている．復水器に捨てられる熱量を回収することができれば効率を向上させることができる．そこで，蒸気タービンの途中から膨張中の蒸気の一部を取り出し，ポンプで昇圧後の水の加温に活用すると，復水器に捨てる熱量を低減させることができる．このサイクルを**再生サイクル**といい，その系統図を**図 4.7.7** に示す．この例は，タービンから抽出する蒸気を 2 箇所に設けた例で混合型という．他に，表面接触型が

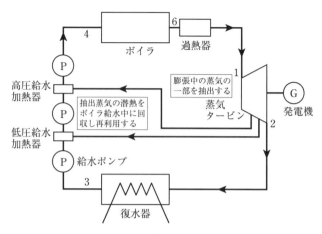

図 4.7.7　再生サイクル（混合型）の系統図

ある.

4.7.5　再熱・再生サイクル

　再熱サイクルでは，ランキンサイクルの高温源からの受熱側における不可逆過程が一部補われて効率向上効果がある. またその結果として排気の湿り気による蒸気タービンの内部損失を軽減する. 一方，再生サイクルではランキンサイクルの低温源への放熱を回収することにより効率の向上が得られる. そこで，この2つを同一サイクルに適用すれば，サイクル効率の向上が効果的に図られることになる. このようなサイクルを，再熱・再生サイクルという.

4.7.6　複合サイクル

　気液二相サイクルにおいて，再熱や再生による熱効率の向上が限界に達すれば，使用する蒸気の最高温度を高くするなどの方法が考えられる. しかし，実際にシステムを構成する場合，使用材料の耐熱性からこれにも限界がある. そこで，他種の熱機関や異なる動作流体を用いるサイクルと組み合わせて用いる試みがなされている. これを複合サイクルという. 複合サイクルは，一

般的にガスタービンと蒸気タービンの組み合わせが用いられているが，他にもディーゼル機関や水銀タービンに対して蒸気タービンを組み合わせるなどいくつかの組み合わせが実用化されている．さらに，MHD発電機，アルカリ金属タービン，有機媒体タービンなどと蒸気タービンの組み合わせも検討されている．

4.7.7 冷凍サイクル

スターリングサイクルでは，高温源から受熱し外部へ仕事をした後に低温源へ放熱する．スターリングサイクルは可逆サイクルなので，これを逆回転させて電動機などでピストンを動作させ外部より仕事を入力すれば，低温側では吸熱作用が起こり，高温側では放熱作用が起こる．この低温側の吸熱作用を利用すれば**冷凍機**となり，また，高温側の放熱作用を利用すれば，**ヒートポンプ**となる．ヒートポンプとは，低温側から吸熱し，高温側に放熱する作用を有する機械の総称である．低いところから高いところへ水を汲み上げるポンプと同様に見かけ上低温源から高温源へ熱を汲み上げているのでヒートポンプとよばれている．

同様に可逆サイクルであるランキンサイクルを逆回転させた逆ランキンサイクルを**蒸気圧縮式冷凍サイクル**という．このサイクルは，ランキンサイクルとは動作流体の流れる方向が逆まわりになる．ポンプの代わりに膨張弁もしくはキャピラリチューブとよばれる細管が用いられ，タービンの代わりに圧縮機が用いられる．動作流体は，冷凍サイクルの場合では**冷媒**という．冷媒はガスの状態で圧縮機に吸い込まれ，理想的には断熱圧縮され高温・高圧のガスとなる．その後，凝縮器にて放熱するとともに液化する．液状態の冷媒は膨張弁またはキャピラリチューブを通り低温・低圧の湿り蒸気となる．その後，蒸発器にて吸熱して過熱蒸気となって再び圧縮機に吸い込まれる．**図 4.7.8** に理想的な蒸気圧縮式冷凍サイクルの p–h 線図を示す．

冷凍サイクルの効率は，熱機関で一般に用いられている熱効率と区別して，**成績係数** COP が用いられている．図 4.7.8 のような回路でエアコンを構成し

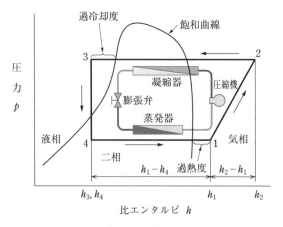

図4.7.8　蒸気圧縮式冷凍サイクル

た場合，冷房モードの理論成績係数 COP_R は次のようになる．

$$COP_R = \frac{q_2}{w} = \frac{h_1 - h_4}{h_2 - h_1} = \frac{h_1 - h_3}{h_2 - h_1} \tag{4.7.7}$$

ここで，q_2 は蒸発器で吸熱する熱量〔W〕，w は断熱仕事〔W〕である．

　また，ヒートポンプ（暖房モード）の成績係数 COP_H は，次のようになる．

$$COP_H = \frac{q_1}{w} = \frac{h_2 - h_3}{h_2 - h_1} = \frac{(h_1 - h_3) + (h_2 - h_1)}{h_2 - h_1} = COP_R + 1 \tag{4.7.8}$$

ここで，q_1 は凝縮器で放熱する熱量〔W〕である．

　ヒートポンプの場合，投入した仕事量の何倍もの熱量を得ることが可能であるため，省エネルギの観点から空調機などに広く用いられている．また，実際の蒸気圧縮式冷凍サイクルでは，冷媒に R32，R410A，R134a とよばれるフロン系冷媒や混合冷媒，用途によっては，炭酸ガスや炭化水素系冷媒などが用いられている．多くの場合，これらの冷媒は圧縮機の機構部を潤滑するために投入されている潤滑油を溶解するので，圧縮機での断熱圧縮過程は実際には等エントロピ変化とはならない．また圧縮機は実際には圧縮効率 η_{ad}，機械効率 η_m が含まれるので，実際の冷凍機の所要動力 P は G を質量流量〔kg/s〕とすると次式で求められる．

$$P = \frac{Gw}{\eta_{ad}\eta_m} = \frac{G(h_2 - h_1)}{\eta_{ad}\eta_m} \qquad (4.7.9)$$

またこのときの冷凍能力 Q_e〔W〕は次式となる.

$$Q_e = Gq_2 = G(h_1 - h_4) \qquad (4.7.10)$$

4.8 伝熱の基礎

熱はどのように伝わり，そしてどのように取り出すのか，その方法や伝熱の原理を知ることは，熱力学とともに製品設計の上でも必要となる．ここでは，伝熱の基礎について述べる．

4.8.1 フーリエの式

図 **4.8.1** に示すように，固体内の温度が y 方向に一様でないとき，その中に距離が Δy だけ離れている 2 つの等温面 A を考える．熱は等温面に直角方向に流れる．等温面の温度をそれぞれ T_1，T_2，面積を A とすれば，流れる熱量 Q はその温度差 $(T_2 - T_1)$ と面積 A と時間 t に比例し，間隔 Δy に反比例する．こ

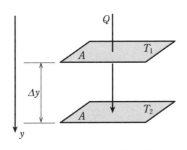

図 4.8.1 固体内の熱の流れ

のとき，比例定数を λ とすれば，熱量 Q は以下のように表すことができる．

$$Q = -\lambda A t \frac{T_2 - T_1}{\Delta y} = -\lambda A t \frac{\Delta T}{\Delta y} \qquad (4.8.1)$$

さらに，単位時間，単位面積当たりに流れる熱量を q とし，Δy を無限に小さくして考えると，次式となる．

$$q = \frac{Q}{At} = -\lambda \frac{dT}{dy} \qquad (4.8.2)$$

式 (4.8.2) を**フーリエの式**といい，q〔W/m²〕を**熱流束**（単位時間，単位

面積当たりに流れる熱量）という．また，比例定数 λ〔W/(m·K)〕は，その物質の**熱伝導率**という．フーリエの式は，熱流束がその点の温度勾配に比例することを示している．そして，熱伝導率はひとつの物質において温度が一定であれば定まった値となる物性値である．熱伝導率を比熱 c_p〔J/(kg·K)〕，密度 ρ〔kg/m^3〕で割ったものを，**熱拡散率**または**温度伝導率**といい，これを κ〔m^2/s〕で表せば，次式となる．

$$\kappa = \frac{\lambda}{c_p \rho} \tag{4.8.3}$$

熱伝導率は熱量の移動の大小を示す物性値であるのに対して，熱拡散率は温度の伝わり方の大小を示す値である．

■**例題 4.8.1**　厚さ $L = 6$ cm の無限平板がある．平板の両面の表面温度はそれぞれ $T_1 = 120$℃，$T_2 = 20$℃で保たれている．このとき，平板を貫流する熱流束 q はいくらになるか求めよ．ただし，平板は均質な等方性材料であり，表面の温度は一定で変わらないものとする．また，平板の熱伝導率 $\lambda = 0.16$ W/(m·K) とする．

【解】

$$q = -\lambda \frac{dT}{dx} = \frac{T_1 - T_2}{L/\lambda} = 0.16 \times \frac{120 - 20}{6 \times 10^{-2}} = 2.67 \times 10^2 \text{ W/m}^2$$

4.8.2 熱の移動

(1) 熱移動の様式分類

熱は常に温度の高い所から低い部分へと流れる．この現象を**熱移動**という．質量のある物質の流れ，たとえば水の流れでは，慣性により低い方から高い方へ流れることもあるが，熱の流れではこのようなことは決して起こらない．

熱移動の様式を微視的視点で分類すると，熱伝導と熱放射の2つに分類することができる．熱伝導は本質的には熱エネルギの拡散で，熱放射は電磁波による熱エネルギの移動である．実際には，巨視的な現象論的な視点によっ

て分類されることが多く，熱伝導，熱伝達，相変化を伴った熱移動，熱放射の4つに分けて考えることが多い．

熱伝導は，静止媒体中で，温度が均一化する方向に熱移動する現象あるいは，分子運動が激しい方から少ない方へと分子運動のエネルギが拡散していく現象をいう．たとえば，金属棒の一端を手で持ち，反対側を火であぶると次第に手の方も熱くなってくる．これは，熱が金属棒を伝わって移動している熱伝導現象である．

熱伝達は，固体壁と流体との間の熱移動をいい，**対流熱伝達**ともいう．たとえば，温度の高い固体の壁と温度が低い流体が接している場合を考える．両者の接触面のごく近傍の薄い層では熱は熱伝導によって固体壁から流体へ伝わるが，少し離れると流体の対流によって温度が上昇した流体は持ち去られてしまう．したがって，熱伝達は流体の熱伝導，流速，流動の様子（壁面形状など）によって複雑に影響を受ける．対流には浮力により生ずる自然対流とポンプや送風機などで強制的に生じさせる強制対流がある．それぞれについて熱伝達がある場合，自然対流熱伝達，あるいは強制対流熱伝達という．

相変化を伴った熱移動は，潜熱の放出や吸収が伴っていて，たとえば，液体の自由表面からのみ蒸気が発生する蒸発，液体内部からも蒸気泡が発生する沸騰といった液体が蒸気に変わる熱移動，同様に，凝縮，融解，凝固などの熱移動をいう．

熱放射は，高温物体から低温物体へ電磁波によって行われる熱移動をいい，ふく射ともいう．物体からはその温度に応じて，光と同じ種類の電磁波が放射されている．その放射されるエネルギは絶対温度の4乗に比例する．また，熱移動の速さは光の速度と同じ速さで行われる．放射は熱伝導や熱伝達の場合にも共存しているが，温度が低い場合は熱伝導や熱伝達に比べて熱移動量が小さくなるので一般に無視できる．

（2） 熱伝達率

図 **4.8.2** に示すような固体と流体が接している場合の熱移動を考える．固体の表面温度 T_s，流体の温度 T_f とすると，固体の表面積 A を通して時間 t

の間に流れる熱量 Q は，両者の温度差，面
積および時間に比例すると考えられるので，
このときの比例定数を α として，次のように
表すことができる．

$$Q = \alpha(T_s - T_f)At \ \text{〔J〕} \qquad (4.8.4)$$

また，熱流束 q は，次のように示される．

$$q = \frac{Q}{At} = \alpha(T_s - T_f) \ \text{〔W/ m}^2\text{〕}$$
$$(4.8.5)$$

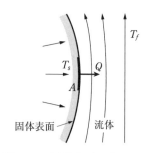

図 4.8.2　固体表面と流体の接
触面近傍の熱の移動

ここで，比例定数 α を**熱伝達率**〔W/(m^2·K)〕あるいは**平均熱伝達率**という．

　熱伝達による熱移動は，温度差，面積，時間の影響を受けるが，他にも流
体の種類や流速，層流か乱流かといった流れの状態，固体の表面形状によっ
ても影響を受ける．したがって，熱伝達率 α はこれらを含んだ係数として示
されるものであり，理論的に算出されるか，実験的に求められる．一般に，
熱伝達率は物体表面上では一様ではないため，物体表面上の任意の点におけ
る熱伝達率をいう場合は平均熱伝達率と区別して**局所熱伝達率**という．

　また，熱伝導率 λ と熱伝達率 α には，次の関係がある．

$$Nu = \frac{\alpha L}{\lambda} \qquad (4.8.6)$$

ここで，L〔m〕は伝熱を考える上での代表寸法である．式 (4.8.6) は，伝熱
を考える上で，熱伝達率を知る重要な相関式である．Nu は**ヌセルト数**とい
う無次元数で，対流熱伝達による伝熱と熱伝導による伝熱を比較する意味を
持っている．

（3）　温度境界層とプラントル数

　固体表面とそれに接している流体との間に温度差があり熱の移動がある場
合，速度境界層と同じように，表面近傍に温度勾配が急である薄い流体の層
が存在する．この層を**温度境界層**という．温度境界層は速度境界層と同じよ
うに，流れに沿って発達し厚くなる．速度境界層は運動量の拡散に関係する
のでその流体の動粘度 ν に支配されるが，温度境界層は熱の拡散に関するの

で，熱拡散率 κ に支配され，両者の厚さは同じになるとは限らない． ν と κ は同じ単位であり，この両者の比で表される無次元数 Pr を**プラントル数**という．

$$Pr = \frac{\nu}{\kappa} \tag{4.8.7}$$

プラントル数は，流体の種類によって定まる定数で，伝熱問題の検討に重要な無次元数である．以上の関係を**図 4.8.3** に示す．

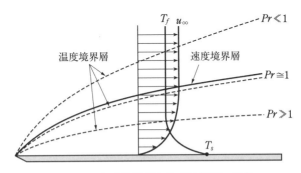

図 4.8.3 温度境界層と速度境界層の関係

（4） 放射

物体内の分子や原子は，一般に運動をしており，その運動に伴って電磁波を放出している．逆に外部から電磁波を吸収して分子や原子などの運動が盛んになり，その結果として温度上昇する．放射とは，エネルギを電磁波の形で放出したり吸収したりする現象で，その物体の温度だけで定まる．一般に放射の波長範囲は可視光線の範囲より遥かに広く，可視光線波長が約 $0.4 \sim 0.8\,\mu\mathrm{m}$ であるのに対して，熱放射線は $0.3 \sim 15\,\mu\mathrm{m}$ の範囲で大部分は近赤外線領域である．放射に関与する層の厚さは極めて薄く，通常，放射は温度勾配にほとんど影響されないとみなしてよく，物体の表面性状による影響が大きくなる．

また，受けた放射を全部吸収する理想的な物体を**完全黒体**という．実際にはそのような表面を持つ物体は存在しないが，問題を単純化して基本的な性質を知ることに完全黒体の概念は有用である．

　ある表面から放出される放射熱流束は，表面温度や表面状態によって変わる．放射されうる最大の放射熱流束を黒体放射熱流束といい，そのときの波長λの熱放射線の強さを単色黒体放射熱流束という．

　絶対温度 T〔K〕の完全黒体表面から放出される単位時間，単位面積当たりの全エネルギ E は，次のように示される．

$$E = \sigma T^4 \; \text{〔W/m}^2\text{〕} \tag{4.8.8}$$

これは**ステファン・ボルツマンの法則**といい，全エネルギは絶対温度の 4 乗に比例することを示している．また，$\sigma = 5.67 \times 10^{-8} \; \text{W/(m}^2 \cdot \text{K}^4\text{)}$ をステファン・ボルツマン定数あるいは黒体放射係数という．

　実際の物体では，表面に受けた熱放射エネルギの一部が吸収されて熱に変わる．また，放射する場合の単位面積，単位時間当たりのエネルギ量も同じ温度の完全黒体よりも少なくなる．よって，実在の物体に対するひとつの係数 ε を導入し，放射熱流束 q として次の式を導出することができる．

$$q = \varepsilon E = \varepsilon \sigma T^4 \tag{4.8.9}$$

この ε をその物体の**放射率**という．ε は物体の材質と表面の粗さ，汚れ，酸化等の状態により影響を受け，異なる値となる．参考に**図 4.8.4** に放射率 ε

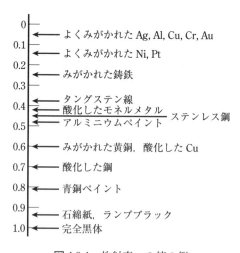

図 4.8.4　放射率 ε の値の例

の例を示す．実際の物体の放射率は，近似的手法や形態係数を考慮して求められる．

4.8.3 熱伝導の基礎方程式

図 **4.8.5** に示すような，均質で熱流に対して方向性のない物体（等方性物体）内に各辺の長さ δx，δy，δz の微小六面体を考える．各辺の長さが十分に小さいとすれば，六面体の各面は等温面とみなすことができる．ここで，六面体の中心 P の座標を $(x,\ y,\ z)$，温度を T とすれば，面1と面2の温度は次のように示される．

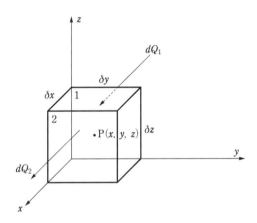

図 **4.8.5**　微小六面体に出入りする熱量

面1の温度：$T - \dfrac{\partial T}{\partial x}\dfrac{\delta x}{2}$ (4.8.10)

面2の温度：$T + \dfrac{\partial T}{\partial x}\dfrac{\delta x}{2}$ (4.8.11)

固体内の熱伝導により出入りする熱量 dQ は，次式のフーリエの式により求めることができる．

$$dQ = -\lambda\frac{\partial T}{\partial x}dAdt$$ (4.8.12)

したがって，面積 $\delta y \delta z$ である面1から時間 dt の間にこの六面体に流入する熱量 dQ_1 は，次のようになる．

$$dQ_1 = -\lambda \frac{\partial}{\partial x}\left\{T - \frac{\partial T}{\partial x}\frac{\delta x}{2}\right\}\delta y \delta z dt \tag{4.8.13}$$

一方，面2から流出する熱量 dQ_2 は次のように表すことができる．

$$dQ_2 = -\lambda \frac{\partial}{\partial x}\left\{T + \frac{\partial T}{\partial x}\frac{\delta x}{2}\right\}\delta y \delta z dt \tag{4.8.14}$$

したがって，x 方向に関して微小六面体内部に残留する熱量は，流入熱量と流出熱量の差となるので，次式のように示される．

$$dQ_1 - dQ_2 = \lambda \frac{\partial^2 T}{\partial x^2}\delta x \delta y \delta z dt \tag{4.8.15}$$

同様に y 方向および z 方向に関しても流入熱量から流出熱量を差し引き，残留熱量を求めると，次式となる．

$$y\,\text{方向}：\lambda \frac{\partial^2 T}{\partial y^2}\delta x \delta y \delta z dt \tag{4.8.16}$$

$$z\,\text{方向}：\lambda \frac{\partial^2 T}{\partial z^2}\delta x \delta y \delta z dt \tag{4.8.17}$$

よって，この微小六面体に残留する熱量 ΔQ は3方向の残留熱量の和となるため，次式で示される．

$$\Delta Q = \lambda \left(\frac{\partial^2 T}{\partial x^2} + \frac{\partial^2 T}{\partial y^2} + \frac{\partial^2 T}{\partial z^2}\right)\delta x \delta y \delta z dt \tag{4.8.18}$$

ここで示される残留熱量は，微小六面体を dT だけ温度上昇させることになる．

ところで，この六面体を時間 dt の間に温度を dT だけ上昇させるのに必要な熱量 $\Delta Q'$ は，この物体の比熱を C_p〔J/(kg·K)〕，密度 ρ〔kg/m³〕とすると，次のように示される．

$$\Delta Q' = C_p \rho \delta x \delta y \delta z dT \tag{4.8.19}$$

式（4.8.18）と式（4.8.19）は等しくなければならないので，$\Delta Q = \Delta Q'$ として

整理すると次の式が得られる.

$$\frac{\partial T}{\partial t} = \frac{\lambda}{C_p \rho}\left(\frac{\partial^2 T}{\partial x^2} + \frac{\partial^2 T}{\partial y^2} + \frac{\partial^2 T}{\partial z^2}\right)$$

$$= \kappa\left(\frac{\partial^2 T}{\partial x^2} + \frac{\partial^2 T}{\partial y^2} + \frac{\partial^2 T}{\partial z^2}\right) \tag{4.8.20}$$

式 (4.8.20) は，**熱伝導の基礎方程式**といい，伝熱問題の解を得る最も重要かつ基本となる関係式である.

　熱伝導の基礎方程式は，直交座標系の式 (4.8.20) を座標変換すれば，円筒座標系，極座標系の熱伝導の基礎方程式に整理できる. これを式 (4.8.21), (4.8.22) に示す.

$$\frac{\partial T}{\partial t} = \kappa\left(\frac{\partial^2 T}{\partial r^2} + \frac{1}{r}\frac{\partial T}{\partial r} + \frac{1}{r^2}\frac{\partial^2 T}{\partial \phi^2} + \frac{\partial^2 T}{\partial z^2}\right) \tag{4.8.21}$$

$$\frac{\partial T}{\partial t} = \kappa\left(\frac{\partial^2 T}{\partial r^2} + \frac{2}{r}\frac{\partial T}{\partial r} + \frac{1}{r^2}\frac{\partial^2 T}{\partial \phi^2} + \frac{\cot \phi}{r^2}\frac{\partial T}{\partial \phi} + \frac{1}{r^2 \sin^2 \phi}\frac{\partial^2 T}{\partial \phi^2}\right)$$

$$\tag{4.8.22}$$

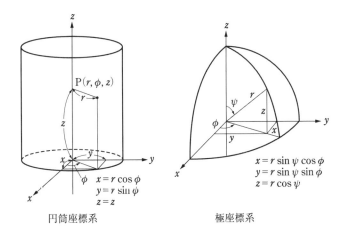

円筒座標系　　　　　　　　極座標系

図 4.8.6　円筒座標系と極座標系

4.8.4　無限平板内の温度分布と熱流束

　図 **4.8.7** に示すような厚さ L の無限平板がある．片側の表面温度が T_1，反対側の表面温度が T_2 で，板の熱伝導率が λ であるときの，板の温度分布と板を通過する熱流束を考える．有限の大きさの平板に関して，厚さに比べて面積が大きい板の場合，片側面が高温で反対面が低温であるとき，熱は厚さ方向にのみ一次元的に流れる無限平板とみなすことができる．

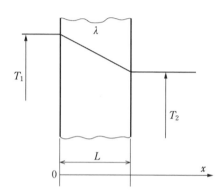

図 4.8.7　無限平板内の温度分布と熱流束

　式 (4.8.20) で示される熱伝導の基礎方程式において，ここでは x 方向の 1 次元熱流れであるので，

$$\frac{\partial^2 T}{\partial y^2} = \frac{\partial^2 T}{\partial z^2} = 0 \tag{4.8.23}$$

となる．また，定常状態とすると，

$$\frac{\partial T}{\partial t} = 0 \tag{4.8.24}$$

となるので，基礎方程式は次のように整理される．

$$\frac{d^2 T}{dx^2} = 0 \tag{4.8.25}$$

　この問題を解くための境界条件は，次のようになる．

　$x = 0$ のとき，$T = T_1$

$x = L$ のとき，$T = T_2$

式 (4.8.25) を 2 回積分すると次のようになる．

$$T = C_1 x + C_2 \tag{4.8.26}$$

C_1，C_2 の積分定数を，境界条件から求めると解は次のようになる．

$$T = T_1 - \frac{(T_1 - T_2)}{L} x \tag{4.8.27}$$

これより，板の内部の温度分布は図 4.8.7 に示すような直線分布となることがわかる．また，x 軸に直角な面を通る熱流束 $q \, [\mathrm{W/m^2}]$ は，式 (4.8.25) を 1 回積分した結果を利用して，次のようになる．

$$q = -\lambda \frac{dT}{dx} = \frac{(T_1 - T_2)}{l/\lambda} \tag{4.8.28}$$

ここで，l/λ は**熱抵抗**に相当する．

■**例題 4.8.2**　熱伝導率 λ_1，λ_2 の異なる 2 つの層 1，2 からなる無限平板において，一方の面は温度 T_g の高温流体に接し，他方の面は温度 T_a の低温流体に接している．両面の熱伝達率は，α_g，α_a であるとする．

内部温度の温度分布 T_1，T_2 と熱流束 q を求めよ．

【解】

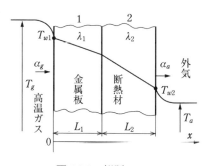

図 4.8.8　例題 4.8.2

x 方向の 1 次元熱流れであり，また定常状態とすると，基礎方程式は，

層 1：$\dfrac{\partial^2 T_1}{\partial x^2} = 0$

層 2 : $\dfrac{\partial^2 T_2}{\partial x^2} = 0$

また，境界条件は，表面温度を T_{w1}，T_{w2} とすれば，次のようになる．

$x = 0$ のとき，$\alpha_g(T_g - T_{w1}) = -\lambda_1 \dfrac{dT_1}{dx}$，$T_1 = T_{w1}$

$x = L_1$ のとき，$-\lambda_1 \dfrac{dT_1}{dx} = -\lambda_2 \dfrac{dT_2}{dx}$，$T_1 = T_2$

$x = L_1 + L_2$ のとき，$-\lambda_2 \dfrac{dT_2}{dx} = \alpha_a(T_{w2} - T_a)$，$T_2 = T_{w2}$

積分して解を求めると次のようになる．

$$T_1 = C_1 x + C_2$$
$$T_2 = C_3 x + C_4$$

境界条件から，積分定数 C_1，C_2，C_3，C_4 を求めると次のようになる．

$$C_1 = -\frac{1}{\lambda_1}\frac{(T_g - T_a)}{\left(\dfrac{1}{\alpha_g} + \dfrac{L_1}{\lambda_1} + \dfrac{L_2}{\lambda_2} + \dfrac{1}{\alpha_a}\right)}$$

$$C_2 = T_g - \frac{1}{\alpha_g}\frac{(T_g - T_a)}{\left(\dfrac{1}{\alpha_g} + \dfrac{L_1}{\lambda_1} + \dfrac{L_2}{\lambda_2} + \dfrac{1}{\alpha_a}\right)}$$

$$C_3 = -\frac{1}{\lambda_2}\frac{(T_g - T_a)}{\left(\dfrac{1}{\alpha_g} + \dfrac{L_1}{\lambda_1} + \dfrac{L_2}{\lambda_2} + \dfrac{1}{\alpha_a}\right)}$$

$$C_4 = T_a - \frac{\left(\dfrac{L_1}{\lambda_1} + \dfrac{L_2}{\lambda_2} + \dfrac{1}{\alpha_a}\right)}{\left(\dfrac{1}{\alpha_g} + \dfrac{L_1}{\lambda_1} + \dfrac{L_2}{\lambda_2} + \dfrac{1}{\alpha_a}\right)}(T_g - T_a)$$

また，熱流束 q は，次のようになる．

$$q = -\lambda_1 \frac{dT_1}{dx} = -\lambda_2 \frac{dT_2}{dx} = \frac{(T_g - T_a)}{\left(\dfrac{1}{\alpha_g} + \dfrac{L_1}{\lambda_1} + \dfrac{L_2}{\lambda_2} + \dfrac{1}{\alpha_a}\right)}$$

4 章　章末問題

4.1　出力 76.0 kW，熱効率 32% で運転しているエンジンがある．燃料の低発熱量を 40.2 MJ/kg とすると，このエンジンの 1 時間当たりの燃料消費量はいくらか．

4.2　15℃の良く攪拌された水 1 kg が断熱された容器に入っている．この容器に質量 320 g，温度 120℃の金属球を投げ込み，良く攪拌して平衡状態としたところ，水の温度は 19.5℃となった．容器の質量を 250 g，比熱を 0.23 kJ/kg として，金属球の比熱 c を求めよ．

4.3　時速 $v = 80$ km/h で走行している質量 $M = 1.9$ t の車が，急ブレーキをかけて停止した．このとき，ブレーキディスクの温度は何度上昇するか求めよ．ただし，ブレーキディスクの総質量 $m = 5$ kg，ディスクの比熱 $c = 0.7$ kJ/(kg·K) で，車の運動エネルギは全てブレーキの摩擦によって熱に変換されたとする．

4.4　圧力 $p = 0.2$ MPa，容積 $V_1 = 1.2$ m³ の空気が圧力一定の下で $V_2 = 4.1$ m³ まで膨張するという．このときに空気が外部に対して行った仕事 W はいくらか．

4.5　質量 $m = 1.0$ kg の空気が，容積 $V = 0.7$ m³ の密閉容器に圧力 $p = 0.15$ MPa で充填されている．このときの空気の温度 T はいくらか．ただし，空気は理想気体とし，空気のガス定数 R は 0.2872 kJ/(kg·K) とする．

4.6　温度 25℃，圧力 $p_1 = 0.1$ MPa の空気 $m = 1.0$ kg がある．いまこの空気を圧力 $p_2 = 0.4$ MPa まで，ポリトロープ変化させる．このときの空気がなす仕事 W_{12} と空気の受熱量 Q_{12} を求めよ．ただし，空気の定容比熱は，

$c_v = 0.7171\,\mathrm{kJ/(kg\cdot K)}$，ポリトロープ指数 $n = 1.4$ とする．

4.7 $V = 600\,\mathrm{m^3}$ の会議室を，20℃，$p = 0.1013\,\mathrm{MPa}$ で相対湿度 $\phi = 50\%$ に保ちたい．このとき，会議室に存在する水分量はいくらか．ただし，20℃における飽和空気圧力 p_s を $0.0023366\,\mathrm{MPa}$，空気の密度 ρ を $1.29\,\mathrm{kg/m^3}$ とする．

4.8 質量 $m = 17\,\mathrm{kg}$，体積 $V_1 = 6.4\,\mathrm{m^3}$ の空気を定圧のもとで $V_2 = 4.2\,\mathrm{m^3}$ となるまで圧縮する．このとき，圧縮前の温度が 210℃ であるならば，空気からの放熱量 $Q\,\mathrm{[kJ]}$，圧縮前後のエントロピの変化量 dS を求めよ．ただし，空気の定圧比熱 c_p は，$1.006\,\mathrm{kJ/(kg\cdot K)}$ とする．

4.9 1 時間当たり 50 000 kJ の熱量を要して仕事を行う可逆機関がある．高温熱源温度が 410℃，低温熱源温度が 20℃ のときと，高温熱源温度が 1 600℃，低温熱源温度が 30℃ としたときでは，有効エネルギはどれだけ異なるか求めよ．

4.10 次の①〜⑦の文章は，ディーゼル機関をガソリン機関と比較して述べたものである．正しい記述のものを選べ．

① ディーゼル機関は，重油や軽油といった燃料が利用でき，経済的である．

② ディーゼル機関は，気化器，電気点火装置が不要であるが，燃料噴射ポンプ，燃料噴射弁が必要である．

③ ディーゼル機関は，爆発圧力が低いのでシリンダやシリンダブロックなどの構造を頑丈に造る必要がある．

④ ディーゼル機関は，回転振動，騒音が小さい．

⑤ ディーゼル機関は，始動が容易である．

⑥ ディーゼル機関は，熱効率が高く，燃費もよい．

⑦　ディーゼル機関は，最高回転速度が低いので，回転速度に対するトルクの変動が少なく，低速時に大きなトルクが得られる．

4.11　次の①〜⑤の文章は，2 サイクルを 4 サイクルと比較して述べたものである．正しい記述のものを選べ．

①　理論的には，2 サイクルは 4 サイクルの 2 倍の出力（実際は 1.5 倍程度）が得られる．

②　2 サイクルは弁がなく，構造が簡単で製作費が比較的安い．

③　2 サイクルは 1 サイクル 2 回転で，回転むらが少ないため，はずみ車（フライホイール）が小さくてすむ．

④　2 サイクルは，掃気作用が完全ではなく，排気時に未燃焼ガスも一部廃棄してしまうが，高い熱効率が得られる．

⑤　2 サイクルは，クランク室を完全に密閉する必要がある．

4.12　円筒の内半径 R_i，外半径 R_o，中の流体の温度 T_g，外の流体の温度が T_a であるとする．円筒は真直で十分に長いとする．このときの円筒内部の温度分布 T と長さ L の円筒表面から単位時間に外部に出る熱量 Q〔W〕を求めよ．ただし，T_i，T_o はそれぞれ内面と外面の表面温度，λ〔W/(m・K)〕は円筒の熱伝導率，α_i，α_o〔W/(m²·K)〕は内面および外面における熱伝達率とする．

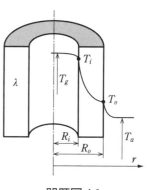

問題図 **4.1**

4.13　材質 1 が材質 2 によってサンドウィッチ状になった無限平板を考える．厚さ $2L_1$ の平板の層 1 が一様に発熱し，その両側を挟む厚さ b の層 2 は発熱しないものとする．その外側には温度 T_f の流体が流れ冷却している．

無限平板であるので，熱は厚さ方向だけに流れる1次元として扱ってよい．このときの，温度分布 T と表面から外部の流体に伝わる熱流束 q 〔kW/m²〕を求めよ．

ただし，T_1，T_2 はそれぞれの平板の温度，λ_1，λ_2〔kW/(m·K)〕はそれぞれの熱伝導率，α_a〔kW/(m²·K)〕は外面における熱伝達率，H〔kW/m³〕は層1における単位体積単位時間当たりの一様な発熱量とする．

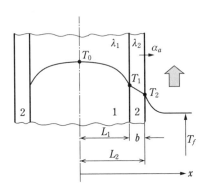

問題図 4.2

章末問題解答

1.1

合力の x 方向成分は,

$$F_x = 20 \cos 30° - 30 \sin 30° - 40 \cos 45°$$
$$= -26.0 \text{ N}$$

合力の y 方向成分は,

$$F_y = 20 \sin 30° + 30 \cos 30° - 40 \sin 45°$$
$$= 7.70 \text{ N}$$

したがって,合力の大きさ F は

$$F = \sqrt{(-26.0)^2 + 7.70^2} = 27.1 \text{ N}$$

方向は

$$\theta = \tan^{-1}\left(\frac{7.70}{-26.0}\right) = 163.5°$$

(注意) 通常,力などの方向は正の x 軸からの角度で表されることが多い.電卓で計算する場合には,$\tan^{-1}$ は $-90° \leqq \theta \leqq 90°$ の範囲の値が示される.この問題の場合には,x 方向成分が負であり,y 方向成分が正であるため,**解答図 1.1** に示すように A 点の角度を求めなければならない.しかしながら,電卓での計算では

$$\theta = \tan^{-1}\left(\frac{7.70}{-26.0}\right) = \tan^{-1}(-0.296) = -16.5°$$

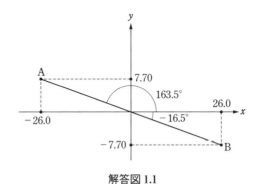

解答図 1.1

となり,B 点の角度が求まる.このように,$\tan^{-1}$ の値を求める場合に,分母が負の場合には電卓で求めた値に $180°$ を加える必要がある.

1.2

R_A および R_B の作用線は円柱の中心を通るの
で，重力と反力の関係は**解答図 1.2** のようになる．
ラミの定理から，

$$\frac{mg}{\sin 90°} = \frac{R_A}{\sin 150°} = \frac{R_B}{\sin 120°}$$

したがって，$mg = 15 \times 9.8 = 147$ N であるか
ら，

$$R_A = \frac{147}{\sin 90°} \times \sin 150° = 73.5 \text{ N}$$

$$R_B = \frac{147}{\sin 90°} \times \sin 120° = 127 \text{ N}$$

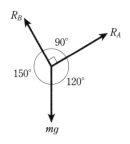

解答図 1.2 重力と反力の関係

1.3

垂直方向の力のつり合いから，

$$F - 10 + 10 + 15 - 5 + 8 = 0$$

F を求めると，

$$F = -18 \text{ N}$$

したがって，F は下向きに 18 N となる．F が作用する点の A 点からの距離を x と
し，A 点まわりのモーメント M_A のつり合いを考えると，

$$M_A = 10 \times 0.3 + 15 \times (0.3 + 0.5) - 5 \times (0.3 + 0.5 + 0.2)$$
$$+ 8 \times (0.3 + 0.5 + 0.2 + 0.3) + F \times x = 0$$

したがって，

$$x = 1.13 \text{ m}$$

1.4

棒の重心に mg の重力が作用している．水平方向の力のつり合いから，

$$R_A - F = 0 \qquad ①$$

垂直方向の力のつり合いから，

$$R_B - mg = 0 \qquad ②$$

点 B まわりのモーメントのつり合いから，

$$mg \times \frac{l}{2} \sin\theta - R_A \times l\cos\theta = 0 \qquad ③$$

式②から，

$$R_B = mg$$

式③から，

$$R_A = \frac{mg}{2} \tan\theta$$

式①から，

$$F = R_A = \frac{mg}{2} \tan\theta$$

1.5

反力は**解答図 1.3** のように考えればよいから，
A 点まわりのモーメントのつり合いから，

$$R_B \times (1+3) - 400 \times 1 = 0$$

したがって，$R_B = 100$ N である．B 点まわ
りのモーメントのつり合いから，

$$400 \times 3 - R_A \times (1+3) = 0$$

したがって，$R_A = 300$ N である．

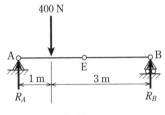

解答図 1.3

各部材に生じる力を節点の文字で表し，**解答図 1.4** に示すよう各節点での力のつり
合いを考える．部材に作用する力は引張力を仮定する．A 点での力のつり合いから，

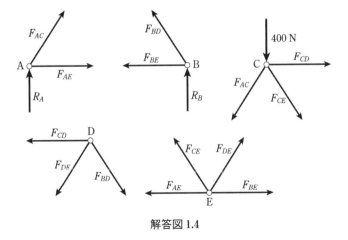

解答図 1.4

$$F_{AC} \cos 60° + F_{AE} = 0 \qquad ①$$
$$F_{AC} \sin 60° + R_A = 0 \qquad ②$$

$R_A = 300$ N であるから，式②から $F_{AC} = -346$ N となり，式①から $F_{AE} = 173$ N となる．

B 点での力のつり合いから，

$$-F_{BD}\cos 60° - F_{BE} = 0 \qquad ③$$

$$F_{BD}\sin 60° + R_B = 0 \qquad ④$$

$R_B = 100$ N であるから，式④から $F_{BD} = -115$ N となり，式③から $F_{BE} = 57.5$ N となる．

C 点での力のつり合いから，

$$F_{CD} + F_{CE}\cos 60° - F_{AC}\cos 60° = 0 \qquad ⑤$$

$$-F_{AC}\sin 60° - F_{CE}\sin 60° - 400 = 0 \qquad ⑥$$

式⑥から $F_{CE} = -115$ N となり，式⑤から $F_{CD} = -115$ N

D 点での力のつり合いから，

$$F_{BD}\cos 60° - F_{DE}\cos 60° - F_{CD} = 0 \qquad ⑦$$

$$-F_{BD}\sin 60° - F_{DE}\sin 60° = 0 \qquad ⑧$$

式⑧から，$F_{DE} = 115$ N となる．部材に作用する力は引張方向を仮定しているので，負の値は圧縮力である．以上の結果をまとめると次のようになる．

$R_A = 300$ N，$R_B = 100$ N，$F_{AC} = 346$ N（圧縮），$F_{AE} = 173$ N（引張），$F_{BD} = 115$ N（圧縮），$F_{BE} = 57.5$ N（引張），$F_{CE} = 115$ N（圧縮），$F_{CD} = 115$ N（圧縮），$F_{DE} = 115$ N（引張）

1.6

解答図 1.5 に示すように，密度の異なるそれぞれの棒の重心に棒の質量が集中しているから，重心の位置を x_G とすると，

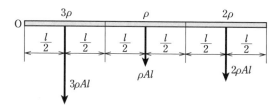

解答図 1.5

$$x_G = \frac{3\rho Al \times \frac{1}{2}l + \rho Al \times \frac{3}{2}l + 2\rho Al \times \frac{5}{2}l}{3\rho Al + \rho Al + 2\rho Al} = \frac{4}{3}l$$

1.7

問題図 1.7 に示す板は，**解答図 1.6** の上の長方形から下の長方形を除いたものであり，それぞれの重心の位置は，$G_1 = (20, 10)$，$G_2 = (25, 5)$ であるから，

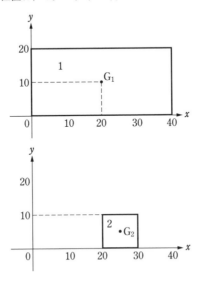

解答図 1.6

$$x_G = \frac{40 \times 20 \times 20 - 10 \times 10 \times 25}{40 \times 20 - 10 \times 10} = 19.3 \text{ m}$$

$$y_G = \frac{40 \times 20 \times 10 - 10 \times 10 \times 5}{40 \times 20 - 10 \times 10} = 10.7 \text{ m}$$

1.8

摩擦力を f，引き降ろすための力を F とすると，物体には**解答図 1.7** に示す力が作用しているから，斜面に沿う方向の力のつり合いから，

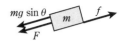

解答図 1.7

$$f - F - mg \sin 15° = 0$$

$f = \mu mg \cos 15°$ であるから，

$$F = \mu mg \cos 15° - mg \sin 15°$$

$$= mg(\mu \cos 15° - \sin 15°)$$

$$= 20 \times 9.8 \times (0.4 \times \cos 15° - \sin 15°) = 25.0 \text{ N}$$

1.9

(1) 物体の加速度を a とすると，式 (1.2.7) より

$$0-10^2 = 2 \times a \times 40$$

であるから，$a = -1.25 \, \mathrm{m/s}$

(2) 物体の質量を m，摩擦係数を μ とすると，物体の運動と逆の方向に摩擦力 μmg が働くから，運動方程式は

$$ma = -\mu mg$$

したがって，

$$\mu = -\frac{a}{g} = -\frac{-1.25}{9.8} = 0.128$$

(3) 停止するまでの時間を t とすると，式 (1.2.5) より
$v_0 + at = 0$ であるから，

$$t = -\frac{v_0}{a} = -\frac{10}{-1.25} = 8.00 \, \mathrm{s}$$

1.10

投げ上げたときの速度の水平方向成分が $v_0 \cos\theta$，垂直方向成分が $v_0 \sin\theta$ となる．空気抵抗がないので，水平方向には等速度運動，垂直方向には加速度 $-g$ の等加速度運動をする．速度の水平方向および垂直方向の成分をそれぞれ v_x および v_y とすると，

$$v_x = v_0 \cos\theta \qquad ①$$

$$v_y = v_0 \sin\theta - gt \qquad ②$$

最大高さの点で $v_y = 0$ であるから，到達する時間 t_{max} は次式のようになる．

$$t_{max} = \frac{v_0 \sin\theta}{g} \qquad ③$$

水平方向の距離を x，垂直方向の高さを y とすると，

$$x = v_0 \cos\theta \cdot t \qquad ④$$

$$y = v_0 \sin\theta \cdot t - \frac{1}{2}gt^2 \qquad ⑤$$

最大高さ y_{max} は，式③を式⑤に代入すると，

$$y_{max} = v_0 \sin\theta \frac{v_0 \sin\theta}{g} - \frac{1}{2}g\left(\frac{v_0 \sin\theta}{g}\right)^2 = \frac{(v_0 \sin\theta)^2}{2g} \qquad ⑥$$

最大到達距離 x_{max} に達する時間は式③の t_{max} の 2 倍であるので，式④から，

$$x_{max} = v_0 \cos \theta \frac{2v_0 \sin \theta}{g} = \frac{v_0^2 \sin 2\theta}{g} \qquad ⑦$$

この結果より，最も速くへ投げるには $\theta = 45°$ で，投げ上げればよいことがわかる．このときの到達距離は $\frac{v_0^2}{g}$ である．

1.11

物体には**解答図 1.8** に示す力が作用している．斜面に沿う上向きの加速度を a とすると，運動方程式は，

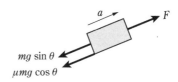

$$ma = F - mg \sin \theta - \mu mg \cos \theta$$

したがって，

$$a = \frac{1}{m}(F - mg \sin \theta - \mu mg \cos \theta)$$

解答図 1.8

数値を代入すると，

$$a = \frac{1}{20}(180 - 20 \times 9.8 \times \sin 30° - 0.3 \times 20 \times 9.8 \times \cos 30°) = 1.55 \text{ m/s}^2$$

1.12

解答図 1.9 のように O 点から距離 r のところの長さ dr の部分について考える．この部分の x 軸からの高さは $r \sin 30°$ であり，この部分の質量は棒の密度を ρ，断面積を A とすると，$\rho A dr$ である．したがって，慣性モーメント I_x は，

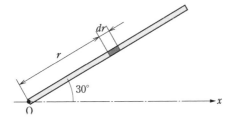

解答図 1.9

$$I_x = \int_0^l (r \sin 30°)^2 \rho A dr = \frac{\rho A}{4} \int_0^l r^2 dr = \frac{\rho A}{4}\left[\frac{r^3}{3}\right]_0^l = \frac{\rho A l^3}{12}$$

$m = \rho A l$ だから，

$$I_x = \frac{ml^2}{12}$$

1. 13

円板の半径を R とすると，円板の中心まわりの慣性モーメント I_O は

問題図 1.13 円板の回転を止める

$$I_O = \frac{mR^2}{2} = \frac{mD^2}{8} = \frac{50 \times 0.6^2}{8} = 2.25\,\mathrm{kg \cdot m^2}$$

接線方向の力によるトルクを T とすると，

$$T = FR = \frac{FD}{2} = \frac{100 \times 0.6}{2} = 30.0\,\mathrm{N \cdot m}$$

運動方程式は，円板の角加速度を α とすると，上述のトルク T は回転を止める方向に作用するから，

$$I_O\alpha = -T$$

角加速度 α は，

$$\alpha = -\frac{T}{I_O} = -\frac{30.0}{2.25} = -13.3\,\mathrm{rad/s^2}$$

力が作用する前の回転数 N_0 は $200\,\mathrm{min^{-1}}$ だから，角速度を ω とすると，

$$\omega = \frac{2\pi \times 200}{60} = 20.9\,\mathrm{rad/s}$$

円板が止まるまでの時間を t とすると，等角加速度運動であり，

$$\omega + \alpha t = 0$$

であるから，

$$t = \frac{\omega}{-\alpha} = \frac{20.9}{13.3} = 1.57\,\mathrm{s}$$

止まるまでの角変位を θ とすると，

$$-\omega^2 = 2\alpha\theta$$

であるから，

$$\theta = -\frac{\omega^2}{2\alpha} = -\frac{20.9^2}{2 \times (-13.3)} = 16.4\,\mathrm{rad}$$

したがって，止まるまでの回転数 N は，

$$N = \frac{16.4}{2\pi} = 2.61 \text{ 回転}$$

1.14

摩擦力を f，重力加速度を g とすると，円柱に作用する力は**解答図 1.10** のようになる．x 方向の加速度を a とすると，運動方程式は，

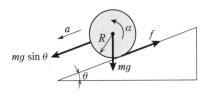

解答図 1.10

$$ma = mg \sin\theta - f$$

円柱の中心まわりの慣性モーメントを I_0，角加速度を α とすると，回転運動の運動方程式は，

$$I_0\alpha = fR$$

円柱の中心まわりの慣性モーメントは，$I_0 = \dfrac{mR^2}{2}$ なので，

$$\alpha = \frac{2f}{mR}$$

円柱は滑ることなく転がるから，$a = R\alpha$ である．したがって，

$$f = \frac{am}{2}$$

これを運動方程式に代入すると，

$$a = \frac{2}{3}g \sin\theta$$

1.15

(1) 床に落下したときの速度を v とすると，エネルギ保存の法則から，

$$mgh = \frac{1}{2}mv^2$$

であるから，

$$v = \sqrt{2gh} = \sqrt{2 \times 9.8 \times 6} = 10.8 \,\text{m/s}$$

（2）　跳ね返るときの速度を v' とすると，

$$e = \frac{-v'}{v}$$

であるから

$$v' = -ev = -0.4 \times 10.8 = -4.32 \,\text{m/s}$$

－は速度の方向が変わることを示している．

（3）　失われたエネルギは床に落下したときの物体の運動エネルギと跳ね返ったときの運動エネルギの差であるから，

$$\frac{1}{2}mv^2 - \frac{1}{2}mv'^2 = \frac{1}{2} \times 5 \times 10.8^2 - \frac{1}{2} \times 5 \times (-4.32)^2 = 245 \,\text{J}$$

（4）　この物体は速度 $v_0 = 4.32 \,\text{m/s}$ で地上から投げ上げられたと考える．最大高さを h_{max} とすると，エネルギ保存の法則から

$$mgh_{max} = \frac{1}{2}mv_0{}^2$$

であるから，

$$h_{max} = \frac{1}{2}\frac{v_0{}^2}{g} = \frac{1}{2} \times \frac{4.32^2}{9.8} = 0.95 \,\text{m}$$

1.16

（1）　衝突直前および直後の運動量は等しいから，衝突直後の両質点の速度を v とすると，

$$mv_0 = (m+M)v$$

したがって，

$$v = \frac{m}{m+M}v_0 = \frac{4 \times 3}{4+10} = 0.857 \,\text{m/s}$$

（2）　ばねの最大変形量を x_{max} とすると，エネルギ保存の法則から，

$$\frac{1}{2}(m+M)v^2 = \frac{1}{2}k(x_{max})^2$$

したがって，

$$x_{max} = \sqrt{\frac{(m+M)v^2}{k}} = \sqrt{\frac{(4+10) \times 0.857^2}{1\,000}} = 1.01 \times 10^{-1} \,\text{m}$$

（3）　固有周期を T_n，固有円振動数を ω_n とすると，

$$T_n = \frac{2\pi}{\omega_n} = \frac{2\pi}{\sqrt{\dfrac{k}{m+M}}} = \frac{2\pi}{\sqrt{\dfrac{1\,000}{4+10}}} = 0.743\ \text{s}$$

振幅 A は $\dfrac{x_{max}}{2}$ となることから，$A = 5.05\times10^{-2}\,\text{m}$ である．

2.1

針金の本数を n，断面積を A として，

$$n > \frac{Wg}{\dfrac{\sigma}{f}\cdot A} = \frac{50\times9.8}{\dfrac{780}{12}\times3.14\times0.5^2} = 9.60$$

よって，10 本以上

2.2

$$\sigma = E\varepsilon = E\cdot\alpha\cdot\varDelta t = 206\,000\times12\times10^{-6}\times60 = 148.32$$

よって，148 MPa の圧縮応力

2.3

$$2T\cos\theta = 2\,\text{kN} \ \text{より} \ T = 1.15\,\text{kN}$$

2.4

不静定問題である．未知数 2 つに対して，2 つの方程式を作ることを考える．

上下方向の力のつり合いより，

$$T_2+2\cdot T_1\cos\theta-F = 0 \qquad ①$$

次に，変形の条件を考える．このときの荷重点を拡大してみると，伸び λ はワイヤの長さに対して小さいので，ワイヤは $\theta = 30°$ のまま伸びていると考える．すると，ワイヤのそれぞれの伸び λ_1 と λ_2 の関係は，下記を満たす必要がある．

$$\lambda_1 = \lambda_2\cos\theta \qquad ②$$

ここで，部材ⓐ，ⓑの変形（伸び）λ_1, λ_2 は，

$$\left.\begin{aligned} \lambda_1 &= \frac{T_1 l}{AE} \\ \lambda_2 &= \frac{T_2 l\cos\theta}{AE} \end{aligned}\right\} \qquad ③$$

これを式②に代入すると，

$$\frac{T_1 l}{AE} = \frac{T_2 l \cos^2 \theta}{AE}$$

したがって，

$$T_1 = T_2 \cos^2 \theta \qquad ④$$

これで未知数 2 つに対して，2 つの方程式ができた．

式①，④より

$$T_1 = \frac{F \cos^2 \theta}{1 + 2 \cos^3 \theta} = 0.652 \text{ kN}$$

$$T_2 = \frac{F}{1 + 2 \cos^3 \theta} = 0.870 \text{ kN}$$

2.5

解答図 2.1 を参照に考える．棒の下端から任意の x 点までの重量は，$\gamma A x$ である．

よって x 点での垂直応力 σ_x は，

$$\sigma_x = \frac{\gamma A x}{A} = \gamma x$$

この応力によって x 点での微小区間 dx 部分に生じるひずみ ε_x は，フックの法則より

$$\varepsilon_x = \frac{\sigma_x}{E} = \frac{\gamma x}{E}$$

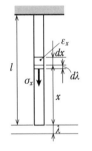

解答図 2.1　静定問題

x 点での微小区間 dx 部分の微小伸び $d\lambda$ は，

$$d\lambda = \varepsilon dx = \frac{\gamma x}{E} dx$$

全体の伸び λ は x で 0 から l まで積分すればよい．

$$\lambda = \frac{\gamma l^2}{2E}$$

ここで全体の自重を求めれば，$W = \gamma A l$ であるから $\gamma l = \dfrac{W}{A}$ と表せるので，λ は次式となる．

$$\lambda = \frac{1}{2} \cdot \frac{W l}{AE}$$

すなわち，水平に置いた棒に全体の自重に相当する力 W で引っ張ったときの伸び

の半分となることがわかる.

2.6

両端部に作用しているねじりモーメントをそれぞれ T_1, T_2 とおく.

モーメントのつり合いより $T_1 + T_2 = T$ ①

ねじれ角は左右で等しいので, $\Theta = \dfrac{T_1 \cdot l_1}{GI_{p1}} = \dfrac{T_2 \cdot l_2}{GI_{p2}}$ ②

これより, T_2 を消去して, $T_1 = \dfrac{l_2 \cdot G \cdot I_{p1} \cdot T}{l_1 \cdot GI_{p2} + l_2 \cdot GI_{p1}}$

式②に代入して, $\Theta = \dfrac{T_1 \cdot l_1}{GI_{p1}} = \dfrac{l_1 l_2 T}{l_1 \cdot GI_{p2} + l_2 \cdot GI_{p1}}$

$$= \dfrac{32 l_1 l_2 T}{\pi G (l_1 \cdot d_2{}^4 + l_2 \cdot d_1{}^4)}$$

2.7

$$\tau_{max} = \frac{T}{Z_p} = \frac{F \cdot R}{\dfrac{\pi d^3}{16}} = \frac{100 \times 30}{\dfrac{3.14 \times 5^3}{16}} = 122 \,\text{MPa}$$

2.8

$k = \dfrac{Gd^4}{64nR^3}$ より,

$$k = \frac{80\,000 \times 20^4}{64 \times 6 \times 100^3} = 33.3 \,\text{N/mm}$$

また, $\tau_a = \dfrac{T}{Z_p}$, $T = FR$ より

$$\delta = \frac{F}{k} = \frac{\tau_a Z_p / R}{k} = 141 \,\text{mm}$$

2.9

支点反力 R_A と R_B を求めれば $R_A = 18\,\text{kN}$, $R_B = 14\,\text{kN}$ である.

A 点の曲げモーメントは, $-8\,\text{kN} \times 2\,\text{m} = -16\,\text{kN·m}$ で, A 点まで上に凸の変形になることが明白なので BMD は−の領域である.

B点の曲げモーメントは，$-(4\,\text{kN/m}\times2\,\text{m}\times1\,\text{m})=-8\,\text{kN·m}$ で，B点から右では上に凸の変形になることが明白なので BMD は－の領域である．

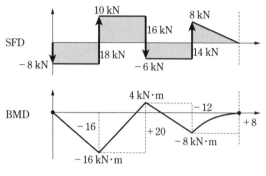

解答図 2.2 SFD と BMD

2.10

(a) の場合の断面係数 $Z=\dfrac{2\times8\times100^3+84\times6^3}{12\times(100/2)}=26\,700\,\text{mm}^3$

$W=\dfrac{\sigma_a\cdot Z}{l}=\dfrac{26\,700\times50}{2\,000}=667\,\text{N}$

(b) の場合の断面係数 $Z=\dfrac{100\times100^3-94\times84^3}{12\times(100/2)}=73\,800\,\text{mm}^3$

$W=\dfrac{\sigma_a\cdot Z}{l}=\dfrac{73\,800\times50}{2\,000}=1\,850\,\text{N}$

2.11

円形断面の $Z_d=\dfrac{\pi d^3}{32}=0.098\,d^3$

正方形の一辺の寸法 b は $\dfrac{\pi d^2}{4}=b^2$ より，$b=\dfrac{\sqrt{\pi}\,d}{2}$

正方形の $Z_s=\dfrac{b^3}{6}=\dfrac{\pi\cdot\sqrt{\pi}\cdot d^3}{48}=0.116\,d^3$

正方形の Z_s が円形断面の Z_d より 18% 大きいので，曲げ応力は正方形断面の方が小さい．

2.12

固定端の曲げ応力を σ_0 とすると

$$\sigma_0 = \frac{M}{Z} = \frac{32Wl}{\pi d_0{}^3} \qquad ①$$

先端より x の位置の曲げ応力 σ は，その場所の曲げモーメント M_x，断面係数 Z_x とすると，

$$|\sigma| = \frac{|M_x|}{Z_x} = \frac{32Wx}{\pi d^3} = \sigma_0 \qquad ②$$

式①，②より

$$d = d_0 \cdot \frac{\sqrt[3]{x}}{\sqrt[3]{l}}$$

先端からの距離 x の立方根に比例して直径 d を太くしていく．

2.13

$$v_A = A'A'' = AA'' - AA'$$

AA″ は A 点と C 点の接線による面積モーメントから，

$$AA'' = \frac{lWa}{EI} \cdot \frac{1}{2} \cdot \frac{(l+a)}{3}$$

$$= \frac{Wal(l+a)}{6EI}$$

AA′ は三角形の相似から AA′ : BB′ = l : b

ここで BB′ は B 点と C 点の接線による面積モーメントから

$$AA' = \frac{l}{b} \cdot BB'$$

$$= \frac{l}{b} \cdot b \cdot \frac{Wa}{EI} \cdot \frac{1}{2} \cdot \frac{b}{3}$$

$$= \frac{Wabl}{6EI}$$

よって，

$$v_A = \frac{Wa^2 l}{3EI}$$

2.14

左端固定の片持ちばりに等分布荷重が作用する場合（b）と，先端に上向きに作用する集中荷重が作用する片持ちばり（c）の組み合わせを考える場合，以下の通り（a）となる．他にもいくつかの図が描ける．

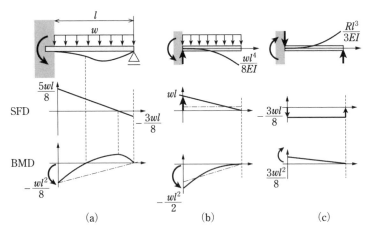

解答図 2.3 SFD と BMD

2.15

単純支持ばりに等分布荷重が作用する場合と，単純支持ばりの両支点に同じモーメントを下向き（－）に作用する場合の組み合わせを考える場合，以下の通りとなる．

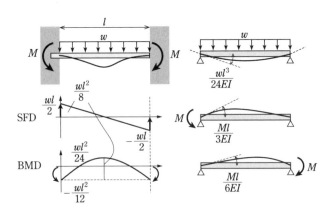

解答図 2.4 SFD と BMD

2.16

圧縮応力 $\sigma_c = \dfrac{P}{A}$

$$= -\frac{100 \times 9.8 \times 4}{\pi(60^2 - 52^2)}$$

$$= -1.39 \, \text{MPa}$$

曲げ応力 $\sigma_b = \dfrac{M}{Z}$

$$= \frac{100 \times 9.8 \times 200}{\dfrac{\pi(60^4 - 52^4)}{64 \times 30}}$$

$$= \pm 21.2 \ \text{MPa}$$

最大引張応力 $= 21.2 - 1.39 = 19.8 \, \text{MPa}$

最小圧縮応力 $= -21.2 - 1.39 = -22.6 \, \text{MPa}$

一方，座屈について検討する．一端固定他端自由端とする．図 2.7.6 より $n = \dfrac{1}{4}$

座屈長さ $l_{cr} = \dfrac{l}{\sqrt{n}} = \dfrac{1\,000}{\sqrt{\dfrac{1}{4}}} = 2\,000 \, \text{mm}$

断面二次半径 $k = \sqrt{\dfrac{I}{A}} = \sqrt{\dfrac{\dfrac{\pi(60^4 - 52^4)}{64}}{\dfrac{\pi(60^2 - 52^2)}{4}}}$

$$= \frac{\sqrt{60^2 + 52^2}}{4} = 19.8 \, \text{mm}$$

端末条件を考慮した細長比 $\lambda' = \dfrac{l_{cr}}{k} = 101$（オイラーの式を適用する）

座屈応力 $\sigma_{cr} = \dfrac{\pi^2 \cdot E}{\lambda'^2} = 67.7 \, \text{MPa}$

座屈応力に対して，上で求めた最小圧縮応力は約 1/3 である．しかし，人が衝撃的に座ると，座屈応力以上になる可能性があり危険である．

2.17

断面二次モーメント $I = \dfrac{100^4 - 84^4}{12}$

$$= 4\,180\,000 \, \text{mm}^4$$

面積 $A = 100^2 - 84^2 = 2\,940\ \text{mm}^2$

断面二次半径 $k = \sqrt{\dfrac{I}{A}} = 37.7\ \text{mm}$

細長比 $\lambda = \dfrac{l}{k} = \dfrac{4\,000}{37.7} = 106$（オイラーの式を適用する）

両端回転端のとき，図 2.7.6 より $n = 1$ である．

$$\sigma_{cr} = \frac{n\pi^2 E}{\lambda^2} = \frac{1 \times \pi^2 \times 206\,000}{106^2}$$

$$= 181\ \text{MPa}$$

2. 18

式 (2.8.2) より $\sigma_\theta = \dfrac{pr}{t} = \dfrac{5 \times 100}{3} = 167\ \text{MPa}$

式 (2.8.4) より $\sigma_z = \dfrac{pr}{2t} = 83\ \text{MPa}$

2. 19

薄肉球体と考え，式 (2.8.7) $\sigma_\theta = \dfrac{pr}{2t}$ より

$$r = \frac{\sigma_\theta \cdot 2t}{p} = \frac{100 \times 2 \times 2}{0.2\ \text{MPa}} = 2\,000\ \text{mm}$$

直径 4 m まで可能である．

2. 20

断面積 $A = \dfrac{\pi d^2}{4} = \dfrac{3.14 \times 14 \times 14}{4} = 154\ \text{mm}^2$

垂直応力 $\sigma_1 = \dfrac{F}{A} = \dfrac{65\,000}{154} = 422\ \text{MPa}$

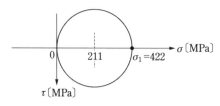

解答図 2.5　モールの応力円

2.21

曲げモーメント $M = 300 \times 400\,\text{N·mm}$　ねじりモーメント $T = 300 \times 300\,\text{N·mm}$

$$\sigma_x = \frac{M}{Z} = \frac{M}{\dfrac{\pi d^3}{32}} = 45.3\,\text{MPa}\quad \tau_{xy} = \frac{T}{Z_p} = \frac{T}{\dfrac{\pi d^3}{16}} = 17.0\,\text{MPa}$$

以上よりモールの応力円を描くと**解答図2.6**となる．図より以下の値が求まる．

$\sigma_1 = 51.0\,\text{MPa}\quad \sigma_2 = -5.65\,\text{MPa}\quad \tau_{max} = 28.3\,\text{MPa}\quad \theta = 18.4^\circ$

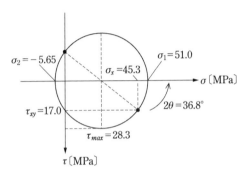

解答図 2.6　モールの応力円

3.1

単位体積当たりの重量である比重量 γ は

$$\gamma = \frac{46.8}{5.2} = 9.00\,\text{kN/m}^3$$

密度 ρ は，

$$\rho = \frac{\gamma}{y} = \frac{9.00 \times 10^3}{9.8} = 918.4\,\text{kg/m}^3$$

比体積 v は

$$v = \frac{1}{\rho} = \frac{1}{918.4} = 1.08 \times 10^{-3}\,\text{m}^3/\text{kg}$$

比重 S は，

$$S = \frac{\rho_{油}}{\rho_{水}} = \frac{918.4}{1\,000} = 0.9184$$

3.2

はじめの温度，圧力をそれぞれ T_1，p_1，運転後の温度，圧力をそれぞれ T_2，p_2 とすると，

$$\frac{p_1}{T_1} = \frac{p_2}{T_2}$$

なので，

$$\frac{294}{293} = \frac{p_2}{313}$$

よって

$$p_2 = 314\,\text{kPa}$$

3.3

圧力計 A の絶対圧力 p は，水の密度を ρ_w とすると，

$$p = p_0 - 13.6 \times \rho_w g \times 0.230 + 2 \times 0.750 \times \rho_w g$$

となり，圧力計 A のゲージ圧力は，

$$p - p_0 = -13.6 \times 1\,000 \times 9.8 \times 0.230 + 2 \times 0.750 \times 1\,000 \times 9.8$$
$$= -15\,954\,\text{Pa} = -15.95\,\text{kPa}$$

3.4

①，②間にベルヌーイの定理を適用する．静圧管の差を $h = 260\,\text{mm}$ とすると，

$$\frac{\rho}{2}v_1{}^2 + p_1 = \frac{\rho}{2}v_2{}^2 + p_2$$

$$p_1 - p_2 = \frac{\rho}{2}(v_2{}^2 - v_1{}^2) = \rho g h \qquad ①$$

連続の式より，

$$Q = A_1 v_1 = A_2 v_2$$

$$v_2 = \frac{A_1}{A_2}v_1 = \frac{\dfrac{\pi}{4} \times 0.40^2}{\dfrac{\pi}{4} \times 0.30^2}v_1 = \frac{16}{9}v_1 \qquad ②$$

式②を式①に代入して，

$$\frac{\rho}{2}\left\{\left(\frac{16}{9}v_1\right)^2 - v_1{}^2\right\} = \rho g h$$

よって，

$$v_1 = 1.54 \text{ m/s} \quad v_2 = \frac{16}{9} \times 1.54 = 2.74 \text{ m/s}$$

$$Q = A_1 v_1 = \frac{\pi}{4} \times 0.40^2 \times 1.54 = 0.194 \text{ m}^3/\text{s}$$

3.5

①，②間にベルヌーイの定理を適用する．

$$\frac{\rho}{2} v_1^2 + p_1 = \frac{\rho}{2} v_2^2 + p_2$$

ここで，全圧管の入口は $v_2 = 0$，全圧管と静圧管の差を $h = 40 \text{ cm}$ とすると，$p_2 - p_1 = \rho g h$ なので，

$$v_1 = \sqrt{\frac{2(p_2 - p_1)}{\rho}} = \sqrt{2gh} = \sqrt{2 \times 9.8 \times 0.4} = 2.8 \text{ m/s}$$

連続の式より，

$$Q = A_1 v_1 = A_2 v_2$$

$$v_2 = \frac{A_1}{A_2} v_1 = \frac{\dfrac{\pi}{4} \times 0.30^2}{\dfrac{\pi}{4} \times 0.10^2} \times 2.8 = 25.2 \text{ m/s}$$

3.6

式 (3.3.9) より，

$$v_2 = \sqrt{\frac{2(p_1 - p_2)}{\rho_{空気}}} = \sqrt{\frac{2\rho_{水} gh}{\rho_{空気}}} = \sqrt{\frac{2 \times 1\,000 \times 9.8 \times 0.05}{1.205}} = 28.5 \text{ m/s}$$

3.7

流入する運動量のモーメントはなく，外部からトルクは加えられないので，角運動量の法則より，流出する水の角運動量は0になる．よって，噴出した水の絶対速度を v_u，密度を ρ，回転半径を r とすると，

$$2\rho Q r v_u = 0 \qquad ①$$

スプリンクラの回転速度を u，角速度を ω，相対速度を w とすると，

$$v_u = w - u = w - r\omega = \frac{0.3 \times 10^{-3}}{\dfrac{\pi}{4} \times 0.016^2} - 0.2\omega = 1.492 - 0.2\omega \qquad ②$$

式②を式①に代入して，

$$2\rho Q r(1.492 - 0.2\omega) = 0$$

よって，

$$\omega = 7.46\,\mathrm{rad/s}$$

回転数に変換すると

$$n = 60\omega/2\pi = 60 \times 7.46/2\pi = 71\,\mathrm{rpm}$$

3.8

$$Q = \frac{\pi}{4}d^2 v \ \text{より} \ v = \frac{Q}{\dfrac{\pi}{4}d^2}$$

また，$Re = \dfrac{\rho v d}{\mu}$ より，$Re = \dfrac{4\rho Q}{\pi \mu d}$

したがって，

$$d = \frac{4\rho Q}{\pi \mu Re} = \frac{4 \times 950 \times 100 \times 10^{-3}}{3.14 \times 8 \times 10^{-2} \times 2\,100} = 0.72\,\mathrm{m}$$

3.9

損失水頭 $\varDelta h$ は式 (3.4.8) より，

$$\varDelta h = \lambda \frac{l}{d} \frac{v^2}{2g} = 0.018 \times \frac{500}{0.2} \times \frac{1.5^2}{2 \times 9.8} = 5.17\,\mathrm{m}$$

3.10

実物 (p) と模型 (m) のレイノルズ数を合わせると，

$$Re = \frac{v_p d_p}{\nu_p} = \frac{v_m d_m}{\nu_m}, \quad v_m = \frac{\nu_m d_p}{\nu_p d_m}v_p = \frac{1.5 \times 10^{-5}}{1 \times 10^{-6}} \times \frac{5}{1} \times 2.0 = 150\,\mathrm{m/s}$$

3.11

塔が受ける力 D は，式 (3.5.5) より，

$$D = C_D \frac{\rho U^2}{2} A = 0.82 \times \frac{1.17 \times 20^2}{2} \times 20 \times 2 = 7.68\,\mathrm{kN}$$

3.12

ポンプヘッド（全揚程）を H_p として，両水槽間にエネルギの授受を伴うベルヌー

イの式を適用すると,

$$0 = H + 10\frac{v^2}{2g} + \frac{v^2}{2g} - H_p \text{ よって, } H_p = H + 11\frac{v^2}{2g}$$

$v = \dfrac{4Q}{\pi d^2} = 1.13\,\text{m/s}$ を上式に代入すると,

$$H_p = 20 + 11 \times \frac{1.13^2}{2 \times 9.8} = 20.7\,\text{m}$$

したがって, ポンプの軸動力は,

$$P = \frac{\rho g Q H_p}{\eta} = \frac{1\,000 \times 9.8 \times 0.02 \times 20.7}{0.75} = 5.41\,\text{kW}$$

3.13

式 (3.7.7) より,

$$n_s = n\frac{Q^{\frac{1}{2}}}{H^{\frac{3}{4}}} = 1\,450 \times \frac{1.1^{\frac{1}{2}}}{20^{\frac{3}{4}}} = 161\,\text{min}^{-1},\ \text{m}^3/\text{min},\ \text{m}$$

4.1

1 時間当たりの燃料の消費量を M〔kg/h〕とすると,

$$M \times 40.2 \times 10^6 \times 0.32 = 76.0 \times 10^3 \times 3\,600$$

$$M = 21.3\,\text{kg/h}$$

4.2

Q_1:水の受熱量〔J〕, Q_2:鉄の放熱量〔J〕,

Q_3:容器の受熱量〔J〕, c:金属球の比熱〔kJ/(kg・K)〕

とする. ただし, 水の比熱は 4.1868 kJ/(kg・K) である.

$$Q_1 + Q_3 = Q_2$$

$$Q_1 = 1 \times 4.1868 \times 10^3 \times (19.5 - 15)$$

$$= 18.8 \times 10^3\,\text{J}$$

$$Q_2 = 320 \times 10^{-3} \times c \times 10^3 \times (120.0 - 19.5) = 32\,160 \times c$$

$$Q_3 = 250 \times 10^{-3} \times 0.23 \times 10^3 \times (19.5 - 15.0)$$

$$= 258.8\,\text{J}$$

よって,

$Q_1 + Q_3 = Q_2$

$18.8 \times 10^3 + 258.8 = 32\,160 \times c$

$c = 0.59\ \mathrm{kJ/(kg \cdot K)}$

4.3

車が停止するまでの運動エネルギが，ディスクの温度を $\Delta T\ \mathrm{[K]}$ 上昇させる．したがって，

$$\frac{Mv^2}{2} = mc\Delta T$$

$$\frac{1.9 \times 10^3 \times (80 \times 10^3 / 3\,600)^2}{2} = 5 \times 0.7 \times 10^3 \times \Delta T$$

よって，$\Delta T = 134\ \mathrm{K}$

4.4

等圧変化の式 (4.3.7) より，

$$W = p(V_2 - V_1) = 0.2 \times 10^6 \times (4.1 - 1.2) = 580\ \mathrm{kJ}$$

4.5

理想気体の状態方程式 $pV = mRT$ より，

$$T = \frac{pV}{mR} = \frac{0.15 \times 10^6 \times 0.7}{1.0 \times 0.2872 \times 10^3} = 365.6\ \mathrm{K}$$

4.6

空気がなす仕事 W_{12} ははじめの温度を T_1 として式 (4.3.23) より，

$$W_{12} = \frac{1}{n-1}mRT_1\left[1 - \left(\frac{p_2}{p_1}\right)^{\frac{n-1}{n}}\right]$$

$$= \frac{1}{1.4-1} \times 1.0 \times 0.2872 \times 10^3 \times 298.15 \times \left[1 - \left(\frac{0.4 \times 10^6}{0.1 \times 10^6}\right)^{\frac{1.4-1}{1.4}}\right]$$

$$= -1.04 \times 10^5\ \mathrm{J}$$

また，ポリトロープ変化後の空気の温度 T_2 は式 (4.3.22) より，

$$T_2 = T_1\left(\frac{p_2}{p_1}\right)^{\frac{\kappa-1}{\kappa}} = 298.15 \times \left(\frac{0.4 \times 10^6}{0.1 \times 10^6}\right)^{\frac{0.4}{1.4}} = 443.0\ \mathrm{K}$$

よって，空気の受熱量 Q_{12} は，

$$Q_{12} = mc_v(T_2 - T_1) + W_{12}$$
$$= 1.0 \times 0.7171 \times 10^3 \times (443.0 - 298.15) - 1.04 \times 10^5 = -128.0 \text{ J}$$

したがって，128.0 J 放熱したことになる．

4.7

絶対湿度 φ は，以下のようになる．

$$\varphi = 0.622 \times \frac{\phi p_s}{p - \phi p_s} = 0.622 \times \frac{0.5 \times 0.0023366}{0.1013 - 0.5 \times 0.0023366} = 0.00725$$

よって，求める水分量 m_a は，

$$m_a = \varphi \rho V = 0.00725 \times 1.29 \times 600 = 5.612 \text{ kg}$$

4.8

圧縮の前後を添え字 1，2 で表すとすると，圧縮後の空気の温度 T_2 は，

$$T_2 = T_1 \frac{V_2}{V_1} = (273 + 210) \times \frac{4.2}{6.4} = 317 \text{ K}$$

放熱量 Q は，

$$Q = mc_p(T_1 - T_2)$$
$$= 17 \times 1.006 \times (483 - 317) = 2\,839 \text{ kJ}$$

エントロピ変化は，

$$dS = S_2 - S_1 = mc_p \ln \frac{V_2}{V_1} = 17 \times 1.006 \times \ln \frac{4.2}{6.4} = -7.204 \text{ kJ/K}$$

4.9

温度 T の高温源から熱量 Q を取り去り温度 T_0 の低温源に Q_0 の熱量を捨てて仕事を得る場合，利用することができる熱エネルギ Q' は，$Q' = Q - Q_0$ となる．可逆機関とするとその熱効率 η は，

$$\eta = \frac{Q - Q_0}{Q} = 1 - \frac{T_0}{T}$$

したがって，

$$Q' = Q\left(1 - \frac{T_0}{T}\right)$$

高温熱源温度 $T = 273 + 410 = 683$ K，$T_0 = 293$ K，$Q = 50\,000$ kJ を代入して

$$Q' = 50\,000 \times \left(1 - \frac{293}{683}\right) = 28\,551 \text{ kJ}$$

高温熱源温度 $T = 1\,873\ \mathrm{K}$, $T_0 = 303\ \mathrm{K}$, $Q = 50\,000\ \mathrm{kJ}$ を代入して

$$Q' = 50\,000 \times \left(1 - \frac{303}{1\,873}\right) = 41\,911\ \mathrm{kJ}$$

$$41\,911 - 28\,551 = 13\,360\ \mathrm{kJ}$$

よって，$1\,600\,℃$のほうが，$13\,360\ \mathrm{kJ}$ 大きい．

4. 10

正解：①，②，⑥，⑦

③：爆発圧力は高い．

④：回転振動および騒音は大きくなる．

⑤：エンジン始動は困難である．

4. 11

正解：①，②，⑤

③：1 サイクルで 1 回転．

④：効率は低くなる．

4. 12

定常状態，軸対称，かつ長さ方向に温度変化しないことから，円筒座標系の熱伝導の基礎方程式（4.8.21）において，

$$\frac{\partial T}{\partial t} = 0, \quad \frac{\partial T}{\partial \varphi} = 0, \quad \frac{\partial T}{\partial z} = 0$$

である．よって，基礎方程式は次式となる．

$$\frac{d^2 T}{dr^2} + \frac{1}{r}\frac{dT}{dr} = 0$$

また，境界条件は，円筒の内外の流体の熱伝導率をそれぞれ α_g，α_a とすると，

$r = R_i$ のとき，$T = T_i$，$\alpha_g(T_g - T_i) = -\lambda\dfrac{dT}{dr}$

$r = R_o$ のとき，$T = T_o$，$\alpha_a(T_o - T_a) = -\lambda\dfrac{dT}{dr}$

以上より，解を求めると，

$$T = C_1 \ln r + C_2$$

ただし，

$$C_1 = -\frac{(T_g - T_a)}{\dfrac{\lambda}{\alpha_g R_i} + \ln\dfrac{R_o}{R_i} + \dfrac{\lambda}{\alpha_a R_o}},$$

$$C_2 = -\frac{T_g\left(\dfrac{\lambda}{\alpha_a R_o} + \ln R_o\right) + T_a\left(\dfrac{\lambda}{\alpha_g R_i} - \ln R_i\right)}{\dfrac{\lambda}{\alpha_g R_i} + \ln\dfrac{R_o}{R_i} + \dfrac{\lambda}{\alpha_a R_o}}$$

また，熱量 Q は，熱流束を q 〔W/m^2〕，表面積を A 〔m^2〕とすると，

$$Q = q \times A = -\lambda\frac{dT}{dr}A = -\lambda\frac{C_1}{r_1}2\pi r L = -2\pi\lambda C_1 L$$

$$= \frac{2\pi\lambda(T_g - T_a)L}{\dfrac{\lambda}{\alpha_g R_i} + \ln\dfrac{R_o}{R_i} + \dfrac{\lambda}{\alpha_a R_o}}\ \ \text{〔W〕}$$

4.13

熱伝導の基礎方程式は，次のようになる

層 1：$\lambda_1\dfrac{\partial^2 T}{\partial x^2} + H = 0$

層 2：$\lambda_2\dfrac{\partial^2 T}{\partial x^2} = 0$

境界条件は次のようになる．

$x = L_1$ のとき，$T = T_1$, $\ -\lambda_1\dfrac{dT}{dx} = -\lambda_2\dfrac{dT}{dx}$

$x = L_2$ のとき，$T = T_2$, $\ -\lambda_2\dfrac{dT}{dx} = \alpha(T_2 - T_f)$

よって解は，次のようになる．

層 1：$T - T_f = \dfrac{HL_1 b}{\lambda_2}\left(\dfrac{\lambda_2}{ab} + 1\right) + \dfrac{HL_1^2}{2\lambda_1}\left\{1 - \left(\dfrac{x}{L_1}\right)^2\right\}$

層 2：$T - T_f = \dfrac{HL_1 L_2}{\lambda_2}\left(\dfrac{\lambda_2}{\alpha L_2} + 1 - \dfrac{x}{L_2}\right)$

熱流束：$q = -\lambda_2\dfrac{dT}{dx} = HL_1$

参考文献

第1章

木本恭司　機械工学概論　コロナ社　2002

青木　繁　機械力学　コロナ社　2004

日本機械学会　機械工学便覧 基礎編 $\alpha 2$　機械力学　2004

日本機械学会　JSME テキストシリーズ　振動学　丸善　2005

機械設計技術者試験研究会 編　機械設計技術者のための基礎知識　日本理
　工出版会　2007

青木　繁　わかりやすい振動工学の基礎　日本理工出版会　2008

日本機械学会　JSME テキストシリーズ　演習振動学　丸善　2012

日本機械学会　JSME テキストシリーズ　機械工学のための力学　丸善
　2014

日本機械学会　JSME テキストシリーズ　演習機械工学のための力学　丸善
　2015

吉村靖夫，米内山誠　工業力学（改訂版）　コロナ社　2016

第2章

監修 PEL　編者久池井茂　材料力学　実教出版　2015

臺丸谷政志，小林秀敏　基礎から学ぶ材料力学（第2版）　森北出版　2015

小山信次，鈴木幸三　はじめての材料力学（第2版　新装版）　森北出版
　2014

伊藤勝悦　やさしく学べる材料力学（第3版）　森北出版　2014

黒木剛司郎，友田　陽　材料力学（第3版　新装版）　森北出版　2014

村上敬宜　材料力学（新装版）　森北出版　2014

石田良平，秋田　剛　ビジュアルアプローチ 材料力学　森北出版　2011

辻野良二, 岸本直子　演習材料力学　電気書院　2011

中島正貴　機械系教科書シリーズ 19　材料力学　コロナ社　2005

村瀬勝彦, 杉浦正勝, 和田均　要点がわかる材料力学　コロナ社　2002

日本機械学会　JSME テキストシリーズ　材料力学　丸善　2007

日本機械学会　機械工学便覧 基礎編 α3　材料力学　2005

J.E.ゴードン 著/石川廣三 訳　構造の世界 なぜ物体は崩れ落ちないでいら
れるか　丸善出版　1991

西村　尚 編著　ポイントを学ぶ　材料力学　丸善出版　1988

西村　尚 編著　例題で学ぶ材料力学　丸善出版　1987

第 3 章

生井武文, 松尾一泰 監修　国清行夫, 木本知男, 長尾　健 共著　演習水力
学　森北出版　2014

宮井善弘, 木田輝彦, 仲谷仁志, 巻幡敏秋 共著　水力学　森北出版　2014

坂田光雄, 坂本雅彦 共著　機械系教科書シリーズ 15 流体の力学　コロナ
社　2014

井口　學, 西原一嘉, 横谷眞一郎 共著　演習 流体工学　電気書院　2014

西海孝夫, 一柳隆義　演習で学ぶ「流体の力学」入門　秀和システム　2013

森田泰司　わかりやすい機械教室 改訂 流体の基礎と応用　東京電機大学出
版局　2012

日本機械学会　JSME テキストシリーズ　演習流体力学　丸善　2012

宮田昌彦 編著　水木新平, 辻田星歩 共著　よくわかる水力学　オーム社
2010

金原粲 監修　築地徹浩, 青木克己, 川上幸男, 君島真仁, 桜井康雄, 清水
誠二 共著　流体力学 シンプルにすれば「流れ」がわかる　実教出版
2009

飯田明由, 小川隆申, 武居昌宏 共著　基礎から学ぶ流体力学　オーム社
2007

日本機械学会　JSME テキストシリーズ　流体力学　丸善　2005

笠原英司 編著　現代水力学　オーム社　1998

細井　豊　基礎と演習 水力学　東京電機大学出版局　1995

第 4 章

日本機械学会　蒸気表　1999 JSME STEAM TABLES　第 5 版 3 刷　丸
善　2013

大髙敏男　絵とき 熱力学基礎のきそ　日刊工業新聞社　2008

大髙敏男, 陳　之立　これならわかる伝熱工学　コロナ社　2010

大髙敏男　史上最強図解これならわかる！機械工学　ナツメ社　2013

大髙敏男　図解 よくわかる廃熱回収・利用技術　日刊工業新聞社　2014

索　　引

【あ】

アスペクト比	203
圧縮性流体	168
圧縮比	258
圧縮率	169
厚肉円筒	144
厚肉球	145
圧力	70, 171
圧力エネルギ	183
圧力係数	199
圧力中心	174
圧力抵抗	200
圧力ヘッド	183
アルキメデスの原理	177
安全率	78
位相角	49
位置エネルギ	183
位置ヘッド	183
一様流	180
薄肉円筒	142
薄肉球	144
運動エネルギ	45, 183
運動方程式	25
運動量	38
運動量の定理	187
運動量保存の法則	41
液柱計	173
S-N 線図	81
エネルギ	45
エネルギ保存の法則	47
エリクソンサイクル	263
遠心ポンプ	212

延性材料	80, 150
エンタルピ	230
エントロピ	251
オイラーの理論	137
応答	56
応力	69
応力集中	82
応力集中係数	82
オットーサイクル	257
オリフィス	184
温度	219

【か】

開口比	186
回転移動支点	92
回転運動	24
回転支持	10
回転支点	91
回転半径	33
外力	69
可逆サイクル	250
角運動量	40
角加速度	28
角速度	28, 85
角変位	28
加工硬化	149
ガスサイクル	255
ガスタービン	265
仮想断面	95
ガソリン機関	256
片持ちばり	92
カップ＆コーン	150
過熱蒸気	271

過熱度	271	剛体	1
上降伏点	79	降伏	80
カルノーサイクル	249	抗力	200
カルマン	194	合力	2
カルマン渦	202	抗力係数	201, 204
乾き空気	244	固定支点	92
乾き度	271	固有円振動数	49
乾き飽和蒸気	271	固有周期	50
慣性力	25	固有振動数	50
気液二相サイクル	269, 272	転がり摩擦係数	23
機械的性質	79	転がり摩擦力	23
危険速度	61		
基準応力	78	**【さ】**	
気体定数	235	最小せん断応力	149
喫水	178	再生サイクル	277
逆断層	151	最大せん断応力	87
求心力	30	最大ねじり応力	87
境界層	198	再熱サイクル	277
共振	58	再熱・再生サイクル	278
共振曲線	58	作業機	255
強制振動	56	座屈	137
共役せん断応力	152	座屈応力	137
極限強さ	80	座屈荷重	137
極断面係数	87	座屈長さ	140
曲率半径	109	サバテサイクル	262
許容応力	78	三重点	219
偶力	91	仕事	42
クーロン摩擦	19	仕事量	230
管摩擦係数	194	指数法則	193
形状係数	82	湿球温度	248
ゲージ圧（力）	173	実在気体	234
原動機	255	失速	204
顕熱	272	実高さ	209
工業仕事	231	実揚程	209
公称応力	79	質量流量	181
公称ひずみ	79	湿り空気	244
剛性率	75	湿り空気線図	247
高速ディーゼル機関	261	下降伏点	80

斜流ポンプ	212
シャルルの法則	233
重心	14
自由振動	49
集中荷重	92
自由物体	95
ジュールの法則	235
主応力	149
主面	149
蒸気	234, 269
蒸気圧縮式冷凍サイクル	279
蒸気動力サイクル	272
状態方程式	234
状態量	226
ジョンソンの式	140
真直ばり	91
振動	48
振動系	48
振動系の運動方程式	49
振幅	49
水蒸気分圧	245
垂直応力	69
垂直ひずみ	70
水頭	183
スターリングサイクル	263
スパン	92
すべり変形	149
静圧	184
脆性材料	80
成績係数 COP	279
正断層	150
静定ばり	93
正と負の定義	96
静摩擦係数	20
静摩擦力	20
絶対圧（力）	173
絶対温度	219
絶対湿度	244

節点	12
遷移域	198
全エンタルピ	230
せん断応力	74
せん断弾性係数	75
せん断ひずみ	75
せん断力	74
潜熱	272
線膨張係数	76
相似則	206
相対湿度	245
相対的静止	179
相当ねじりモーメント	158
相当曲げモーメント	157
層流	192
速度ヘッド	183
塑性変形	149
損失係数	195

【た】

体積弾性率	169
体積流量	181
耐力	80
縦弾性係数	71
縦ひずみ	70
ダランベールのパラドックス	200
ダルシー・ワイスバッハの式	194
たわみ	116
たわみ角	117
たわみ曲線	117
たわみの微分方程式	118
単純ガスタービンサイクル	266
単純支持	10
単純支持ばり	92
単純せん断	75
弾性エネルギ	115
断熱変化	240
断熱飽和温度	249

端末条件係数	138	トルク	32, 84
断面係数	110		
断面相乗モーメント	176	**【な】**	
断面二次モーメント	109, 175	内部エネルギ	226
断面二次極モーメント	86	内力	13, 69
断面二次半径	139	ニクラーゼ	194
断面の核	136	ニュートンの粘性法則	170
力の作用線	1	ニュートンの法則	24
力のモーメント	7	ニュートン流体	170
中立軸	108	入力	56
中立面	108	ぬれぶち長さ	192
直交軸の定理	35	ねじり応力	85
2 サイクルガソリン機関	257	ねじり剛性	87
突出しばり	92	ねじりこわさ	87
翼	203	ねじりモーメント	84
定圧比熱	236	ねじれ角	85
ディーゼル機関	260	熱応力	76
ディーゼルサイクル	260	熱機関	255
定常振動	57	熱力学の第 1 法則	223
定常流れ	180	熱力学の第 2 法則	232
低速ディーゼル機関	261	熱力学の法則	223
ディフューザポンプ	212	熱流束	281
定容比熱	236	粘性	169
伝熱	281	粘性係数	170
動圧	184	粘性底層	198
等圧変化	236	粘度	170
等温変化	238	伸び	70
等価ばね定数	51		
動粘性係数	170	**【は】**	
動粘度	170	ハーゲン・ポアズイユの式	193
動摩擦係数	20	排水量	178
動摩擦力	20	はく離	198
等容変化	237	パスカルの原理	171
動力	44, 84, 231	破断点	80
閉じた系	226	破断伸び	80
特解	56	ばね定数	89
トラス	12	はり	91
トリチェリの定理	184	張出しばり	92

反発係数	41	プラントル	194
反力	92	浮力	177
非圧縮性流体	168	ブレイトンサイクル	266
非一様流	180	分布荷重	92
ヒートポンプ	279	平行軸の定理	34
比エンタルピ	229	並進運動	24
比エントロピ	252	平面応力	155
比重	167	ベクトル量	1
比重量	167	ヘッド	183
比出力	267	ベルヌーイの定理	183
ピストン－シリンダ系	228	偏心	135
ひずみ	69	ベンチュリ管	185
比速度	213	ポアソン数	71
比体積	167, 229	ポアソン比	71
引張応力	69	ボイル・シャルルの法則	168
引張試験	79	ボイルの法則	233
引張強さ	80	飽和圧力	245, 271
非定常流れ	180	飽和温度	271
ピトー管	184	飽和湿り空気	245
比内部エネルギ	229	細長比	139
非ニュートン流体	170	ポテンシャルエネルギ	45
比ねじれ角	86	ポリトロープ指数	242
比熱	221, 235	ポリトロープ変化	242
比熱比	236	ボリュートポンプ	212
標準気圧	173	ポンプ	209
平等強さのはり	114	ポンプ効率	211
開いた系	226		
疲労限度	81		

【ま】

疲労試験	81	曲げ応力	108
フープ応力	142	曲げ剛性	109
フーリエの式	281	曲げこわさ	109
4サイクルガソリン機関	250	曲げモーメント	91
複合サイクル	278	摩擦角	21
不静定	73	摩擦抵抗	200
フックの法則	71	摩擦力	19
浮揚軸	178	マノメータ	173
浮揚体	177	水動力	210
ブラジウスの式	195	密度	167

ムーディ線図	195	ランキンサイクル	272
迎え角	203	乱流	192
メガパスカル	70	力積	38
メタセンタ	178	流跡線	180
面積モーメント法	122	流線	180
モールの応力円	148	流体平均深さ	192
		流体摩擦	191
【や】		流量係数	186
		臨界圧力	270
ヤング率	71	臨界温度	270
有効エネルギ	253	臨界速度	192
U 字管マノメータ	174	臨界点	270
揚抗比	204	臨界レイノルズ数	192
揚程	209	冷凍機	279
揚力	203	レイノルズ	191
揚力係数	204	レイノルズ数	191
翼型	203	冷媒	279
翼幅	203	連続の式	181
横弾性係数	75	露点温度	247
横ひずみ	71		
【ら】			
ラミの定理	7		

MEMO

■ 監修者紹介

朝比奈　奎一（あさひな　けいいち）

　　早稲田大学理工学部卒業，東京都立大学大学院工学研究科博士課程修了
　　東京都立産業技術研究センター主任研究員，東京都立産業技術高等専門学校教授を経て
　　現在，同校名誉教授，技術士事務所経営．博士（工学），技術士（機械部門）

■ 著者紹介

廣井　徹麿（ひろい　てつまろ）

　　東京都立大学大学院工学研究科博士課程修了
　　東京都立工業高等専門学校講師，同校助教授，東京都立産業技術高等専門学校教授を経て
　　現在，同校名誉教授，博士（工学）

青木　繁（あおき　しげる）

　　東京都立大学工学部卒業
　　東京都立大学工学部助手，東京都立工業高等専門学校講師，同校助教授，
　　東京都立産業技術高等専門学校教授を経て
　　現在，同校名誉教授，工学博士

大髙　敏男（おおたか　としお）

　　山形大学大学院工学研究科修士課程修了，東京都立大学大学院工学研究科博士課程修了
　　（株）東芝主任研究員，東京都立工業高等専門学校助教授，国士舘大学准教授を経て
　　現在，国士舘大学理工学部理工学科教授．博士（工学），技術士（機械部門）

平野　利幸（ひらの　としゆき）

　　法政大学大学院工学研究科博士課程修了
　　法政大学工学部非常勤講師，東京都立産業技術高等専門学校助教，同校准教授，
　　国士舘大学准教授，同校教授を経て
　　現在，法政大学理工学部機械工学科教授．博士（工学）

- 本書の内容に関する質問は，オーム社ホームページの「サポート」から，「お問合せ」の「書籍に関するお問合せ」をご参照いただくか，または書状にてオーム社編集局宛にお願いします．お受けできる質問は本書で紹介した内容に限らせていただきます．なお，電話での質問にはお答えできませんので，あらかじめご了承ください．
- 万一，落丁・乱丁の場合は，送料当社負担でお取替えいたします．当社販売課宛にお送りください．
- 本書の一部の複写複製を希望される場合は，本書扉裏を参照してください．

JCOPY ＜出版者著作権管理機構 委託出版物＞

- 本書籍は，日本理工出版会から発行されていた『機械設計技術者のための4大力学』をオーム社から発行するものです．

機械設計技術者のための4大力学

2022 年 9 月 10 日　　　第 1 版第 1 刷発行

監 修 者　朝比奈奎一
著　　者　廣井徹麿・青木　繁
　　　　　大髙敏男・平野利幸
発 行 者　村上和夫
発 行 所　株式会社 オーム社
　　　　　郵便番号　101-8460
　　　　　東京都千代田区神田錦町 3-1
　　　　　電話　03(3233)0641(代表)
　　　　　URL　https://www.ohmsha.co.jp/

© 朝比奈奎一・廣井徹麿・青木繁・大髙敏男・平野利幸 2022

印刷・製本　平河工業社
ISBN978-4-274-22933-6　Printed in Japan

本書の感想募集 https://www.ohmsha.co.jp/kansou/
本書をお読みになった感想を上記サイトまでお寄せください．
お寄せいただいた方には，抽選でプレゼントを差し上げます．

2022年版 機械設計技術者試験問題集 　最新刊

日本機械設計工業会 編　　　　　　　B5判　並製　**184**頁　本体**2700**円【税別】

本書は（一社）日本機械設計工業会が実施・認定する技術力認定試験（民間の資格）「機械設計技術者試験」1級、2級、3級について、令和3年度（2021年）11月に実施された試験問題の原本を掲載し、機械系各専門分野の執筆者が解答・解説を書き下ろして、（一社）日本機械設計工業会が編者としてまとめた公認問題集です。合格への足がかりとして、試験対策の学習・研修にお役立てください。

3級 機械設計技術者試験 過去問題集 　最新刊

令和2年度／令和元年度／平成30年度

日本機械設計工業会 編　　　　　　　B5判　並製　**216**頁　本体**2700**円【税別】

本書は（一社）日本機械設計工業会が実施・認定する技術力認定試験（民間の資格）「機械設計技術者試験」3級について、過去3年（令和2年度／令和元年度／平成30年度）に実施された試験問題を掲載し、機械系各専門分野の執筆者が解答・解説を書き下ろして、（一社）日本機械設計工業会が編者としてまとめた公認問題集です。3級合格への足がかりとして、試験対策に的を絞った本書を学習・研修にお役立てください。

機械設計技術者試験準拠　機械設計技術者のための基礎知識

機械設計技術者試験研究会 編　　　　B5判　並製　**392**頁　本体**3600**円【税別】

機械工学は、すべての産業の基幹の学問分野です。機械系の学生が学ばなければならない科目として、4大力学（材料力学、機械力学、流体力学、熱力学）をはじめ、設計の基礎となる機械材料、機械設計・機構学、設計製図および設計の基礎となる工作法、機械を制御する制御工学の9科目があります。（一社）日本機械設計工業会が主催する機械設計技術者試験の試験科目には、前述の9科目が含まれています。本書は、試験9科目についての基礎基本とCAD/CAMについて、わかりやすく解説しています。章末には、試験対策用の演習問題を収録し、力学など計算問題が多い分野には、本文中に例題を多く取り入れています。

JISにもとづく 機械設計製図便覧（第13版）　最新刊

工博　津村利光 閲序／大西　清 著　　B6判　上製　**720**頁　本体**4000**円【税別】

初版発行以来、全国の機械設計技術者から高く評価されてきた本書は、生産と教育の各現場において広く利用され、12回の改訂を経て150刷を超えました。今回の第13版では、機械製図（JIS B 0001：2019）に対応すべく機械製図の章を全面改訂したほか、2021年7月時点での最新規格にもとづいて全ページを見直しました。機械設計・製図技術者、学生の皆さんの必備の便覧。

JISにもとづく 標準製図法（第15全訂版）

工博　津村利光 閲序／大西　清 著　　A5判　上製　**256**頁　本体**2000**円【税別】

本書は、設計製図技術者向けの「規格にもとづいた製図法の理解と認識の普及」を目的として企図され、初版（1952年）発行以来、全国の工業系技術者・教育機関から好評を得て、累計100万部を超えました。このたび、令和元年5月改正のJIS B 0001：2019［機械製図］規格に対応するため、内容の整合・見直しを行いました。「日本のモノづくり」を支える製図指導書として最適です。

基礎 機械材料学

松澤和夫 著　　　　　　　　　　　　A5判　並製　**240**頁　本体**2500**円【税別】

本書は、大学や高専で機械材料を学ぶ学生、ならびに実務として設計や生産に携わる技術者が、材料を理解することの重要さを再認識して原点に戻って学ぶ必要性を感じた際など、機械材料を一から学ぶことを前提にまとめられています。

◎本体価格の変更、品切れが生じる場合もございますので、ご了承ください。
◎書店に商品がない場合または直接ご注文の場合は下記宛にご連絡ください。

TEL.03-3233-0643 FAX.03-3233-3440　https://www.ohmsha.co.jp/